卓越 工程师教育培养计划系列教材

化学工业出版社"十四五"普通高等教育规划教材

高分子材料工厂工艺设计

（第2版）

贺 燕 ◎ 主编

左继成 李成吾 ◎ 副主编

U0388398

化学工业出版社

·北京·

内容简介

本书系统介绍了高分子材料工厂工艺设计的基本原理、设计步骤、设计计算方法、设计规范、设计技巧和经验，可帮助读者将所学的基础知识与实际工业生产装置相结合，建立工程概念，培养设计能力。主要内容包括高分子材料工厂工艺设计的概念、工艺流程设计、工艺计算、设备选型和计算、车间布置设计、管道设计、非工艺项目的设计条件、劳动定员及企业组织管理制度和概预算。

本书是高等院校本科、高职高专高分子材料相关专业的教材，也可供从事高分子材料领域设计、研究开发和生产的工程技术人员参考。

图书在版编目（CIP）数据

高分子材料工厂工艺设计 / 贺燕主编；左继成，李成吾副主编 . — 2 版 . --北京：化学工业出版社，2024. 8. --（卓越工程师教育培养计划系列教材）.
ISBN 978-7-122-45812-4

Ⅰ. TQ318

中国国家版本馆 CIP 数据核字第 2024DS1438 号

责任编辑：陶艳玲　　文字编辑：王晓露　王文莉
责任校对：李雨函　　装帧设计：关　飞

出版发行：化学工业出版社
　　　　　（北京市东城区青年湖南街 13 号　邮政编码 100011）
印　　刷：北京云浩印刷有限责任公司
装　　订：三河市振勇印装有限公司
787mm×1092mm　1/16　印张 14¼　字数 348 千字
2024 年 10 月北京第 2 版第 1 次印刷

购书咨询：010-64518888　售后服务：010-64518899
网　　址：http://www.cip.com.cn
凡购买本书，如有缺损质量问题，本社销售中心负责调换。

定　　价：59.00 元

→ 前言

本教材第一版依据卓越工程师教育培养计划的要求编写，以高分子材料工厂设计流程为顺序，介绍各部分的设计原理、设计内容、设计要求及设计时应遵循的设计标准和规范。本书自2018年出版至今，一直被多所高校使用。但由于科学技术的发展、标准的修订更新，原版已不能适应当前教学要求，决定再版修订。

修订原则仍以强调设计规范标准和规范设计在设计中的重要性为准；仍采用原有章节体系，精简和完善了部分内容；修改了表述不严谨之处，更正了字词的错误；删除了作废的设计标准和规范，将全书所涉及的标准和规范进行更新。

本版参加修订人员仍为第一版编写人员，书中第1章、第2章、第3章、第5章、第7章由贺燕编写，第4章和第6章由左继成编写，第8章和第9章由李成吾编写。

本教材编写过程中，援引了有关文献的数据、图表等，在此向相关作者表示诚挚的感谢！

由于编者学识水平所限，虽经不断努力，书中的字词、语言逻辑性及严谨性等方面仍难免有不足之处，恳请读者批评指正。

编者

2024年5月

→ 第1版前言

　　本教材是依据卓越工程师教育培养计划和应用型人才培养的指导思想，为高分子材料与工程专业的本科高年级学生编写的。在学生们修完"化工原理""聚合物合成原理及工艺""高分子加工成型原理"等课程之后，有必要引导学生们将所学到的基本理论与生产的实际情况相衔接，使学生在能力建设、知识探究、人格养成三个方面都得到综合训练，以期学生毕业时在用人企业能快速地进入工作状态，平稳地完成身份改变。

　　本书着重于传授高分子材料工厂工艺设计的基本原理、设计的程序、设计的规范、设计的计算方法及设计技巧和经验。同时增强学生的工程概念，建立既要考虑技术上的先进性与可行性，又考虑经济上的合理性，而且注意操作时的劳动条件和环境保护的正确设计思想。还可以使学生掌握高分子材料合成与加工成型生产过程的特点，熟悉一般的设计过程，掌握安全生产、质量检测分析与跟踪管理方法，培养学生综合分析和解决实际问题的能力。

　　本教材是在贺燕教授的教学讲义的基础上编写的，引入了2010年开始执行的 HG/T 20519—2009《化工工艺设计施工图内容和深度统一规定》等的设计规范，内容广泛性、综合性和工程实用性很强，符合当今培养高素质、创新型工程技术人才的教育目标。

　　本教材的第1章、第2章、第3章、第5章和第7章由贺燕编著，第4章和第6章由左继成编著，第8章和第9章由李成吾编著。全书由贺燕统一整理定稿。感谢刘艳辉、徐淑姣、常军三位同事在编写过程中提供的帮助。

　　在本教材的编著过程中援引了部分参考书的数据、图表等，在此向各位作者致谢。

编者

2018 年 11 月

→ 目录

第1章 →

设计的概念

设计是把一种计划、规划、设想通过视觉的形式传达出来的活动过程。人类通过劳动改造世界，创造文明，创造物质财富和精神财富，而最基础、最主要的创造活动是造物。设计便是对造物活动进行预先的计划，可以理解为是任何造物活动的计划技术和计划过程。

高分子材料从原料到制品，合成和成型加工是两个不可缺少的手段，高分子材料工厂工艺的设计就是这两者的设计，包括对工艺过程的调查、研究、评定、选择，设备的设计、制造、购置，施工、试运行等，以及对预算、投资、工程管理、质量管理、安全管理、人员配备进行编制组织等。

而且，高分子新产品的工业化生产，也必须在技术、经济、环境和安全可靠的前提下，进行最佳配方和工艺技术路线等的模拟分析，确定优化工艺流程、工艺条件、设备选型等内容。可以说，工厂工艺设计是将实验室的研究成果转化为工业生产的一项创造性劳动。

1.1 设计的种类

设计可根据项目性质分类，也可按设计性质分类。

1.1.1 根据项目性质分类

（1）新建项目设计

新建项目设计包括新产品设计和采用新工艺或新技术的产品的设计。这类设计往往由开发研究单位提供基础设计，然后由工程研究部门根据建厂地区的实际情况做出工程设计。

（2）重复建设项目设计

由于市场需要，有些产品需要再建生产装置；由于新建厂的具体条件与原厂不同，即使是产品的规模、规格及工艺完全相同，还是需要由工程设计部门进行设计。

（3）已有装置的改造设计

一些老的生产装置，其生产的产品质量和产量均不能满足客户现在的要求，或者由于技术限制，原材料和能量消耗过高而缺乏竞争能力，必须对老装置进行改造，其中包括去掉影响产品产量和质量的"瓶颈"，优化生产过程操作控制，以及提高能量的综合利用率和局部的工艺或设备改造更新等。这类设计往往由生产企业的设计部门进行。

1.1.2 根据设计性质分类

（1）新技术开发过程中的设计

① 概念设计 基础研究结束后，应进行概念设计。概念设计的规模应是工业化时的最佳规模。概念设计是从工程角度出发进行的一种假想设计，其做法可参照常规的工程设计方法和步骤，设计工艺流程，进行全系统的物料衡算、热量衡算和设备工艺计算，确定工艺操作条件及主要设备的形式和材质，进行参数的灵敏度和生产安全分析，确定三废治理措施，计算基建投资、产品成本等主要技术经济指标。

② 中试设计 按照现代技术开发的观点，中试的主要目的是验证模型和数据，即概念设计中的一些结果和设想通过中试来验证。

③ 基础设计 基础设计是新技术开发的最终成果，它是工程设计的依据。与技术设计不同的是：基础设计除了一般的工艺条件外，还包括了大量的工程方面的数据，特别是反应工程方面的数据，以及利用这些数据进行设计计算的结果。

（2）工艺设计

工艺设计是工程师依据单一或数个过程（包括化学反应过程），设计出一个能将原料转变为客户所需求产品的生产流程和工厂。在设计的过程中，工程师要对生产流程的经济性、操作性、合理性、可靠性与安全性进行评估，要根据生产流程以及条件，选择适当的生产设备、管线、仪器等设施，并同时配合工厂的新建工程，将厂内的布局合理化与最适化，最终使工厂完工投产。

工艺设计工作，包括确定生产规模、产品方案、生产方法的选择与工艺流程设计、工艺计算、设备选型与计算、管道设计、车间设备及管道布置设计、编制设计说明书。

（3）工程设计

工程设计是根据建设工程的要求，对建设工程所需的技术、经济、资源、环境等条件进行综合分析、论证，编制建设工程设计文件的活动。工程设计是人们运用科技知识和方法，有目标地创造工程产品构思和计划的过程，几乎涉及人类活动的全部领域。通常工程设计包括工艺设计。

根据工程的重要性、技术的复杂性和技术的成熟程度及计划任务书的规定，工程设计可分为三段设计、两段设计和一段设计。重要的大型企业在使用较复杂的技术时，为了保证设计质量，可以按初步设计、扩大初步设计及施工图设计三个阶段进行。一般技术比较成熟的大中型工厂或车间的设计，可按扩大初步设计和施工图设计两个阶段的设计。技术上比较简单、规模较小的工厂或车间的设计，可直接进行施工图设计，即一个阶段的设计。

1）初步设计

初步设计是根据设计任务书，对设计对象进行全面的研究，寻求在技术上可行、经济上合理的最符合要求的设计方案。主要是确定全厂性的设计原则、标准和方案，水、电、气的供应方式和用量，关键设备的选型及产品成本、项目投资等重大技术经济问题。所编制的初步设计书，其内容和深度以能使对方了解设计方案、投资和基本出处为准。

初步设计阶段要交付的文件有设计说明书、设备一览表、主要材料估算表、物料流程图、管道及仪表流程图、总平面布置图、车间设备布置图、关键设备总图、概算书和技术经济分析资料。

2）扩大初步设计

扩大初步设计是根据已批准的初步设计，解决初步设计中的主要技术问题，使之明确、细化。扩大初步设计要交付的文件比初步设计阶段更为详细和准确。编制准确度要能满足控制投资或报价使用的工程概算的要求。

3）施工图设计

施工图设计的主要目的是为施工服务。施工图是全部施工的依据，用于建筑安装工程、设备安装、管道敷设及标准和非标准设备、装置和金属结构的制造。

施工图设计的主要工作内容是完善初步设计中提出的工艺流程图设计、工艺设备布置设计、工艺管道布置设计和设备、管路的保温及防腐设计等。施工图设计的深度除了和初步设计互相连贯衔接之外，还必须满足以下内容。

① 全部设备、材料的订货和交货安排；

② 非标准设备的订货、制造和交货安排；

③ 能作为施工安装预算和施工组织设计的依据；

④ 控制施工安装质量，并根据施工说明要求进行验收。

在施工图设计阶段，要根据初步设计审批的意见，解决初步设计中特定的问题，并以此由施工单位编制施工组织设计和施工预算以及组织安排施工等。

施工图设计交付的文件有：根据初步设计的结果提供详细的施工安装用的图纸、表格和施工文字说明；向非工艺专业提供设计条件和提出设计要求；工程预算书。

1.1.3　根据设计范围分类

从设计范围分，工程设计通常又分为以工厂为单位和以车间为单位的两种设计。

工厂设计包括厂址选择、总图设计、工艺设计、非工艺设计、技术经济等各项设计工作。

车间设计分为工艺设计和其他非工艺设计两部分。工艺设计内容主要有：生产方法的选择、生产工艺流程设计、工艺计算，设备选型、车间布置设计及管道布置设计，向非工艺专业提供设计条件，设计文件以及概（预）算的编制等各项设计工作。

设计工作是基本建设的决定性环节。基本建设工程能否多、快、好、省地建成投产，在很大程度上取决于能否做出具有现代化先进科学技术水平的设计。因此，设计工作要把政治、经济、技术很好地结合起来。在我国，它必须从国家建设的根本利益出发；从符合国家的政治方针和技术政策出发；必须以积极的精神尽可能吸取科学技术上的最新成就，达到技术上先进，经济上合理，安全适用的要求。

设计工作是一个非常复杂而细致的工作。它是各种不同专业的设计人员形成一个以工艺为主体的团队，在同一目标下，进行集体的劳动、创造。高分子材料工厂工艺设计团队的主体就是高分子专业人员。所谓主体，是指设计中的主导方面，而不是唯一的，更不是问题的全部，所以，工艺设计人员应尽量考虑到其他各个非工艺专业的要求。要保证设计质量，不仅是工艺或某一专业的要求得到满足，而是所有有关专业的要求都能得到解决。

工艺设计人员应当具备各个方面的知识，要熟悉生产的特性及产品的工艺流程，了解先进的生产技术，掌握各种设备的性能及计算方法，掌握设计中所涉及的规范标准，懂得简单的经济分析，能遵循设计管理的规章制度等。

工艺设计人员还要与各个非工艺人员密切配合、精心设计，构思各种可能的方案，反复比较，选择其中优化的方案。

高度的责任心是一个设计工作者应具备的重要素质。正确的设计思想和相应的设计技术与经验是做好设计的必要条件。所以，设计人员要经常接触实际，积累经验。这不仅对设计新厂有用，而且对于已经投入生产的工厂，考虑如何正确操作设备，发现并解决生产中的问题，提出改善工艺过程以及提高生产效率的各种措施，都是十分必要的。

1.2　设计的前期工作

工厂建立一般需要经过投资设想、项目建议、可行性分析、设计、施工、试车和考核等几个阶段。一个工程项目从设想到建成投产这一阶段称为基本建设阶段。图1-1为工厂建立的基本过程。

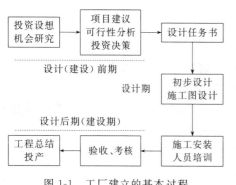

图1-1　工厂建立的基本过程

一般工厂建立的工作程序是以基础设计为依据提出项目建议书，经上级主管部门认可后写出可行性研究报告，上级批准后，编写设计任务书，进行扩大初步设计，后者经上级主管部门认可后进行施工图设计。

设计前期工作，包括设计准备、项目建议书、可行性分析、厂址选择和设计任务书的编制。设计任务书由建设项目的主管部门组织编制，其目的是根据可行性分析报告和厂址选择报告，对建设项目的主要问题，即产品方案、建设规模、建设地区和地点、专业化协作范围、投资限额、资金来源、要求达到的技术水平和经济效益等做出决策。

设计后期工作，包括施工安装、人员培训、验收考核、工程总结评估等工作。由此可见，专业工艺设计人员在整个工厂建设过程中是要全程参与的。

1.2.1　资料准备

当接到设计任务后，必须认真周密地研究设计任务书，正确领会客户的意图，构思设计对象的轮廓，考虑如何收集设计所需的一切设计资料。这是一项重要的工作，在国外尤其被重视。国外把这项工作称为情报的收集与整理。

资料收集是为顺利开展设计工作创造一切的必要条件。设计准备工作的含义是比较广泛的。要了解政府的相关政策，收集并掌握有关设计资料，深入现场听取各方意见，市场调研，安排设计力量及各工种的配合，安排好设计进度，准备好设计工具等都属于设计准备的工作范畴。这里，仅对收集设计资料一项工作做重点介绍。

（1）资料的内容

为了使收集的资料完整和有序地工作，避免重复和遗漏，最好事先拟一个收集提纲，据此逐渐收集，提纲一般包括下列内容。

1）物料计算

① 生产步骤和化学反应，包括主反应、副反应；

② 各步骤所需要的原料、中间体的物理化学性质；

③ 成品的规格、性能、质量标准；

④ 各生产步骤的产率及损耗率；

⑤ 每批加料量或单位时间进料量及必要的工艺控制参数。

2）工艺流程叙述

3）热量计算和设备设计

① 设备的容量、单位生产能力、结构、主要尺寸、材料等，设备制造图，标准定型设备的产品样本等；

② 热量计算所需要的物理化学常数，如比热容、潜热、生成热、燃烧热等；

③ 计算传热过程所需要的数据，如热导率、给热系数、传热系数等；

④ 计算流体动力过程所需要的参数，如黏度、管道阻力、阻力系数、过滤常数、离心分离因数等；

⑤ 计算冷冻所需的力学数据；

⑥ 各种温度、压力、流量、液面、时间参数及生产控制；

⑦ 设备材料对介质的化学稳定性。

4）车间布置图及其优缺点

5）管道设计

① 管道配置、管道材料、管径等资料；

② 管道地下敷设和架设方法、保温材料等；

③ 阀门管件资料。

6）其他工艺项目

① 自动控制、仪表仪器资料；

② 土建、采暖、通风、供排水、供热、废水处理资料；

③ 动力电、照明电、弱电装置等资料。

7）概预算等经济资料

8）原材料供应、产品销售、运输等资料

9）劳动保护、安全技术和防火技术资料

（2）资料的来源

① 设计单位有的资料，包括可行性报告，设计前期工作报告，初步设计说明书，技术设计和扩大初步设计说明书，施工图及施工说明书，概预算书，标准设计图集，设计标准和规范，设计所需的基础资料等。

② 向科研单位收集的资料，包括小、中试试验研究报告，中试试验生产工艺操作规程，中试试验装置的设计资料，科学研究的基础资料，有关产品或技术的国外文献等。

③ 向生产企业收集的资料，包括车间原始记录，各种生产报表，工艺操作规程，设备维修检修规程，劳动保护及安全技术规程，车间化验室、物理检验室的分析研究资料，工厂中心试验室的试验研究报告，车间实测数据，工厂科室掌握的设计和设计措施资料，供销科产品目录，全厂职工的劳动福利资料等。

④ 向建设单位收集的资料，包括厂址选择的原始资料，设计的基础资料（如人文、地理、气象、水文、地质等），基本建设决算书，试车总结和原始记录，施工部门和试车部门对设计的意见等。

⑤ 在设计过程中为设计开展而进行的试验研究的有关资料。

⑥ 有关的产品目录、样本、销售价格等资料。

⑦ 书籍资料，包括各国的文献和专利，各类技术词典，高分子材料的书籍，各种调查报告，各类手册，各种化工设计书籍、期刊等。

⑧ 主要物性参数查询网站。化学专业数据库 www. organchem. csdb. cn

化学工程师资源 www. cheresources. com

美国国家标准与技术研究所（NIST）www. nist. gov

英国皇家化学协会 www. chemspider. com

ChemSynthesis　www. chemsynthesis. com

（3）资料整理

收集资料工作事先要有计划，拟出提纲，按计划进行。有些资料经出差或查阅技术资料文献即可取得，即便如此，亦需要去寻找、选择、提炼，最后才得到所需的材料。也有些资料需要等试验结果，或者亲自参加试验研究。有时也遇到边收集整理、边试验的情况。

资料收集过程以及收集后尚需做整理、增删、汇总等工作，然后用于设计中去。

对待收集资料的态度必须是实事求是的，一般要掌握下列原则。

① 去粗存精　按照设计要求，选出能够反映出事物本质的资料，舍弃不能说明问题的资料。

② 去伪存真　要把资料加以核实，切忌鱼目混珠。如果有两种矛盾资料存在，切忌主观臆断加以肯定，要用科学方法来衡量真伪。

③ 科学技术是不断前进的，往往新的资料要比旧的资料在技术上更先进，在经济上更合理。但是在某些场合也要根据具体情况决定，不可机械搬用。对于采用国外先进技术也是如此，要根据我国国情适当引进，贯彻以自力更生为主，外援为辅的原则。

④ 凡属新产品的设计，最妥当的办法是按照科学研究的一般程序进行：研究试验→中试生产→工程设计。

1.2.2　项目建议

项目建议书（又称项目立项申请书或立项申请报告），是由项目筹建单位或项目法人根据国民经济的发展、国家和地方中长期规划、产业政策、生产力布局、国内外市场、所在地的条件，就某一具体新建、扩建项目提出的建议文件，是对拟建项目提出的框架性总体设想。项目建议书主要从宏观上论述项目设立的必要性和可能性，因往往是在项目早期，故对项目的具体建设方案还不明晰，建设方案和投资估算也比较粗，投资误差为±30%左右。

项目建议书是由项目投资方向其主管部门上报的文件，目前广泛应用于项目的国家立项审批工作中。项目建议书可以供项目审批机关作出初步决策时参考，它可以减少项目选择的盲目性。项目建议书也是进行可行性分析和编制设计任务书的依据，故应包括下列内容。

① 项目建设目的和意义，即项目提出的背景和依据，投资的必要性及经济意义；

② 产品需求初步预测；

③ 产品方案和拟建规模；

④ 工艺技术方案（原料路线、生产方法和技术来源）；

⑤ 资源、主要原材料、燃料和动力的供应；

⑥ 建厂条件和厂址初步方案；

⑦ 环境保护；

⑧ 工厂组织和劳动定员估算；

⑨ 项目实施规划设想；

⑩ 投资估算和资金筹措设想；

⑪ 经济效益和社会效益的初步估算。

1.2.3　可行性分析

可行性分析是通过对项目的主要内容和配套条件，如市场需求、资源供应、建设规模、工艺路线、设备选型、环境影响、资金筹措、盈利能力等，从技术、经济、工程等方面进行调查研究和分析比较，并对项目建成以后可能取得的财务、经济效益及社会环境影响进行预测，从而提出该项目是否值得投资和如何进行建设的咨询意见，为项目决策提供一种综合性的系统分析。可行性分析应具有预见性、公正性、可靠性、科学性的特点。

可行性分析报告为上级机关投资决策和编制、审批设计任务书提供可靠的依据。报告的内容因行业特点不同而差异很大，但一般应包括投资必要性、财务可行性、技术可行性、组织可行性、经济可行性、环境可行性、社会可行性、风险因素及对策等内容。

根据原化工部对"可行性分析报告"的有关规定，可行性分析报告的内容如下。

① 总论，包括项目名称、进行可行性分析的单位、技术负责人、可行性分析的依据、可行性分析的主要内容和论据、评价的结论性意见、存在问题和建议等，并附上主要技术经济指标表；

② 需求预测，包括国内外需求情况预测和产品的价格分析；

③ 产品的生产方案及生产规模；

④ 工艺技术方案，包括工艺技术方案的选择、物料平衡和消耗定额、主要设备的选择、工艺和设备拟采用标准化的情况等；

⑤ 原材料、燃料及水电气的来源与供应；

⑥ 建厂条件和厂址选择布局方案；

⑦ 公用工程和辅助设施方案；

⑧ 环境保护及安全卫生；

⑨ 工厂组织、劳动定员和人员培训；

⑩ 项目实施规划；

⑪ 投资估算和资金筹措；

⑫ 经济效益评价及社会效益评价；

⑬ 结论，包括综合评价和研究报告的结论等内容。

1.2.4　设计任务书

设计任务书主要依据获得批准的建设项目可行性分析报告，将可行性分析报告中的相关要求加以具体细化。

设计任务书是在设计之前发给设计人员的指令性文件，是设计工作的根本依据，也是评判设计方案的重要依据。它的任务是给设计工作提出有关设计原则、要求和指示。编制好设计任务书对于工程建设非常重要，要尽量翔实、具体。

设计任务书应该由与建设工程有关的主管单位进行编制。但是，由于高分子材料产品的种类多，工艺流程复杂，外部联系广泛，因此，也常吸收设计单位参与或委托设计单位进行编制。编制设计任务书是一项具有高度思想性的工作。在设计任务书中，原则指示规定得越明确具体，设计就越能符合上级（或用户）的意图和要求。只有正确的设计任务书，才能有正确的设计。

通常设计的任务书一般应包括下列内容。

① 项目设计的目的和依据；

② 设计项目的适用地区；

③ 生产规模、产品方案（如产品名称、品种、规格、年产量和其他特殊要求）、使用的原料及生产方法或工艺原则；

④ 劳动定员及组织管理制度；

⑤ 矿产资源、水文地质，原材料、燃料、动力、供水的供应条件，运输等协作条件；资源综合利用、环境保护、三废治理的要求，防爆、防震等要求；

⑥ 设计范围及配合关系；

⑦ 设计阶段、设计分工、设计进度及设计审批要求；

⑧ 建设工期与进度计划；

⑨ 主要经济技术指标（包括投资控制、资金来源、成本估算、投资回收年限）；

⑩ 对技术资料的要求。

上报审批的设计任务书还应包括厂址（或车间）的占地面积，与城市规划的关系；资金来源及筹措情况；征地和外部协作条件意向书；可行性报告等。

1.3　设计各阶段的工作及完成形式

1.3.1　初步设计阶段

初步设计是最终成果的前身，相当于一幅图的草图。一般把没有最终定稿之前的设计都统称为初步设计。

初步设计根据设计任务书，对技术项目进行全面研究，找出在技术上可行，经济上合理的最符合要求的设计方案。批准后的初步设计是建设投资拨款、成套设备订购和施工图设计的依据。

初步设计需包括：确定主要原材料、燃料、水、动力的来源和用量；规定工艺过程、物料储运、环境保护等设计的主要原则；明确设备、建筑物和公用系统的构成和要求；进行工厂布置，设计全厂和车间的平面布置图；提出生产组织、管理信息系统和生活福利设施的方案；计算主要设备材料的数量、各项技术经济指标和工程概算。

以工厂为单位的初步设计说明书一般包括的内容如下。

① 总论　阐述本设计在贯彻国家技术方针路线上的正确性和经济上的合理性等。其内容一般包括：设计目的、设计原则、设计条件、生产规模及发展远景、厂址选择、生产方

法、车间组成、原材料来源、产品销售、水电气供应、辅助生产设施、资源的综合利用、生产的配合、建厂的有利条件、协作关系、定员及劳动生产率、产品成本、基建投资、技术经济指标、要求上级明确或解决的问题。

② 总图及运输 简要阐述总平面图的布置以及布置原则，必要时列出几个方案进行比较。在运输方面，主要叙述厂内外运输的合理性等。附全厂总平面图，必要时增加鸟瞰图。

③ 工艺部分 主要阐述全厂总生产流程和以车间为单位的工艺设计说明。其中主要包括车间生产规模、生产方法、工艺流程、定额表、安全技术等。附工艺流程图和主要设备简图（或设备技术特征一览表）。

④ 建筑部分 主要阐述全厂各生产车间、辅助车间、构筑物以及生活室的设置原则等。阐明全厂辅助生产基本设施，包括机修车间、生产控制车间、中心化验车间、仓库等。附主要建筑物、构筑物草图。

⑤ 阐述厂内供排水、废水处理、软化水、冷凝水系统等方案的选择，供电及供热系统的选择，采暖通风设计原则，必要时还应阐述生产废热的利用方案等。附供水管网图、排水管网图、供电线路图、弱电装置系统图等。

上述只是初步设计说明书的一般情况，可根据生产规模、技术难度等具体情况适当增减。

1.3.2 技术设计和扩大初步设计阶段

技术设计一般是根据已批准的初步设计，解决初步设计中主要的技术问题，使之进一步明确化、具体化。在技术设计和扩大初步设计阶段，应编写出技术说明书和工程概算书。采用二阶段设计的初步设计，其在内容上和技术设计接近，它应同时满足初步设计和技术设计两个阶段的要求。根据技术设计，即可进行一切不需要施工蓝图的各项准备工作，包括工厂设备及主要基建材料的加工订货和施工准备工作等。

技术设计和扩大初步设计说明书的项目与初步设计大致相同，但其深度比初步设计深。例如，工艺部分应该有主要设备的选择说明及计算依据、车间平剖面布置图、详细的设备一览表、设备总图等；建筑部分必须阐述设计中采用的建筑结构、基础工程及施工条件等基本设计要求，要提供建筑物和构筑物技术设计图等。

扩大初步设计的设计文件应包括以下两部分内容：设计说明书和说明书的附图、附表。设计说明书内容和编写要求，根据设计的范围（整个工厂、一个车间或一套装置）、规模的大小和主管部门的要求而不同。对于一个装置或一个车间，其设计说明书的内容如下。

（1）设计依据

① 文件，如计划任务书以及其他批文等。

② 技术资料，如中试试验报告、调查报告等。

（2）设计指导思想和设计原则

① 设计所遵循的具体方针政策和指导思想。

② 总括各专业的设计原则，如工艺路线的选择、设备的选型和材质选用、自动控制水平等原则。

（3）产品方案

① 产品名称和性质。

② 产品质量规格。

③ 产品规模（t/a）。

④ 副产品数量（t/a）。

⑤ 产品包装方式。

（4）生产方法和工艺流程

① 生产方法　扼要说明设计所采用的原料路线和工艺路线。

② 化学反应方程式　写出方程式，注明化学反应名称、主要操作条件。

③ 工艺流程　工艺划分简图，用方块图表示；带控制点工艺流程图和流程简述，流程图应表示出全部工艺设备、物料管线、阀件、设备的辅助管路以及工艺和自控仪表图例、符号。

（5）车间（工段）组成和生产制度

① 车间（工段）组成。

② 生产制度，年工作日、操作班制，间歇或连续生产。

（6）原料、中间产品的主要技术规格

① 原料、辅助原料的主要技术规格。

② 中间产品及成品的主要技术规格。

（7）工艺计算

1）物料计算

① 物料计算的基础数据。

② 物料计算结果以物料平衡图表示，计量单位用小时（h，连续操作）或每批投料量（kg 或 m^3，分批操作），采用的计量单位在一个项目内要统一。

2）主要工艺设备的选型、工艺计算和材料选择

① 基础数据来源包括物料及热量计算数据、主要理化数据等。

② 主要工艺设备的工艺计算按流程编号为序进行编写。

3）一般工艺设备以表格形式分类表示计算和选择结果

工艺设备一览表按非定型工艺设备和定型工艺设备两类编制。

4）工艺用的水、蒸汽、冷冻用量

5）分批操作的设备要排列工艺操作时间表和动力负荷曲线

（8）车间设备及管道布置

（9）公用工程

土建、仪表和自动控制、电气电路、给排水、空调等。

（10）技术保安、防火及工业卫生

（11）"三废"治理及综合利用

（12）车间维修

（13）概算

（14）技术经济分析

投资、产品成本。

（15）存在问题及建议

（16）必要的附表及附图

附表：主要原料、动力消耗定额及消耗量表，工艺设备一览表，自控仪表一览表，公用工程设备材料表。

附图：带控制点工艺流程图，车间布置图（平面图及剖面图），关键设备总图，建筑平面、立面、剖面图。

设计工作内容及完成形式见图1-2。

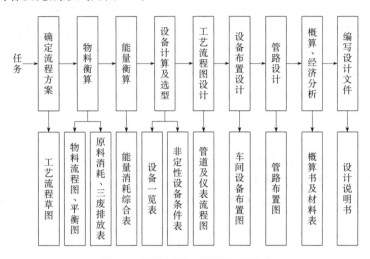

图1-2 设计工作内容及完成形式

1.3.3 施工图设计阶段

施工图设计是根据已批准的技术设计或扩大初步设计进行的。它是施工的依据，为施工服务，用于指导建筑安装工程、设备安装、管道敷设、标准和非标准设备采购和制造、装置和金属结构的制造。

施工图设计的主要工作是在技术设计的基础上完善流程图设计和车间布置设计，进而完成管道配置设计、设备及管路的保温及防腐设计。内容包括：工艺图纸目录，工艺流程图，设备制造图、布置图、安装图，管道布置图，管架管件图，设备管口方位图，设备和管路保温及防腐设计等；非工艺专业方面的土建施工图，供电、排水、弱电装置线路安装图等。

施工图设计阶段的文件如下。

（1）施工图设计文件目录

编制各主项施工图设计时，应编写主项图纸总目录、非定型设备图纸目录和工艺图纸目录。

（2）工艺施工图设计文件

工艺设计说明。工艺设计说明可根据需要按下列各项内容编写。

① 带控制点工艺流程图（施工流程图） 带控制点工艺流程图中应表示出全部工艺设备和物料管路、阀件等，进出设备的辅助管线和工艺及自动仪表的图例、符号。

② 辅助管路系统图 辅助管路系统图中应表示出系统的全部管路。一般在带控制点工艺流程图左上方绘制，当辅助管路系统复杂时，可单独绘制。

③ 首页图　当某一个设计项目（装置）范围较大时（如除主要生产厂房或构筑物外，附有生活室、控制室、分析室或有较多的室外其他生产和辅助生产部分），设备布置和管路安装图需分别绘制首页图。

④ 设备布置图　设备布置图包括平面图与剖面图，其内容应表示出全部工艺设备的安装位置和安装标高，以及建筑物、构筑物、操作台等。

⑤ 设备一览表　根据设备订货分类的要求，分别做出非定型设备表、定型设备表等。

⑥ 管路布置图　管路布置图包括管路布置平面图和剖面图，其内容表示出全部管路、管件和阀件及其在空间的位置，简单的设备轮廓线及建、构筑物外形。

⑦ 配管设计模型　做模型设计时，可用配管设计模型代替管路布置图。

⑧ 管段图　管段图是表示一段管道在空间位置的图形，也叫作空视图或单线图。

⑨ 管架和非标准管件图。

⑩ 管段表　当绘制管段图时，可不单独绘制管段表，其相应内容可填入管段图的附表中。

⑪ 管架表。

⑫ 综合材料表　应按三类材料进行编制。

⑬ 管口方位图　管口方位图上应表示出全部管口、吊耳、支脚及地脚螺栓的方位，并标注管口编号、管口和管径名称。对塔还要表示出地脚螺栓、吊柱、直爬梯和降液管位置。

⑭ 换热器条件图。

 思考题 ———————————————————————————

1. 简述设计的含义。

2. 基本建设包括哪几个阶段？

3. 项目建议书包括哪些内容？

4. 设计任务书包括哪些内容？

5. 为什么要编制可行性分析报告？它包括哪些内容？

6. 设计资料怎么收集，包括哪些内容？

7. 工艺设计分几个阶段，包括哪些内容？

8. 施工图设计与初步设计有什么区别？

9. 设计各阶段的设计说明书和设计图纸主要有哪些内容？

10. 设计后期工作阶段主要做哪些工作？

11. 设计人员应具备哪些基本素质才能完成设计任务？

第 2 章 →

工艺流程设计

生产工艺流程设计和车间布置设计是工艺设计的两个重要项目，是工艺设计的核心。工艺流程设计的目的，是用图解形式来表达整个生产工艺过程。

工艺流程设计的主要任务包括两个方面：一是确定生产过程中各个工序的具体内容、顺序和组合方式，清晰地展现由原料制得所需产品的过程；二是绘制工艺流程图，工艺流程最终是以图的形式表示出来，用图形象地反映出由原料进入产品输出的过程，其中包括物料和能量的变化，物料的流向以及生产中所经历的工艺过程和所使用的设备仪表。

2.1 工艺路线的确定

2.1.1 要考虑的因素

确定产品生产的技术方案或工艺路线时，主要考虑的因素如下。

（1）技术上可行

技术上可行是指建设投产后，能生产出产品，且产品的质量指标、产量达到设计要求，生产的可靠性及安全性既先进又符合国家政策和法规，这对实验室研究成果的工程化尤为重要。

（2）经济上合理

经济上合理是指生产的产品具有经济效益，这样工厂才可能正常运转。对某些特殊的产品，为了国家需要和人民的利益，主要考虑社会效益或环境效益，而经济效益相对较少，这种项目也是需要建设的，但其只能占工厂建设的一定比例，是企业可以承受的，不影响工厂整个生产。

（3）原料的纯度及来源

原料的纯度对生产有很大的影响，尤其是无机添加物，常以矿物为原料。由于长期开采，矿的品位下降，结果将影响企业的生产成本及效益。因此，对这类原料，应了解我国的矿产资源情况。此外还要了解原料的国内、外市场状况。

（4）公用工程中的水源及电力供应

水源与电源是建厂的必备条件，在水资源有些缺乏的地区建设工厂时，应加以注意，以避免发生建厂后不能正常生产的情况。

（5）环境保护

环境保护是建设工厂必须重点审查的一项内容，像聚合物合成之类的企业是容易产生三废的。我国目前对环境保护已经十分重视，设计时应防止新建的工厂对周围环境产生严重污染。为此，对三废污染严重的工艺路线应避免采用，生产不可避免产生三废时，一定要配套相应的处理设施，处理后的排放物必须达到国家规定的排放标准，符合环境保护法的规定。

（6）安全生产

安全生产是工厂生产管理的重要内容。高分子工业是一个易发生火灾和爆炸的行业，因此要从设备上、技术上、管理上对安全予以保证，制订严格的规章制度，对工作人员进行安全培训。同样对有毒产品或生产中产生的有毒气、液体和固体，应采取相应的措施避免外溢，达到安全生产的目的。

（7）国家有关的政策及法规

设计还必须遵循国家和行业的设计规范和相关的政策、法规。其中主要的列举如下。

①《化工企业总图运输设计规范》（GB/T 50489—2009）

②《工矿企业总平面设计规范》（GB 50187—2012）

③《化工装置设备布置设计规定》（HG/T 20546—2009）

④《石油化工给水排水管道设计图例》（SH 3089—1998）

⑤《石油化工管道设计器材选用规范》（SH/T 3509—2012）

⑥《石油化工金属管道布置设计规范》（SH 3012—2011）

⑦《石油化工给水排水系统设计规范》（SH/T 3015—2019）

若以上各因素中任意一项未达到规定要求，均可以否定此项目的建设，因此对每一因素均要仔细进行评审，以免造成重大损失，这是建设单位及设计单位必须慎重考虑的。

2.1.2 工艺线路评价原则

（1）先进性

工艺技术路线的首要条件是技术上可行和经济上合理，但为了能有较高的市场竞争力，技术上要尽可能先进，体现出企业的当代工业水平。技术上先进主要考虑技术经济指标优良，原材料及能源消耗少，成本低，此外生产工厂环境优良，生产安全，产品质量好。在评价时，应在同一规模情况下进行比较，以避免规模效应的影响。

（2）可靠性

可靠性是指所选择的工艺路线是否成熟可靠。如果采用的技术不成熟，就会影响企业正常生产，甚至不能投产，造成极大的损失。因此，对尚处于试验阶段的新技术、新工艺、新设备应慎重对待，要防止只考虑先进性，而忽视装置运行的可靠性。

应避免将新建厂设计成试验工厂，为将实验室成果工业化转化而新建厂时，一方面应坚持要求实验室方提供较完整的基础设计；另一方面，如果实验数据完整可靠，设计人员要以创新的劳动使装置可靠地运行。

（3）是否符合国情

在评价中，不能单纯只从技术观点，而应从我国的具体情况出发考虑各种具体问题。生产工艺流程设计要考虑的问题如下。

① 消费水平及消费趋势；

② 机械设备及电气仪表的制造能力；

③ 原材料及设备用金属、非金属材料的供应情况；

④ 环境保护的有关规定和生产中三废的排放情况；

⑤ 劳动就业与生产自动化水平的关系；

⑥ 资金筹措和外汇储备情况。

上述三项原则必须在技术路线和工艺流程论证或选择中全面衡量，综合考虑。设计人员采取分析对比的方法，根据建设项目的具体要求，选择先进可靠的工艺技术，竭力发挥有利的一面，设法减少不利的因素。在设计时，要仔细研究设计任务书中提出的各项原则要求，对收集到的资料进行加工整理，提炼出能够反映本质的、突出主要优缺点的数据材料作为比较的依据，从而使新建工厂的产品质量、生产成本以及建厂难易等主要指标达到比较理想的水平。

2.1.3 工艺路线确定的步骤

确定工艺路线一般要经过三个阶段。

（1）搜集资料，调查研究

这是确定工艺路线的准备阶段。在此阶段中，要根据建设项目的产品方案及生产规模，有计划、有目的地搜集国内外同类型生产厂的有关资料，包括技术路线特点、工艺参数、原材料和公用工程单耗、产品质量、三废治理以及各种技术路线的发展情况与动向等技术、经济资料。掌握国内外企业技术、经济的资料，仅靠设计人员自己搜集是不够的，还应取得技术信息部门的配合，有时还要向咨询部门提出咨询。具体内容见1.2.1小节。

（2）落实设备

设备是完成生产过程的重要条件，是确定工艺路线时必然涉及的因素。在搜集资料过程中，必须对设备予以足够重视。对各种生产方法中所用的设备，分清哪些是国内已有定型产品的、哪些是需要进口的及国内需要重新设计制造的，并对设计制造单位的技术力量、加工条件、材料供应及设计、制造的进度加以了解。

（3）全面分析对比

全面分析对比的内容很多，主要比较下列几项。

① 几种技术路线在国内外采用的情况及发展趋势；

② 产品的质量情况；

③ 生产能力及产品规格；

④ 原材料、能量消耗情况；

⑤ 建设费用及产品成本；

⑥ 三废的生产及治理情况；

⑦ 其他特殊情况。

2.2 工艺流程设计

2.2.1 一般的工厂工艺流程

一个典型的工艺流程一般可由多个单元组成，如图2-1所示。图中所示的各单元在生产过程中的作用，因产品不同会有一些变化。

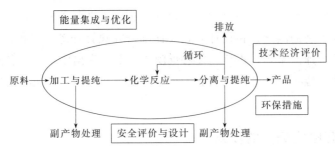

图 2-1 一般的工厂工艺过程及影响因素

（1）原料贮存

原料贮存要保证原料的供应与生产的需求相适应。在一般的生产中，贮存量主要根据原料来源、运输方法（如空运、海运、铁路运输及公路运输）、原料的物理化学性质（如液体、固体、易燃易爆等）以及运输所需要的时间决定，一般要求贮存量为几天至三个月。对自己企业可以供应的，通常除在生产产品处有贮存量外，在车间也要有一定贮存量作为缓冲。

（2）原料加工与提纯

若原料纯度不符合要求，需要进行处理，通常要经过分离、精制等方法提纯；有些原料需要溶解或熔融后进料；有些固体原料往往需要破碎、磨粉及筛分。

（3）化学反应

反应是高分子合成生产的心脏。将原料放置在反应器中，按照一定的工艺操作条件，得到合格的产品。反应过程中，也难免生成一些副产物或不希望获得的化合物。

（4）产品分离及提纯

反应结束后，需要将产品、副产物与未反应的物料进行分离。如果转化率低，经分离后物料可再循环返回反应器进一步转化以提高收率。在此阶段，可得到副产品。

一般产品需要经过提纯使之成为合格产品，以满足用户的要求。如果所得到的副产品具有经济价值，也可以经提纯后出售。

（5）包装和运输

液体一般用桶或散装槽类（如汽车槽车、火车槽车或槽船）装运。固体可用袋（纸袋、塑料袋）、纸桶、金属桶等装运。产品贮存量取决于产品的性质和市场情况。

一个工艺过程除了上述的各单元外，还需要有公用工程（水、电、气）及其他附属设施（消防设施、辅助生产设施、办公室及化验室等）的配套。

初学设计的人们对工艺流程设计不够重视，认为只要画图就可以了，其实这是对流程图的作用和意义的认知不够。工艺流程设计和车间布置设计是决定整个车间（装置）基本面貌的关键设计，对设备设计和管路设计等单项设计也起着决定性的作用。当生产工艺路线选定之后，留给流程设计上的任务很重且很复杂。

在设计流程时，为了能够实现优质、高产、低消耗和安全生产，首先要考虑操作方式是连续操作还是间歇操作。

按照一般的规律，连续操作比较经济合理。这是因为连续操作具有如下优点。

① 设备紧凑，费用省，可减少基本建设投资及维修费用。

② 由于操作稳定，易于自动控制，可使操作高度机械化、自动化，减少手工劳动，提高生产效率。

③ 减少开车、停车次数，使产品均匀，有利于产品质量的提高，减少对能源的浪费。

间歇操作在工业上并没有完全被遗弃，因其具有如下优势。

① 易于更换产品品种，产品多样，适应经常变化的市场。

② 由于数据不全或其他技术问题，连续操作设备尚未成熟时，间歇操作设备研究成本较低，容易得到可靠的工艺数据。

③ 设备利用率高，同一设备可进行几个产品的生产。

在不少情况下，采用连续和间歇的联合操作。如在高分子材料成型加工过程中，工程中大多数采用连续操作，少数为间歇操作，中间采用缓冲贮罐衔接，这在技术和经济上也较合理。

当操作方式确定后，还要考虑下列问题。

① 必需的工业化生产概念　如液体物料的混合，在实验室里只要将几种物料人工倒进烧杯里搅匀即可。但简单的混合过程在高分子材料加工生产中并不简单，因为要考虑一系列的问题，如首先要考虑混合槽的结构和规格，为使材料混合均匀还需要考虑均化器、调配罐问题，有时需要考虑在一定的温度下操作的加热和恒温问题，还需要考虑如何将混合好的物料输送到指定贮罐内等。

② 辅助流程　根据生产方法，确定了主要生产过程及设备，还需要根据主要生产过程及设备进一步确定配合主要生产过程所需的辅助过程及设备。如合成聚酯时，乙二醇回收系统中，除了要考虑蒸馏塔本身外，还需考虑进料方式（泵送还是靠液位差送），进料是否需要预热，塔底残液的排除与贮存，塔顶蒸汽的冷凝及回流分布，塔顶冷凝下来的甲醇、水分和乙二醇的贮存等。

③ 重力流程　重力流程是指借助两个相邻设备在空间位置上的差异，使物料借自身重力作用流到下面设备的流程。设备的相对高低位置对连续操作程度、动力消耗、厂房展开、劳动生产效率等都有直接和间接的关系。设计流程时，尽可能采用重力流程。但也要考虑车间布置和厂房建筑的合理性。因此，在保证工艺流程合理的原则下，应适当减少厂房的层数，减少建筑费用。

④ 在设计流程时，应了解设备中的压力差　从压力高的设备向压力低的设备中自然流动。从减压设备中出料时，必须采取相应措施，例如采用相应高度的液封等。

⑤ 物料输送方式（具体见 2.4.1 小节）。

⑥ 产品的包装　有些产物是下一工序的原料，有些可直接作为产品。作为产品的产物需包装后进行销售，根据产品聚集状态及物料性质选择不同的包装方式，如对气体进行计量灌装，液体进行桶装或槽车，固体包装堆放。因此，需要考虑筛选、包装、计量、贮存、输送等过程。

⑦ "三废"排出物的处理　在生产过程中，对不得不排放的各种废气、废液和废渣，应尽量综合利用，变废为宝，加以回收。无法回收的应妥善处理。"三废"中如含有有害物质，在排放前必须处理，使其达到排放标准。因此，在化工开发和工程设计中必须研究和设计"三废"治理方案和流程，要做到"三废"治理与环境保护工程、"三废"治理工艺与主产品工艺同时设计，同时施工，而且同时投产运行。按照国家有关规定，如果污染问题不解决，是不允许投产的。

⑧ 公用工程的配套　在生产工艺流程中必须使用的工艺用水（包括作为原料的软水、冷却水、溶解用水以及洗涤用水等）、蒸汽（原料用汽、加热用汽、动力用汽及其他用汽等）、压缩空气、氮气等以及冷冻、真空都是工艺中要考虑的配套设施。至于生产用电、上下水、空调、采暖通气都应与其他专业密切配合解决。

⑨ 操作条件和控制　一个完善的工艺设计除了工艺流程以外，还应把投产后的操作条件确定下来，并且提出控制方案（与仪表控制专业密切配合），这是设计要求的。这些包括整个流程中各个单元设备的物料流量（投料量）、组成、温度、压力及如何控制等，合理的操作条件和控制方案是确保能稳定地生产出合格产品的保障。

⑩ 安全生产　在工艺设计中要考虑到开停车、长期运转和检修过程中可能存在各种不安全因素。根据生产过程中物料的性质和生产特点，在工艺流程和装置中，除设备材质和结构采取安全保障措施外，还应在适宜部位上设置事故槽、安全阀、放空管、安全水封、防爆板、阻火栓等安全实施，以保证安全生产。

2.2.2　工艺流程图

工艺流程图就是把各个生产单元按照一定的目的和要求，有机地组合在一起，形成一个完整的生产工艺过程，并用图形描绘出来，展示出各设备之间的相互关系。当生产方法确定后，即可开始进行工艺流程图的设计。

由于生产工艺流程非常复杂，各方面都有联系。因此，它不可能一气呵成，它贯穿于整个设计过程，需要由浅入深，由定性到定量，逐步分阶段进行。不同设计阶段流程图的内容、重点和深度也有所不同。

（1）方框流程图

方框流程图是在工艺路线选择确定之后，工艺流程进行概念设计时完成的一种流程图，它将主要工艺步骤或单元操作用一方框表示，方框内注明名称和主要操作条件，同时用主要的物流线将各方框连接起来。方框流程图的主要作用是：定性地表明原料变成产品的路线和顺序，以及应用的过程及设备。

方框流程图绘制要求：从左向右展开，用细实线绘制矩形框，用粗实线加箭头表示出主要物流方向，并加上必要的文字注释。如图2-2所示。

图 2-2　挤出造粒的流程框图

（2）工艺物料流程图

完成物料衡算和热量衡算后，要用图形与表格的形式反映物料衡算和热量衡算的结果，其中的图形就是工艺物料流程图。如图2-3所示。

工艺物料流程图列为初步设计阶段的设计文件，为设计审查提供资料；也作为生产操作和技术改造的参考资料，归入设计档案资料。

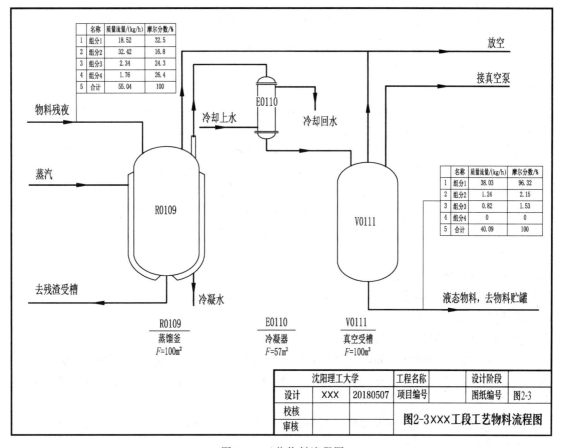

图 2-3　工艺物料流程图

工艺物料流程图是在物料计算前设计，它只是定性地标出物料由原料变成产品的来龙去脉（路线）、采用的各种加工过程及设备，一般应包括物料流程、图例、设备一览表等内容。

工艺物料流程图绘制要求如下。

① 采用常用图例表示出主要工艺设备及部分关键的辅助设备。由于在此阶段尚未进行物料计算和设备设计，不可能按比例画出设备示意图，只需按照设备的大致几何形状画出，甚至方块图也可，而且设备的相对高低位置也不要求精确。设备示意图用细实线绘出。

② 用粗实线及箭头表示物料的流动方向，动力（水、汽、压缩空气、真空等）的一部分流程管线用中粗线及箭头表示。

③ 标注工艺设备位号和名称。

④ 用表格列出各物料的物料名称、质量流量或质量分数、摩尔流量或摩尔分数。

⑤ 标示出主要工艺数据，如温度、压力和流量等。

⑥ 在有热量变化的设备旁，标出热量计算值。

⑦ 图例　只要求标出管线图例。至于阀门、仪表等无需标出。

⑧ 设备一栏表　包括序号、流程号、设备名称和备注。

⑨ 标题栏。

工艺物料流程图由左至右展开，先物料流程，再图例，最后设备一览表。在绘图技术上，不要求精工细作，但是技术路线上不能马虎，要多花时间，仔细研究。

（3）生产工艺流程草图

当生产工艺物料流程图设计结束后，要着手物料计算。物料计算的结果会有：原料、半成品、成品、副产品、与物料计算有关的废水和废物等的规格、质量和体积等数据。根据这些数据就可以开始设备设计。设备设计可以分为两个阶段。当第一阶段设备设计完成后，即可进行生产工艺流程草图的设计。

第一阶段的设备设计一般包括：计算和选定贮存设备的容积，选定定型设备和标准设备型号及其台套数，确定非定型设备的型式、台数和主要尺寸等。

通常能量计算和第二阶段的设备设计要着重解决化工过程的技术问题（如过滤面积、传热面积、干燥面积、蒸馏塔塔板数等）以及加热剂和冷却剂用量等。至此所有设备的主要技术参数与台套数均已经知晓。于是据此修改和补充生产工艺流程草图，得出正式的生产工艺流程图。

生产工艺流程草图的内容与工艺物料流程图是不同的。前者是定量的，后者是定性的。生产工艺流程草图一般包括物料流程、图例、设备一览表、图签、图框等内容。

1）物料流程

① 厂房各层地平线及标高；

② 设备示意图，需按比例画出设备外形尺寸、设备进出管口位置等；

③ 设备流程号；

④ 物料及动力管线及流动方向；

⑤ 必要的设备及管件，如，管道过滤器、冷凝水排除器、管线上的主要阀门等；

⑥ 必要的计量-控制仪表，如，转子流量计、玻璃计量管、温度表、压力表、真空表等；

⑦ 必要的文字注解，标出物料的名称、来源及去向、设备的编号和名称等，如废水去向，下水道、半成品去向。

2）图例

图例是将物料流程中画出的有关管线、阀门、设备附件、计量-控制仪表等图形用文字予以对照。各种管线、阀门、附件、仪表的图例见表2-8。在施工图设计阶段图例要更加详细。

3）设备一览表

设备一览表的作用是表示物料流程中所有设备和名称、数量、规格、材料等。设备一览表列在图签上部，由下往上写。它包括序号、位号、设备名称、设备规格、设备数量、设备材料和备注。

4）图签及标题栏

图签的作用是表明图名、设计单位、设计制图审核人员签名、图纸比例尺（见表2-1）、图号等。列在流程图右下角。

5）图框

图框是指图纸上限定绘图区域的线框。图纸上必须用粗实线画出图框。图框格式有留装订边和不留装订边两种（如图2-4、图2-5，表2-1所示），但同一产品图样只能采用一种格式。

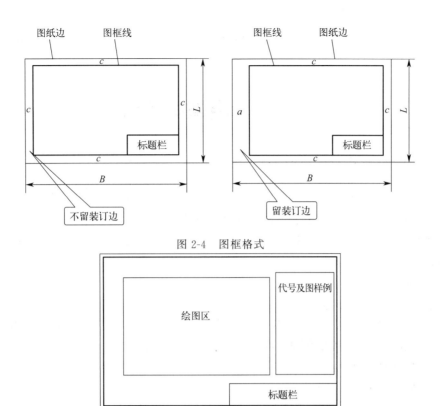

图 2-4　图框格式

图 2-5　生产工艺流程草图图面布局示例

表 2-1　图纸幅面及相应的图框尺寸　　　　　　　　单位：mm

幅面代号	A0	A1	A2	A3	A4
$B \times L$	841×1189	594×841	420×594	297×420	210×297
装订边宽 a	25				
边宽(留装订边)c	10			5	
边宽(不留装订边)c	20			10	

　　当设备设计和生产流程草图设计结束后，便可着手车间布置设计。在进行车间布置设计时，可能会发现生产工艺流程草图设计中某些设备的空间位置不合适，或个别的设备型式和主要尺寸确定不当，此时可做部分修整，最后得出工艺管道及仪表流程图，作为正式的设计成品。

（4）工艺管道及仪表流程图

　　工艺管道及仪表流程图，又称施工流程图或带控制点的工艺流程图，与之配套的还有辅助管道及仪表流程图、公用系统管道及仪表流程图。它是由工艺人员和自控人员合作进行绘制的，在初步设计和施工图设计中都要提供这种图样。

　　工艺管道及仪表流程图是在工艺物料流程图和生产工艺流程草图基础上绘制的。在完成设备设计计算和确定控制方案后，即可绘制，作为设计成果编入初步设段的设计文件中。

　　工艺管道及仪表流程图是工程项目设计的一个指导性文件，是设备布置和管道布置设计的依据，并可供施工、安装、生产操作时参考。所以工艺管道及仪表流程图中要包括所有机械设备、仪表控制点、阀门、重要管件等。

　　工艺管道及仪表流程图绘制要求：工艺管道及仪表流程图与工艺流程草图的内容要完全相同，但在绘图技术上要求精工细作，要绘出全部设备示意图和其接管口，标出设备位号和名称；标出管道代号、管道流程线、管道规格、阀门和仪表控制点（测温、测压、流量、自控及分析点）；阀门、管件、仪表控制点的图例及必要的说明。

2.3 工艺流程图绘制要点

2.3.1 图纸尺寸及线条要求

工艺流程图可以以车间（装置）或工段（分区或工序）为单元进行绘制，原则上一个单元绘一张图。若流程复杂，一个主项也可以分成数张（或分系统）绘制，但仍算一张图样，且需使用同一个图号，并要注明各是该图号图纸总张数的第几张。必要时也可适当缩小比例进行绘制。

（1）比例

图上的设备图形及其高低相对位置大致按 1∶100 或 1∶200 的比例进行绘制，流程简单时也可用 1∶50 的比例。实际上并不全按比例绘制，也按相对比例进行绘制，如设备过高（如蒸馏塔）、过大（如大型贮存槽）或过小（如泵），则设备外形可以适当缩小或放大，使图面视觉美观。因此在流程图标题栏中的"比例"一栏，不予注明。

（2）图幅

由于图样采用展开图形式，图形多呈长条形，因而以前的图纸幅面常采用标准幅面加长的规格，加长后的长度以方便阅读为宜。近年来，考虑到图样使用和底图档案保管的方便，有关标准已有统一规定，一般均采用 A1 图幅，特别简单的可采用 A2、A3 图幅，且不加长或加宽。

（3）线条要求

按照 HG/T 20519—2009 中对图纸的图线宽度规定，所有图线都要清晰光洁、均匀，平行线间距至少要大于 1.5mm，以保证复制件上的图线不会分不清或重叠。图线宽度分三种：粗线、中粗线、细实线。图线画法的一般规定见表 2-2。

表 2-2 流程图图线用法的一般规定（摘录）

内容		形式及图例	线型及线宽/mm
设备			细实线（d/4）=0.15～0.25
工艺流程线	主要物料		粗实线 d=0.6～0.9
	辅助物料		中粗实线（d/2）=0.3～0.5
管道图示	主物料管线		粗实线 d=0.6～0.9
	主物料埋地管线		虚线 d=0.6～0.9
	辅助物料管线		中粗实线 d=0.3～0.5
	仪表管线		细实线 d=0.15～0.25
	伴热（冷）管线		虚线 d=0.15～0.25
	电伴热管线		点划线 d=0.15～0.25
	管道隔热层		
	夹套管		

由规定可见，在绘制流程图中：主要物料管道线用粗实线表示，辅助物料管线用中粗线表示，设备轮廓和管道上的各种附件以及局部地平线用细实线表示，仪表引出线及连接线用细实线表示。一般情况下流程图上不标注尺寸，但有特殊需要注明尺寸时，其尺寸线用细实线表示。

（4）文字要求

汉字宜采用长仿宋体或者正楷体（签名除外），并要以国家正式公布的简化字为标准，不得任意简化、杜撰。表 2-3 为 HG/T 20519—2009 推荐的字体高度，中文字体最小字高 3.5mm，数字及字母最小字高 2.5mm。文字宽度 $w = h/\sqrt{2}$，式中 h 为字高。

表 2-3 字体高度（摘录）

书写内容	推荐字高 h/mm	书写内容	推荐字高 h/mm
图表中的图名及视图符号	5～7	图名	7
工程名称	5	表格中的文字	5
图纸中的文字说明及轴线号	5	表格中的文字（格高小于 6mm 时）	3
图纸中的数字及字母	2～3		

2.3.2 设备的表达方法

（1）设备的画法

设备有规定图例的，按设计规定绘制（如 HG/T 20519—2009）；没规定图例的，应画出实际外形和内部结构特征。表 2-4 中摘录了部分图例。

表 2-4 流程图中设备类别代号及图例（摘录）

设备类别	代号	图例
换热器	E	

热交换器　固定管板式列管换热器　U形管式换热器　浮头式列管换热器　套管式换热器

釜式换热器　板式换热器　螺旋板式换热器　翅片管换热器　蛇管式(盘管式)换热器

喷淋式冷却器　带风扇的翅片管式换热器　闪蒸器　刮板式薄膜蒸发器　列管式(薄膜)蒸发器

抽风式空冷器　送风式空冷器　立式干燥器　旋风干燥器　卧式干燥器　热干风　热风　冷风

设备类别	代号	图例
压缩机、风机	C	鼓风机　旋转式压缩机(卧式)　旋转式压缩机(立式)　离心式压缩机 往复式压缩机　二段往复式压缩机(L型)　四段往复式压缩机
工业炉	F	箱式炉　圆筒炉　圆筒炉
烟筒、计量秤	M	烟囱　火炬　带式定量给料秤　地上衡　磅秤
泵	P	液下泵　喷射泵　齿轮泵、旋转泵　旋涡泵　水环式真空泵 离心泵　螺杆泵　活塞泵　隔膜泵
塔器	T	填料塔　加热填料塔　板式塔　喷淋塔

续表

设备类别	代号	图例

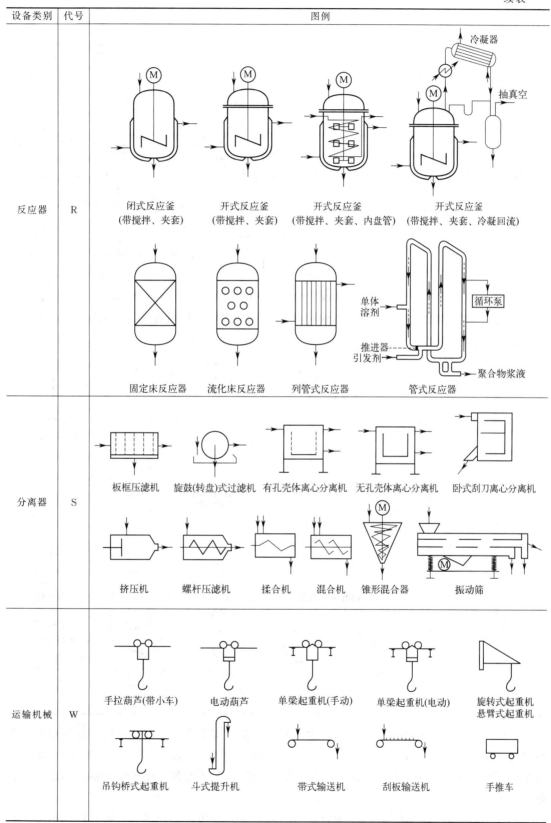

反应器　R

闭式反应釜
(带搅拌、夹套)　　开式反应釜
(带搅拌、夹套)　　开式反应釜
(带搅拌、夹套、内盘管)　　开式反应釜
(带搅拌、夹套、冷凝回流)

冷凝器　抽真空

固定床反应器　　流化床反应器　　列管式反应器　　管式反应器

单体溶剂　循环泵　推进器　引发剂　聚合物浆液

分离器　S

板框压滤机　旋鼓(转盘)式过滤机　有孔壳体离心分离机　无孔壳体离心分离机　卧式刮刀离心分离机

挤压机　螺杆压滤机　揉合机　混合机　锥形混合器　振动筛

运输机械　W

手拉葫芦(带小车)　电动葫芦　单梁起重机(手动)　单梁起重机(电动)　旋转式起重机 悬臂式起重机

吊钩桥式起重机　斗式提升机　带式输送机　刮板输送机　手推车

续表

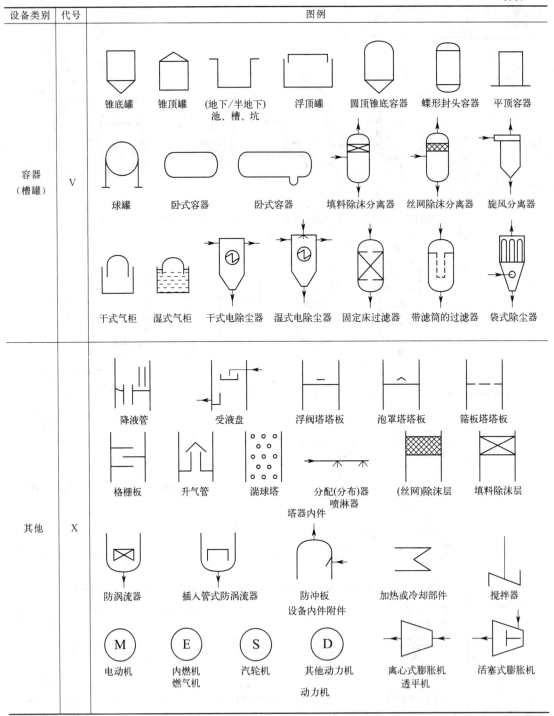

设备类别	代号	图例

容器（槽罐） V

锥底罐　锥顶罐　(地下/半地下)池、槽、坑　浮顶罐　圆顶锥底容器　蝶形封头容器　平顶容器

球罐　卧式容器　卧式容器　填料除沫分离器　丝网除沫分离器　旋风分离器

干式气柜　湿式气柜　干式电除尘器　湿式电除尘器　固定床过滤器　带滤筒的过滤器　袋式除尘器

其他 X

降液管　受液盘　浮阀塔塔板　泡罩塔塔板　筛板塔塔板

格栅板　升气管　湍球塔　分配(分布)器 喷淋器　(丝网)除沫层　填料除沫层

塔器内件

防涡流器　插入管式防涡流器　防冲板 设备内件附件　加热或冷却部件　搅拌器

M 电动机　E 内燃机 燃气机　S 汽轮机　D 其他动力机 动力机　离心式膨胀机 透平机　活塞式膨胀机

　　图例（或图形）按相对比例用细实线绘制。图例（或图形）在图幅中的位置安排要便于管道的连接和标注。设备间的高低和楼面高低的相对位置，一般也按比例绘制。低于地面的需相应画在地平线以下，尽可能地符合实际安装情况。对于有位差要求的设备，还要注明其限定尺寸。

　　两个或两个以上相同的系统（或设备）一般应全部画出。只画出一套时，被省略部分的系统（或设备）则需用细双点划线绘出矩形框表示。框内注明设备的位号、名称，并绘出引至该套系统（或设备）的一段支管。

设备的管口尽可能全部画出，与配管及外界有关的管口必须画出，管口用细实线画。地下或半地下设备，应画出相关的一段地面，设备支撑和底（裙）座可不画。

（2）设备的标注

1）标注的内容

设备在图上应标注位号及名称。设备位号在整个车间（装置）内不得重复，施工图设计与初步设计中的编号应该一致，不要混乱。如果施工图设计中设备有增减，则位号应按顺序补充或取消（即保留空号）。设备的名称也应前后一致。

2）标注的方式

如图 2-6 所示。设备的位号标注在横线上方，设备名称标注在横线下方，横水平线为粗实线。设备位号由四部分组成，设备类别代号、设备所在单位编号（2 位数）、单位内同类设备序号（2 位数）和相同设备的数量尾号（按 A，B，C，…，顺序编号，若无相同设备则不写）。设备类别代号按 HG 20519—2009 标准规定。

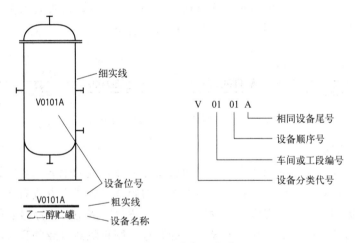

图 2-6　设备标注方式

设备的标注应位于所标注设备图形的上方或下方，即在图纸的上端及下端两处，各设备的标注在横向排成一行；若在同一高度方向出现两个以上设备图形时，则可按设备的相对位置将某些设备的标注放在另一设备标注的下方。

设备位号应该与初步设计一致，若施工图纸设计阶段中设备有所增加，则位号应该按顺序增补。如有取消，原有设备位号不再使用。

第二次标注在设备内或其近旁，此处只标注位号。

2.3.3　物料管道和辅助管道的表达方法

工艺流程图上一般应画出所有工艺物料和辅助物料（如蒸汽、冷却水、冷冻盐水等）的管道，包括阀门、管件和管道附件。当辅助管道系统比较简单时，可将其总管绘制在流程图的上方，其支管则下引至有关设备；当辅助管道系统比较复杂时，待工艺管道布置设计完成后，另绘辅助管道及仪表流程图予以补充。

图 2-7 管道交叉
表示法

（1）管道的画法

管道画法的原则规定可参阅国家标准和化工行业的有关规定。表 2-2 中摘录了部分图例。工艺流程管道，应尽量减少交叉、拐弯，以免图样零乱。实在避免不了，交叉管道应将其中一条管道断开一截，断开处约为线宽度 5 倍，一般采取"主管不断次管断""竖断横不断"的原则，如图 2-7 所示。在管道上的物料流向用画出的箭头表示。

当工艺流程比较复杂时，为使主流程表示清楚，流程图与辅助系统应分开绘制。在辅助系统流程中，辅助管道只绘制与设备相连的进出口一段支管，并注明代号、编号及管道规格，而辅助管道总管与分管相连的部分由辅助系统图来表示。如果该项目主流程比较简单，则可不另画辅助系统图，辅助管道总管要在流程图上画出来，还要画出辅助管道上的附件、仪表，并将图名改为工艺管道和辅助管道及仪表流程图。

绘在同一张流程图上的两个设备相距较远时，其物料管道仍要连通，不能用文字表示。对于进出车间的管道或接至另一张流程图上的管道，可在管道断开处用箭头注明至某设备或管道的图号，用空心箭头表示物料出或入方向，如图 2-8 所示，箭头为细实线。箭头内写接续的图纸图号，在箭头附近注明来或去的设备位号或管道号。

图 2-8 图纸接续管道的表示

（2）管道的标注

每段管道上都要有相应的标注，一般横向管线标注在管线的上方，竖向管线则标注在管线的左方；若标注位置不够时，可将标注中的部分内容移至管线下方或右方。不得已时，也可用指引线引出标注。标注内容应包括物料代号、工段号、管道分段序号、管径、壁厚、管道材料代号、管道等级等。对隔热（或隔音）的管道，则将隔热（或隔音）功能代号注在管径之后。管道标注方法见图 2-9。

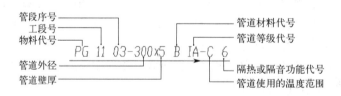

图 2-9 管道标注方法

物料代号、工段号（2 位数）、管道顺序号（2 位数）总称为管道号（或管段号）。管道号编号原则是：一个设备管口到另一个设备管口间编一个号；连接管道（设备管口到另一个管道间或两个管道间）也编一个号；管道顺序号按工艺流程顺序书写，若同一工段内物料类别相同时，则顺序号以流向先后为序编写。

管径一般用公称直径，即内径 × 壁厚，单位为 mm。

工艺流程简单、管道品种不多时，管道等级和隔热隔音代号可省略。

物料代号、使用温度范围代号和隔热（或隔声）代号可参考 HG 20519—2009 标准。分别见表 2-5～表 2-7。

表 2-5　物料代号（摘录）

名称	代号	名称	代号	名称	代号	名称	代号
工艺空气	PA	低压蒸气	LS	冷却回水	CWR	天然气	NG
工艺气体	PG	高压蒸气	HS	冷却上水	CWS	真空排放气	VE
工艺液体	PL	蒸汽冷凝水	SC	饮用水	DR	放空气	VT
工艺固体	PS	热载体	HM	锅炉给水	BF	排液、排水	DR

表 2-6　使用温度范围代号

代号	温度范围	管材	代号	温度范围	管材	代号	温度范围	管材
A	−100～2℃	碳钢和铁合金管	E	94～650℃	碳钢和铁合金管	I	21～93℃	不锈钢管
B	>2～20℃	碳钢和铁合金管	F	401～650℃	碳钢和铁合金管	J	94～650℃	不锈钢管
C	21～17℃	碳钢和铁合金管	G	−100～2℃	不锈钢管	K	>650℃	不锈钢管
D	71～93℃	碳钢和铁合金管	H	>2～20℃	不锈钢管	L		不锈钢管

表 2-7　隔热及隔音功能类型代号

类型代号	用途	备注	类型代号	用途	备注
1	热量控制	采用保温材料	6	隔音（低于 21℃）	采用保冷材料
2	保温	采用保温材料	7	防止表面冷凝（低于 15℃）	采用保冷材料
3	人身防护	采用保温材料	8	保冷（高于 2℃）	采用保冷材料
4	防火	采用保温材料	9	保冷（低于 2℃）	采用保冷材料
5	隔音（21 度和更高）	采用保温材料	A～U	加热保温	

2.3.4　阀门与管件的表示方法

管道上的阀门、管件和管道附件按 HG 20519—2009 规定的图形符号，用细实线画出。表 2-8 摘录了标准中的图形符号。阀门图形符号的大小为：长 6mm、宽 3mm，或长 8mm、宽 4mm。按需要标注公称直径。

表 2-8　流程图中管道、管件、阀门及其管道附件图形符号（摘录）

序号	名称	图例	序号	名称	图例
1	主要物料管道	——————	7	喷淋管	⋏⋏⋏⋏⋏⋏
2	次物料管道、辅助物料管道	———	8	柔性管	∿∿∿∿
3	引线、设备、管件、阀门、仪表图形符号和仪表管线等	———	9	翅片管	┼┼┼┼┼┼┼
4	地下管道	------------	10	断裂线	～╱╲～
5	蒸气伴热管道	============	11	弯头	⌐│
6	电伴热管道		12	三通	┴┬

序号	名称	图例	序号	名称	图例
13	同心异径管	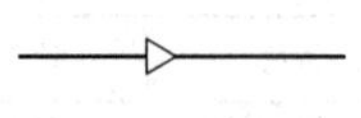	28	插板阀	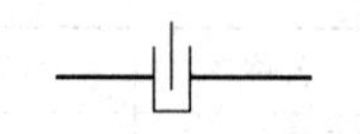
14	偏心异径管	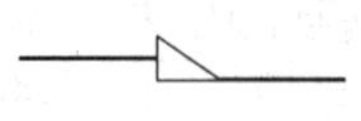	29	视镜	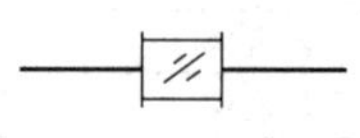
15	管路法兰	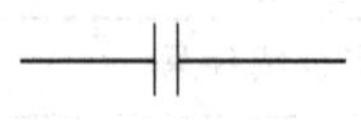	30	阻水器	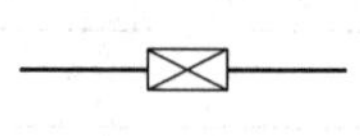
16	软管活接头	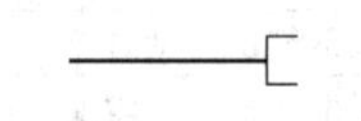	31	膨胀节	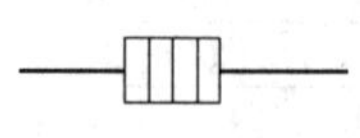
17	管端平接头	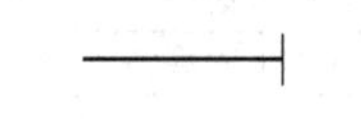	32	疏水器	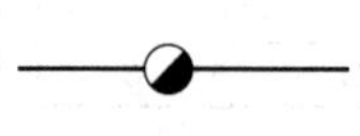
18	管端活接头	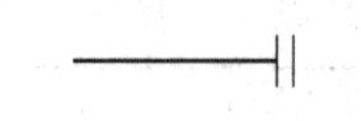	33	水表	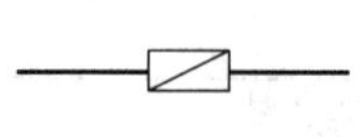
19	管堵		34	盲板	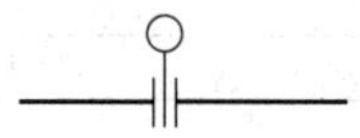
20	焊接管帽	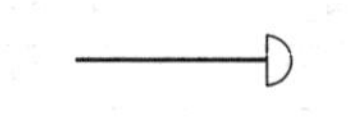	35	爆破板	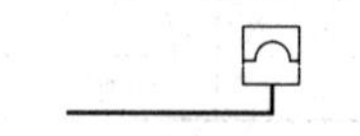
21	管座		36	消声器	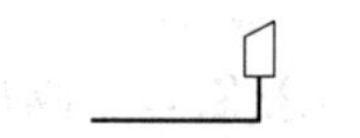
22	螺纹焊接式连接截止阀	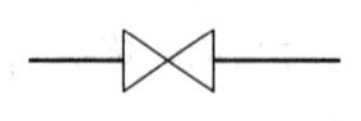	37	放空管	
23	法兰式连接截止阀		38	取样口	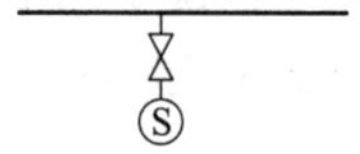
24	闸门阀	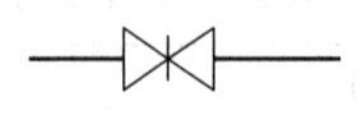	39	敞口排水斗	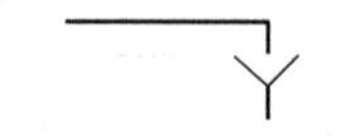
25	节流阀		40	T 型过滤器	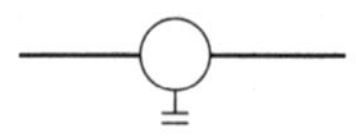
26	球阀	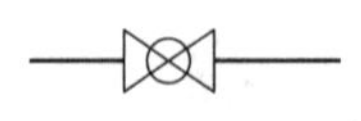	41	Y 型过滤器	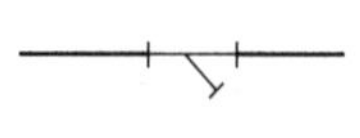
27	减压阀	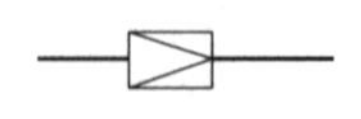	42	锥形过滤器	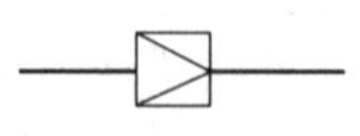

2.3.5 仪表、控制点的表示方法

仪表及控制点应该在有关管道上按大致安装位置用代号、符号表示。用字母代号和阿拉伯数字编号组合起来，组成仪表的位号。用字母和图形符号组合表达被测变量和仪表功能。参见图 2-10 仪表及控制点标注示例。仪表、控制点及控制元件的代号、图形符号参见表 2-9 和表 2-10。检测、控制等仪表在工艺流程图中用细实线圆（直径 10mm）表示。

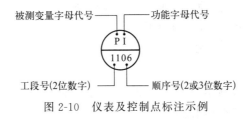

图 2-10　仪表及控制点标注示例

表 2-9　仪表、控制点代号及图形符号（摘录）

仪表符号		被测量变量代号		功能字母代号	
名　称	图形符号	名　称	代号	名　称	代号
就地安装仪表	◯	温度	T	指示	I
集中仪表盘安置仪表(引至控制室)	⊖	压力	P	记录	R
就地仪表盘安装仪表	⊖	流量	F	控制	C
就地安装嵌在管道中	─◯─	液位	L	报警	A

表 2-10　控制元件图形符号（摘录）

名　称	图形符号	名　称	图形符号
手动元件	T	数字元件	D
自动元件	◯	活塞元件	⊟
电动元件	Ⓜ	带弹簧的气动薄膜元件	⌓
电磁元件	S	带人工复位的元件	S◇R

2.4　高分子加工常用辅助工艺流程

2.4.1　气力输送流程

高分子材料加工成型时，原料运输常常采用气力输送。气力输送是以空气或其他惰性气体作为工作介质，通过气体的流动将粉粒状物料输送到指定地点的技术。气力系统由供料装置、输送管道、分离设备和空气动力源组成。

气力系统可分为吸送和压送两大类。

（1）吸送式

通常以 20～40m/s 的气流速度在管道系统内悬浮输送物料，最高真空度可达 60kPa。如图 2-11 所示。该系统的特点如下。

① 物料和灰尘不会飞逸外扬；

② 适宜于物料从几处向一处集中输送；

③ 适用于堆积面广或存放在深处的物料输送；

④ 进料方式比压送系统中的供料器简单；

⑤ 对卸料口、除尘器的严密性要求高，致使这两种设备构造较复杂；

⑥ 输送量、输送距离受到限制，且动力消耗较高。

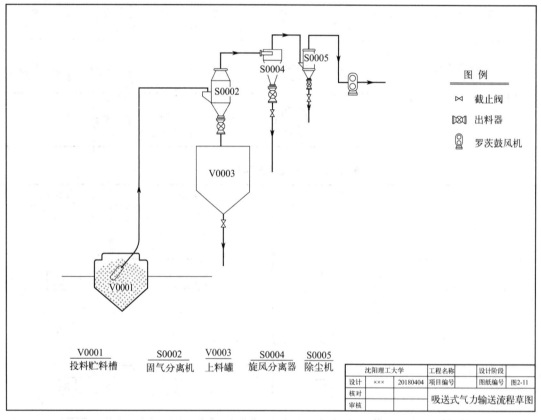

V0001	S0002	V0003	S0004	S0005
投料贮料槽	固气分离机	上料罐	旋风分离器	除尘机

沈阳理工大学		工程名称		设计阶段	
设计	×××	20180404	项目编号	图纸编号	图2-11
核对				吸送式气力输送流程草图	
审核					

图 2-11　吸送式气力输送流程图

（2）压送式

压送式气力输送系统是靠压气机械产生的正压气流悬浮管道中的物料而进行输送的。其流程如图 2-12 所示。该系统的特点如下。

① 适合于物料的大流量、长距离输送；

② 卸料器结构简单；

③ 系统能够防止杂质、油和水的侵入；

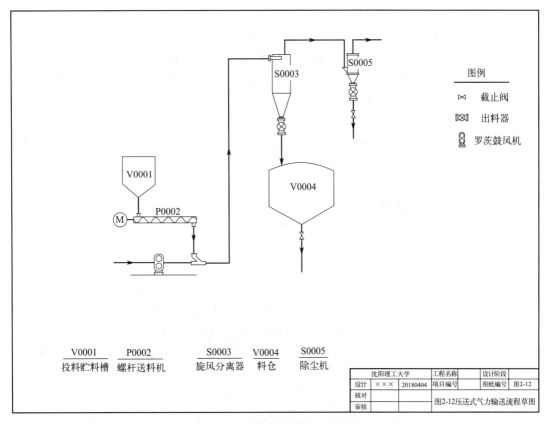

图 2-12 压送式气力输送流程图

④ 容易造成粉尘外扬。

压送式气力输送可分为低压压送式、中压压送式和高压压送式三类。低压压送式用中速气流在管道系统中悬浮输送物料，操作表压一般为 82kPa 以下，最高到 100kPa。中压压送式采用低速气流，操作表压为 310kPa。高压压送式也采用低速气流，操作表压可达 860kPa。

2.4.2 真空流程及调节方案

高分子合成或加工工程常常要用到真空技术，如真空干燥、真空抽滤、真空输送等。真空技术中的压强范围很宽，为 $1.01 \times 10^5 \sim 1.33 \times 10^{-11}$ Pa，按原机械工业部指定的标准可把它划分为低真空、中真空、高真空、超高真空等，压强范围如下。

低真空 $10^5 \sim 100$ Pa（$750 \sim 7.5 \times 10^{-1}$ mmHg，1mmHg＝133.3Pa）。

中真空 $100 \sim 10^{-1}$ Pa（$7.5 \times 10^{-1} \sim 7.5 \times 10^{-4}$ mmHg）。

高真空 $10^{-1} \sim 10^{-5}$ Pa（$7.5 \times 10^{-4} \sim 7.5 \times 10^{-8}$ mmHg）。

超高真空 10^{-5} Pa 以下（7.5×10^{-8} mmHg 以下）。

（1）气体管路

气体管路应该根据气体和物料的性质、操作压力、温度来确定管道材料，可采用碳钢、不锈钢或非金属材料。管道直径应根据气体的排气量来决定。管道采用无缝钢管时，管道壁厚应按照受外压的圆筒来计算确定，同时还要考虑腐蚀裕量和加工裕量。管道中介质若是空气或蒸汽，温度≤100℃时，公称压力一般为 1.6MPa；气体是有毒或石油气体，操作温度＞100℃时，公称压力则应为 2.5MPa。同时应根据公称压力和介质的温度来决定管路附件的形式。碳钢衬胶管只适用于真空度小于 40kPa 的情况，否则衬胶易松脱而使基体被腐蚀。为了减少管道中物料的压降损失，要求配管管道应尽量缩短，并减少阀门及管道附件。管道周围环境温度要求在 20℃左右，因为当温度低时，可能引起管道气体内小分子气体冷凝，因此必要时可采用保温。

（2）蒸气管路

在蒸气喷射泵的管路设计中，工作蒸气管道应独立进入各喷射泵，不得与其他用气点相连，以免互相影响，造成蒸气压波动。进入蒸气喷射泵的工作蒸气管道上应设置气水分离器及过滤器。

（3）排空、冷凝液排出管

如果单级喷射泵或多级喷射泵的最后一级的气体直接排入大气，则放空管一定要短。放空管道的直径应大于喷射泵扩散器的气体排出口直径。从喷射泵排出的部分蒸气有可能在排出管道中冷凝，因此水平的排出管道向排出端倾斜。凡机械真空泵或蒸气喷射泵向外排出的气体，若是可燃性气体应排至低压燃料气管网或单独排至烧嘴，若是有毒气体应集中排放，并经处理后方可排至室外最高处。多级蒸气喷射泵的中间冷凝器的冷凝液排出管（俗称大气腿）不易共用，每级喷射泵应该有各自的大气腿，这些大气腿最好能垂直插入水封池中，尽量避免弯曲段和水平段，如果各级喷射泵的大气腿共用一个水封池，而某根大气腿又不能垂直插入水封池，可以采用小于 45°煨弯，不能用 90°弯头，如图 2-13 所示。

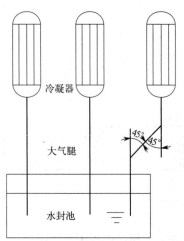

图 2-13　真空喷射泵的冷凝液排出方案

真空泵的真空度调节可采用吸入管阻力调节和吸入支管调节的方案，蒸气喷射泵的真空度可以用调节蒸汽的方法，如图 2-14 所示。

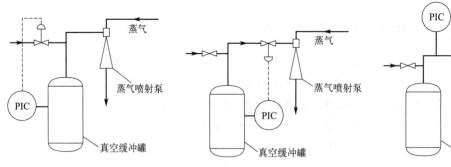

(a) 真空吸入支管调节方案　　(b) 真空吸入管阻力调节方案　　(c) 蒸气喷射泵的蒸气调节方案

图 2-14　真空度调节方案

2.4.3　离心泵流程设计及流量控制方案

离心泵流程设计一般要求如下。

① 泵的入口和出口均需设置切断阀。

② 为防止离心泵未启动时物料的倒流，在其出口处应安装止回阀。

③ 在泵的出口处应安装压力表，以便观察其工作压力。

④ 泵出口管线的管径一般与泵的管口一致或放大一档，以减少阻力。

⑤ 泵体与泵的切断阀前后的管线都应设置放净阀，并将排出物送往合适的排放系统。

一般离心泵工作时，要对其出口流量进行控制，可以采用直接节流法、旁路调节法和改变泵的转速法。

直接节流法是在泵的出口管线上设置调节阀，利用阀的开度变化来调节流量，如图 2-15 所示，这种方法简单易行被普遍采用。但调节阀直径较大，不适用于正常流量低于泵额定流量 30% 的场合。

旁路调节法是在泵的进出口旁路管道上设置调节阀，使一部分液体从出口返回到进口管线以调节流量，如图 2-16 所示。这种方法会使泵的总效率降低，但它的优点是调节阀直径较小，可用于介质流量偏低的场合。

当泵的驱动机选用汽轮机或可调速电机时，就可以采用调节汽轮机或电机的转速以调节泵的转速，从而达到调节流量的目的。这种方法的优点是节约能量，但驱动机及其调速设施的投资较高，一般只适用于较大功率的机泵。

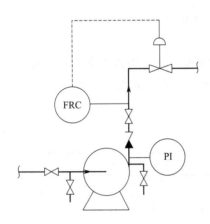

图 2-15　离心泵的直接节流原理

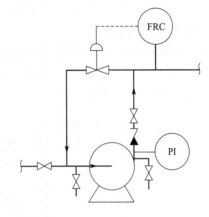

图 2-16　离心泵的旁路调节原理

2.4.4　导热油加热系统

导热油属于有机高温热载体，主要品种有由许多芳香烃化合物组成或长碳链饱和烃的 YD 系列高温热载体、SD 系列的高温热载体、导生油系列（它是一种以联苯和联苯衍生物组成的有机化合物的统称）。

导热油具有高温下热稳定性好、操作压力低、温度控制范围大的特点，能够为生产装置提供长期、稳定的热源，广泛用作加热、伴热等传热过程的热载体。导热油系统典型的流程主要有以下三种类型。

（1）气相自然循环式

这是比较简单的气相加热系统。由于使用点的冷凝完全靠自然返回蒸发器，所以使用点与蒸发器液面之间的位差（图 2-17 中的 H）需大于导热油循环系统压力降。哈脱福特杯是为了防止循环系统的压力降过大，引起使用点液面上升，致使蒸发器内液面下降而设的安全

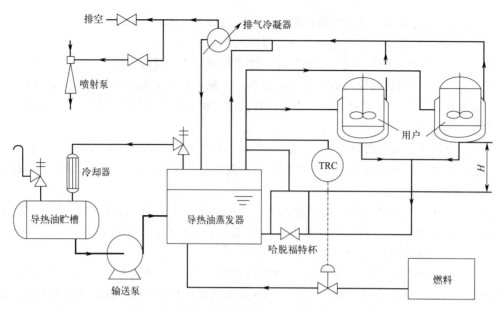

图 2-17　气相自然循环式导热油系统流程示意图

措施。喷射泵是为了开工时抽走管道系统的空气而设置的。

（2）气相强制循环式

气相强制循环式用于较复杂系统的温度控制。强制循环式的温度控制，根据各使用点的要求，可在使用点入口处调节。根据加热条件的不同，有蒸发器加热和加热炉加热两种形式，图 2-18 为蒸发器加热。

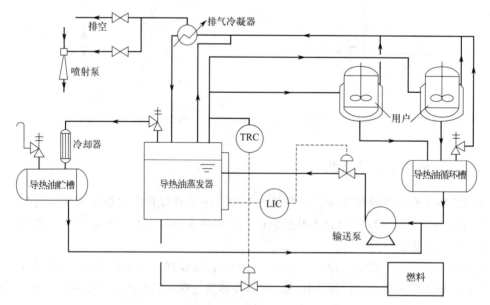

图 2-18　气相强制循环式导热油系统流程示意图

（3）液相强制循环式

由于导热油液体受热膨胀，体积增大，需有一个平衡液体的膨胀槽，如图 2-19 所示。各使用点的温度可根据进口的流量来调节。

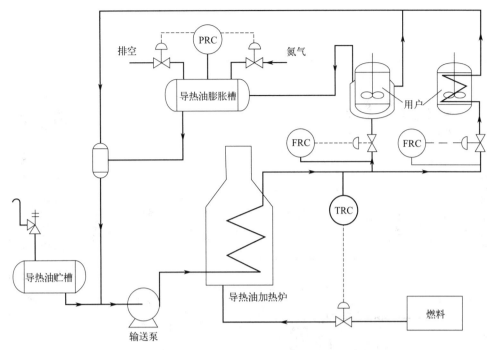

图 2-19　液相强制循环式导热油系统流程示意图

为了有效地利用热能，实际的导热油循环系统还有其他辅助设备。气相或液相系统的选择，主要是从经济性、可操作性、日常维修量和温度控制精度等来考虑。液相加热循环系统较简单、投资费用较低、日常的导热油补偿量很小、不易泄漏，但温度控制精度不高。气相循环系统主要应用于温度控制要求严格、传热要求均匀的生产装置。同时，气相系统使用的导热油一次投入量要比液相系统少得多，管道系统虽较复杂，但操作控制方便。因此两种系统各有利弊，可以根据生产装置的实际情况进行选择。

2.4.5　塑料改性工艺流程方案

科学技术的迅速发展，对塑料产品的性能提出了更高的要求。如汽车和飞机配件、电子电气零件、机械建筑结构部件等，都要求具有高强度、高硬度、高精度、高密度特性；有的部件要求具有不燃、强韧、导电、导热、抗老化等优越性能。塑料改性要比合成一种新的聚合物并使之工业化要容易得多，并且这些改性工作在一般的塑料工厂，通过初混、熔融共混、切粒和干燥工序就能进行，投资少，容易见效，能解决工业生产中不少具体问题。因此，塑料改性方法越来越受到工业界的普遍重视。塑料改性的工艺方案见图 2-20。

（1）配方的设计

配方设计的关键为选材、搭配、用量、混合四大要素。这表面看起来很简单，但其包含了很多内在联系，要想设计出一个高性能、易加工、低价格的配方，需要考虑树脂、助剂种类、助剂形态和用量等因素。

1）树脂的选择

树脂要选择与改性目的最接近的品种，以节省加入助剂的使用量。如，耐磨改性首先考虑三大耐磨树脂 PA、POM、UHMWPE，透明改性首先考虑三大透明树脂 PS、PMMA、PC。

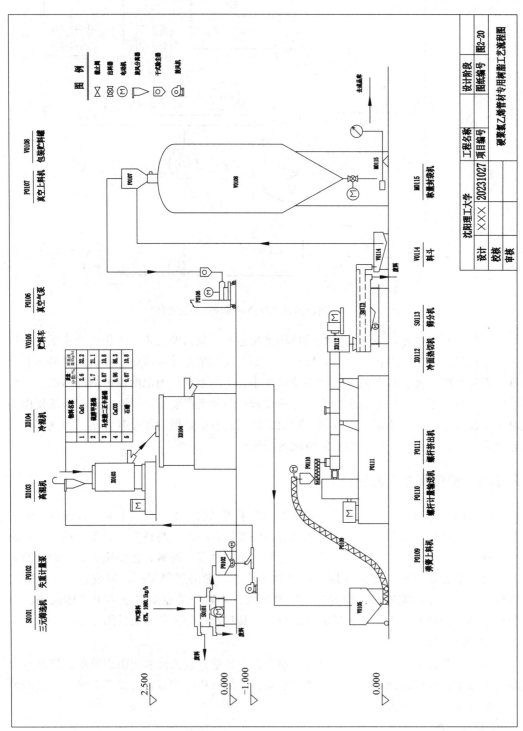

图 2-20 塑料改性工艺方案流程示意图

同一种树脂因牌号不同，其性能差别也很大，应该选择与改性目的性能最接近的牌号。如耐热改性 PP，可在热变形温度 100～140℃范围内选择牌号，大韩油化的 PP-HJ4006 耐热 140℃，当添加 30%矿物助剂，可使热变形温度增加到 163℃。

配方中各种塑化材料的黏度要接近，以避免在加工过程中因流动不匀而造成材料内部组成的不均匀。对于黏度相差悬殊的材料，要加过渡料，以减小黏度梯度。如，PA66 增韧阻燃配方中常加入 PA6 作为过渡料；PA6 增韧阻燃配方中常加入 HDPE 作为过渡料。

不同品种的塑料具有不同的流动性。高流动性塑料有 PS、HIPS、ABS、PE、PP、PA 等，低流动性塑料有 PC、MPPO、PPS 等，不流动塑料有 F4、UHMWPE、PPO 等。

同一种塑料也具有不同的流动性，主要是因为分子量、分子量分布的不同，所以同一种原料分为不同的牌号，分为注塑级、挤出级、吹塑级、压延级等。不同加工方法需要的流动性不同，见表 2-11。

不同的改性目的，要求的流动性不同。高填充要求流动性好，如磁性塑料、无卤阻燃电缆等。

表 2-11　加工方法与熔体流动指数的关系

加工方法	熔融指数/(g·10min^{-1})	加工方法	熔融指数/(g·10min^{-1})
压制、挤出、压延	0.2～8	涂敷、滚塑	1～8
流延、吹塑	0.3～15	注塑	2～50

2）助剂的选择

按改性目的选择合适的助剂，所加入的助剂应能充分发挥其预计功效，并达到规定指标。规定指标一般为产品的国际标准、国家标准或客户提出的性能要求。助剂的选择范围如下。

① 增韧　选择弹性体、热塑性弹性体和刚性增韧材料。
② 增强　选择玻璃纤维、碳纤维、晶须和有机纤维。
③ 阻燃　溴类（普通溴系和环保溴系）、磷类、氮类、氮/磷复合类膨胀型阻燃剂、三氧化二锑、水合金属氢氧化物。
④ 导电　碳类（炭黑、石墨、碳纤维、碳纳米管）、金属纤维和粉末、金属氧化物。
⑤ 导热　金属纤维和粉末、金属氧化物、氮化物和碳化物、碳类材料（如炭黑、碳纤维、石墨和碳纳米管）、半导体材料（如硅、硼）。
⑥ 磁性　铁氧体磁粉、稀土磁粉（包括钐钴类、钕铁硼类、钐铁氮类）、铝镍钴类磁粉三大类。
⑦ 耐热　玻璃纤维、无机填料、耐热剂（如取代马来酰亚胺类和 β 晶型成核剂）。
⑧ 耐磨　F4、石墨、二硫化钼、铜粉等。
⑨ 绝缘　煅烧高岭土。
⑩ 阻隔　云母、蒙脱土、石英等。

助剂对树脂具有选择性。如：红磷阻燃剂对 PA、PBT、PET 有效；氮系阻燃剂对含氧类有效，如 PA、PBT、PET 等；成核剂对 PP 效果好；玻璃纤维耐热改性对结晶性塑料效果好，对非晶型塑料效果差；炭黑填充导电塑料，在结晶性树脂中效果好。

树脂对助剂也有选择。如 PPS 不能加入含铅和含铜助剂，PC 不能加入可导致解聚的三氧化锑，助剂的酸碱性应与树脂的酸碱性一致。

3）助剂的形态

助剂的形态对改性作用的发挥影响很大。纤维状助剂的增强效果好，圆球状助剂的增韧效果好、光亮度高。硫酸钡为典型的圆球状助剂，因此高光泽 PP 的填充可选用硫酸钡，小幅度刚性增韧也可用硫酸钡。

助剂粒度对力学性能和阻燃性能有影响。粒度越小，对填充材料的拉伸强度和冲击强度有益。阻燃剂的粒度越小，阻燃效果就越好，如 ABS 中加入 4％粒度为 $45\mu m$ 的三氧化二锑与加入 1％粒度为 $0.03\mu m$ 的三氧化二锑阻燃效果相同。

助剂粒度对配色有影响。着色剂的粒度越小，着色力越高、遮盖力越强、色泽越均匀。但着色剂的粒度不是越小越好，存在一个极限值，而且对不同性能的极限值不同。对着色力而言，偶氮类着色剂的极限粒度为 $0.1\mu m$，酞菁类着色剂的极限粒度为 $0.05\mu m$。对遮盖力而言，着色剂的极限粒度为 $0.05\mu m$ 左右。

助剂粒度对导电性能有影响。以炭黑为例，其粒度越小，越易形成网状导电通路，达到同样的导电效果加入炭黑的量越低。但同着色剂一样，粒度也有一个极限值，粒度太小易于聚集而难于分散，效果反而不好。

4）助剂与树脂的相容性

助剂与树脂的相容性要好，这样才能保证助剂与树脂按预想的结构进行分散，保证设计指标的完成，保证在使用寿命内其效果持久发挥，耐抽提、耐迁移、耐析出。大部分配方要求助剂与树脂均匀分散，对阻隔性配方则希望助剂在树脂中层状分布。除表面活性剂等少数助剂外，与树脂良好的相容性是发挥其功效和提高添加量的关键。因此，必须设法提高或改善其相容性，如采用相容剂或偶联剂进行表面活化处理等。

所有无机类添加剂经过表面处理后，改性效果都会提高。尤其以填料最为明显，其他还有玻璃纤维、无机阻燃剂等。

表面处理以偶联剂和相容剂为主，偶联剂有硅烷类、钛酸酯类和铝酸酯类，相容剂为与树脂对应的马来酸酐接枝聚合物。

5）助剂的加入量

有的助剂加入量越多越好，如阻燃剂、增韧剂、磁粉、阻隔剂等。

有的助剂加入量有最佳值。例如，导电助剂，形成导电通路后即可，再加入也不会显著提高导电效果；再如，偶联剂，表面包覆即可，再加反而会有不利的影响；又如，抗静电剂，在制品表面形成泄电荷层即可。

高填充配方对复合材料的力学性能和加工性能影响很大，会使冲击强度和拉伸强度大幅度下降，加工流动性变差。如果制品对复合材料的力学性能有具体要求，在配方中要做具体补偿，如加入弹性体材料弥补冲击性能，加入润滑剂改善加工性能。

6）助剂与其他组分的关系

在配方中，为达到不同的目的可能加入很多种类的助剂，这些助剂之间的相互关系很复杂，有的助剂之间有协同作用，而有的助剂之间有对抗作用。配方中所选用的助剂在发挥自身作用的同时，应不劣化或最小限度地影响其他助剂功效的发挥，最好与其他助剂有协同作用。

协同作用是指塑料配方中两种以上的助剂一起加入时效果高于其单独加入的平均值。对抗作用是指塑料配方中两种或两种以上的助剂一起加入时的效果低于其单独加入的平均值。

① 抗老化的配方中，有些助剂具有协同作用。如：两种羟基邻位取代基位阻不同的酚

类抗氧剂；两种结构和活性不同的胺类抗氧剂；胺类和酚类抗氧剂复合；全受阻酚类和亚磷酸酯类抗氧剂；半受阻酚类与硫醚类抗氧剂；受阻酚类抗氧剂和受阻胺类光稳定剂；受阻胺类光稳定剂与磷类抗氧剂；受阻胺类光稳定剂与紫外光吸收剂。

有些助剂具有对抗作用。如：HALS 类光稳定剂不能与硫醚类抗氧剂同用，因为硫醚类滋生的酸性成分抑制了 HALS 的光稳定作用；芳胺类和受阻酚类抗氧剂一般不与炭黑类紫外光屏蔽剂并用，因为炭黑对胺类或酚类的直接氧化有催化作用而抑制其抗氧化效果的发挥；常用的抗氧剂与某些含硫化物，特别是多硫化物之间，存在对抗作用，其原因也是多硫化物有助氧化作用；HALS 不能与酸性助剂共用，酸性助剂会与碱性的 HALS 发生盐化反应，导致 HALS 失效；在酸性助剂存在时，一般只能选用紫外光吸收剂。

② 阻燃配方中，在卤素/锑系复合阻燃体系中，卤系阻燃剂可与 Sb_2O_3 发生反应而生成 SbX_3，SbX_3 可以隔离氧气从而达到增大阻燃效果的目的；在卤素/磷系复合阻燃体系中，两类阻燃剂也可以发生反应而生成 PX_3、PX_2、POX_3 等高密度气体，这些气体可以起到隔离氧气的作用，另外两类阻燃剂还可分别在气相、液相中相互促进，从而提高阻燃效果。

卤系阻燃剂与有机硅类阻燃剂并用及红磷阻燃剂与有机硅类阻燃剂并用时，存在对抗作用，会降低阻燃效果。

③ 其他对抗作用的助剂。铅盐类助剂不能与含硫化合物的助剂一起使用，否则会引起铅污染。因此在 PVC 加工配方中，硬脂酸铅润滑剂和硫醇类有机锡千万不要一起加入。

硫醇锡类稳定剂不能用于铜电缆的绝缘层中，否则会引起铜污染。

在含有大量吸油性填料的填充配方中，油性助剂如 DOP、润滑剂的加入量要相应增大，以弥补被吸收部分。

（2）配方各组分的混合

配方中各组分要混合均匀，有些组分要分次加入。

对于填充加入量太大的配方，填料最好分两次加入，第一次在加料斗，第二次在中间侧加料口。如，PE 加入 150 份氢氧化铝的无卤阻燃配方，就要分两次加入，否则不能造粒。

对于填料的偶联剂处理，一般要分三次喷入方可分散均匀，偶联效果好。

在 PVC 或填充母料的配方中，各种料的加料顺序很重要。填充母料配方中，要先加填料，混合、升温后可除去其中的水分，利于后续的偶联处理。在 PVC 配方中，外润滑剂要后加，以免影响其他物料的均匀混合。

（3）配方各组分对材料性能的影响

所设计的配方应不劣化或最小限度地影响树脂的基本物理力学性能，最起码要保留原有的性能，最好能顺便提高原树脂的某些性能。但客观存在的事实是，任何事物都具有两面性，在改善某一性能时，可能降低其他性能，可谓顾此失彼。因此在设计配方时，一定要全面考虑，尽可能不影响其他性能。

1）冲击性

大部分无机材料和部分有机材料都会降低配方的冲击性能。为了补偿冲击强度，在设计配方时需要加入弹性体。如，填充体系的 PP/滑石粉/POE 配方，阻燃体系 ABS/十溴/三氧化二锑/增韧剂配方。

2）透明性

大多数无机材料对透明性都有影响，选择折射率与树脂相近的无机材料对透明性的影响会小些。近来，透明填充母料比较流行，主要针对 HDPE 塑胶袋，加入特殊品种的滑石粉对透明性影响小，但不是绝对没有影响。

有机材料也对透明性有影响，如 PVC 增韧，只有 MBS 不影响透明性，而 CPE、EVA、ACR 都影响其透明性。

在无机阻燃材料中，胶体五氧化二锑不影响透明性。

3）颜色

有些树脂本身为深色，如酚醛树脂本身为棕色、导电聚苯胺树脂本身为黑色。

有些助剂本身也具有颜色性，如炭黑、碳纳米管、石墨、二硫化钼都为黑色，红磷为深红色，各类着色剂为五颜六色。

在配方设计时，一定要注意助剂本身的颜色及变色性，有些助剂本身颜色很深，这会影响制品的颜色，难以加工浅色制品。炭黑为黑色，只能加工深色制品；其他如石墨、红磷、二硫化钼、金属粉末及工业矿渣等本身都带有颜色，选用时要注意。还有些助剂本身为白色，但在加工中因高温反应而变色，如硅灰石本身为白色，但填充到树脂中加工后就成浅灰色了。

4）加工性

配方要保证适当的可加工性能，以保证制品的成型，并对加工设备和使用环境无不良影响。复合材料中助剂的耐热性要好，在加工温度下不发生蒸发、分解（交联剂、引发剂和发泡剂除外）；助剂的加入对树脂的原加工性能影响要小；所加入助剂对设备的磨损和腐蚀应尽可能小，加工时不放出有毒气体，不损害现场人员的健康。

大部分无机填料都影响加工性，如加入量大，需要相应加入加工改性剂以补偿损失的流动性，如加入润滑剂等。

有机助剂一般都促进加工性，如十溴二苯醚、四溴双酚 A 阻燃剂都可促进加工流动性，尤其四溴双酚 A 的效果更明显。

一般的改性配方都需加入适量的润滑剂，以减少物料对设备的黏附和磨损。

5）耐热性

除发泡剂、引发剂、交联剂因功能要求必须要分解外，助剂在加工过程中要保证不分解，否则对材料的性能有影响。如：

① 氢氧化铝因分解温度低，不适合于 PP 中使用，只能用于 PE 中；

② 四溴双酚 A 因分解温度低，不适合于 ABS 的阻燃；

③ 大部分有机染料分解温度低，不适合高温加工的工程塑料；

④ 香料的分解温度都低，一般在 150℃ 以下，只能用 EVA 等低加工温度的树脂为载体；

⑤ 改性塑料配方因加工过程中剪切作用强烈，都需要加入抗氧剂，以防止发生热分解而导致原料变黄。

6）其他性能

塑料的导热改性一般为加入金属类和碳类导热剂，但此类导热剂又是导电剂，在提高导热性同时会提高导电性，从而影响绝缘性。而导热很多用于要求绝缘的材料，如线路板、接插件、封装材料等。为此要绝缘导热不能加入具有导电性的导热剂，只能加入绝缘类导热剂，如陶瓷类金属氧化物。

7）环保性

配方中的各类助剂应该对操作者、设备、使用者和接触环境无害。以前环保的要求范围小，只是对食品、药品等与人体直接接触要求无毒即可。现在的要求高了，除与人体间接接触无害外，也要对环境无污染，如土、水、大气层等。树脂和所选助剂应该绝对无毒，或有毒含量控制在国家标准规定的范围内。有些助剂在某些配方和产品中不得使用，有些助剂已禁止使用。

① 铅盐不能用于上水管；

② 铅盐不能用于电缆护套，铅盐会因电缆埋在地下而渗入土壤中，或因架空雨淋进入土壤中，被农作物吸收后会被人食用；

③ 增塑剂 DOA、DOP 不能用于玩具、食品包装膜；

④ 铅、镉、六价铬、汞重金属不能用于任何橡塑制品中；

⑤ 多溴联苯、多溴联苯醚不能用于任何橡塑制品中，因产生二噁英，会污染大气层。

8）经济性

配方的价格越低越好。在具体选用助剂时，对同类助剂一定要选低价格的种类。如在 PVC 稳定配方中，能选铅盐类稳定剂就不要选有机锡类稳定剂；在阻燃配方中，能选硼酸锌则不选三氧化二锑或氧化钼。助剂的选择应遵循以下原则。

① 尽可能选择低价格原料，降低产品成本；

② 尽可能选库存原料，不用购买；

③ 尽可能选当地产原料，运输费低，可减少库存量，节省流动资金；

④ 尽可能选国产原料，进口原料受外汇、贸易政策、运输时间等因素影响大；

⑤ 尽可能选通用原料，新原料经销单位少，不易买到，而且性能不稳定。

（4）切粒方法

改性塑料常以粒料形式供应塑料加工厂制造塑料制品，因此需要使用切粒系统。切粒系统一般与挤出机连用组成挤出造粒生产线。从挤出机多孔口模挤出来的熔融料条可经过冷切或热切两种方式造粒。常见切粒方法应用范围与生产能力见表 2-12。

表 2-12　常见切粒方法的应用范围与生产能力

切粒方法		粒子状态	应用范围	生产能力/(kg·h⁻¹)
模面热切	水下热切粒	腰鼓形或球形	聚烯烃、PS	3000
	水雾热切粒		聚烯烃、工程热塑性塑料	700
	水环热切粒		热塑性塑料(尼龙、PE除外)	2000
	风冷热切粒		热塑性塑料、工程热塑性塑料	700
冷切粒	平板冷切粒	方形	PVC	300
	牵条冷切粒	圆柱形	PVC、聚烯烃、尼龙、PE、PC	700

1）风冷热切粒

风冷热切粒方法所得塑料粒子的形状良好，设备消耗功率低，结构简单，刀具磨损量小，操作、维修方便，塑料粒子不需要进行干燥处理。

缺点是粒子之间可能会出现黏附现象，所以所加工物料的熔体流动速率不宜过低。

2）牵条冷切粒

牵条冷切粒主要适用于 PA、PE、ABS、PVC、PP、PS 等物料的造粒，还用于塑料共混、填充改性、增强改性后的造粒和非吸水性色母粒的造粒。牵条冷切粒的设备由造粒机头、冷却水槽、冷切粒机等部分组成。特点是设备结构简单，操作维修方便，颗粒形状整齐、美观，使用范围广。缺点是产量不高，功率消耗较大，刀具磨损较严重，不适合用于对物料的绝缘性要求较高的场合，因为此类物料较硬；塑料条在切粒以前需要经过水槽冷却，所以牵条冷切法不适用于对含水要求较低及吸湿性高的物料。

3）水下热切粒

水下热切粒主要适用于 PE、ABS、PP、PS、PVC 等物料的造粒。水下热切粒由水下切粒机头、温水循环系统、分离系统、筛分系统等部分组成。特点是颗粒外形美观、均匀、不宜黏结，产量高，切下的颗粒可以由水输送到任何地方，操作无噪声，密闭操作，颗粒质量好，无灰尘、杂物混入。缺点是：由于需要温水循环系统和颗粒脱水干燥系统，附属设备庞大、复杂；由于机头与水直接接触，运行中为了保持机头温度，需要消耗大量热量；旋转切刀与多孔模板表面的间隙较小，对操作条件要求高，操作不当会引起模的堵塞。

4）水环热切粒

适用于 EVA 热熔胶、TPU 弹性体、电缆料等物料的造粒。水环热切粒设备由水环切粒机头、温水循环系统、分离系统、筛分系统等部分组成。特点与水下热切粒相同。缺点是附属设备庞大、复杂。

由于水雾热切粒和平板冷切粒方法目前已经较少采用，这里就不予以介绍了。

 思考题 ————————————————————————————

1. 高分子合成车间设计的制约因素有哪些？

2. 工艺流程设计的重要性是什么？

3. 工艺路线设计遵循的原则是什么？

4. 一般的工厂工艺流程由哪些单元组成？绘制某种高分子合成的工艺流程图。

5. 方框流程图、工艺物料流程图、生产工艺流程草图和工艺管道及仪表流程图的特点是什么？

6. 不同设计阶段要分别绘制相应的工艺流程图，在图中应该至少包括的内容有哪些？

7. 标题栏包括哪些内容？图幅、比例、图线各自的规范是什么？

8. 管道和设备的标识方法是什么？

9. 工艺管道及仪表流程图中，设备、管路、管件及阀门、自控仪表的画法及标注方法是什么？

10. 图例包括哪些内容？

11. 绘制温度自控图。

12. 离心泵的流量调节方法及其优缺点有哪些？绘制出泵的流量控制图。

13. 气力输送工艺有哪些特点？绘制气力输送工艺流程图。

14. 塑料物理改性的主要工序有哪些？绘制某种塑料物理改性的工艺流程图。

15. 读懂图 2-17～图 2-20，并用文字分别描述其工艺过程。

16. 试设计连续聚合生产 PET 的工艺路线，并绘制生产工艺流程草图。

第 3 章 ⇥

工艺计算

当生产方法已经确定后，就要进行生产工艺计算。工艺计算包括物料计算、能量计算和设备工艺计算。虽然各设计项目之间都相互关联，很难完全把它划清阶段，但是每个设计项目还是有它的先后次序。生产工艺流程和工艺计算是各个设计项目中最先进行的项目。本章主要介绍物料和能量计算。

物料和能量计算是进行工艺过程设计及技术经济评价的基本依据。通过对生产全过程或单元过程的物料和能量计算，可得到：主、副产品产量，原材料的消耗定额，过程的物料损耗，"三废"的生成量及组成；水、电、气或其他燃料等消耗定额；物料流程图。根据物料和能量计算结果，可以对生产设备进行设计和选型，确定产品成本等各项技术经济指标，从而可以定量地评述所选择的工艺路线、生产方法及工艺流程在经济上是否合理，技术上是否先进。

3.1 物料计算

通过物料计算，可以深入地分析和研究生产过程，得出生产过程中所涉及的各种物料的数量和组成，从而使设计由定性转入定量。在整个工艺设计中，物料计算是最先进行的一个计算项目，其结果是后续的能量计算、设备选型或工艺设计、车间布置设计、管道设计等各单项设计的依据，因此，物料衡算结果的正确与否直接关系到整个工艺设计的可靠程度。

物料计算的依据是工艺流程框图以及为物料计算收集的有关资料。虽然工艺流程框图只是定性地给出了物料的来龙去脉，但它决定了应对哪些过程或设备进行物料计算，以及这些过程或设备所涉及的物料，使之既不遗漏，也不重复。可见，工艺流程框图对物料计算起着重要的指导作用。

3.1.1 物料计算的基本知识

（1）基本概念

转化率：参加反应的反应物数量占反应物起始数量的百分比。

$$转化率 = \frac{参加反应的反应物数量}{反应物起始数量} \times 100\%$$

单程转化率是以反应器为体系，总转化率是以整个过程为体系。

选择性：反应物反应生成目标产物所消耗的量占反应物反应掉的量的百分比。

$$选择性 = \frac{生成为目标产物的反应物数量}{参加反应的反应物数量} \times 100\%$$

单程收率：指生成为目标产物的反应物数量占反应物（通常指限制反应物）起始数量的百分比。

$$单程收率 = \frac{生成为目标产物的反应物数量}{反应物起始数量} \times 100\% = 转化率 \times 选择性$$

回收率：指副产物或未参加反应的反应物经处理后可以重新利用的百分比。

流量：指单位时间内物料流过设备的数量。可以是质量流量（物料衡算中用），也可以是体积流量（设备体积计算、管径计算中用）。

产量：指单位时间内生产装置生产出产品的数量，有年产量、月产量、日产量等。

消耗量：指生产单位数量产品所需原材料的数量。

损失量：指生产单位数量产品损失掉原料的数量。

纯度：指物料中含主要成分的百分比。

浓度：指单位体积溶液中含溶质的数量（质量浓度、摩尔浓度）。

配料比：指进入生产装置的各种原料之间的比例关系（质量比、物质的量比）。

限制反应物：化学反应原料不按化学计量比配料时，其中以最小化学计量数存在的反应物称为限制反应物。

过量反应物：不按化学计量比配料的原料中，某种反应物的量超过限制反应物完全反应所需的理论量，该反应物称为过量反应物。

过量百分数：过量反应物超过限制反应物所需理论量的部分占所需理论量的百分数。

（2）理论依据

高分子材料的生产过程是一个既有量变又有质变的一系列转变过程。为了正确地指导生产的各个过程，必须对质和量的变化进行分析。物料计算就是确定生产过程中物料比例和物料转变的定量关系的过程。物料计算意味着设计工作由定性转向定量。

物料计算的基础是物料衡算，它是"质量守恒定律"的一种表现形式。通常，物料衡算有两种情况，一种是对已有的生产设备或装置，利用实际测定的数据，算出另一些不能直接测定的物料量，用此计算结果，对生产情况进行分析、做出判断、提出改进措施。另一种是设计一种新的设备或装置，根据设计任务，先做物料衡算，求出进出各设备的物料量，然后再作能量衡算，求出设备或过程的热负荷，从而确定设备尺寸及整个工艺流程。

进行物料衡算时，必须先确定衡算的体系。根据质量守恒定律，在某一个生产过程中，进入的物料量应该等于排出物料量与过程积累量之和。或者说，进入某一设备进行操作的物料量必须等于操作后所得产物的质量加上物料损失。可用下面方程式表示。

$$\sum G = \sum G' + \sum G_{loss} \tag{3-1}$$

式中 $\sum G$——输入物料量的总和；

    $\sum G'$——输出物料量的总和；

    $\sum G_{loss}$——物料损失量总和。

物料衡算可以以主要产品的单位质量（kg、t）或以过程的单位时间（h、d）的输入、输出的物料量进行计算。输入和输出的量可以根据式(3-2)将固相、液相、气相物料分别列出。

$$G_s + G_l + G_g = G_s' + G_l' + G_g' \tag{3-2}$$

一个过程不一定总是包含所有的相或只含有一个相的物料。因此式(3-2)可根据情况写成一个简单式或更复杂的形式。

如果体系内发生化学反应，则对任一个组分或任一种元素作衡算时，必须把反应消耗或生成的量都考虑在内。

理论的物料衡算可以通过化学方程式来计算。实际的物料衡算则需要考虑到起始物料组成和最终产品的组成、每种组分的含量、转化率、原料和产品的损失量等。

3.1.2 物料计算的一般步骤及结果处理

在进行物料衡算，特别是做那些复杂的物料衡算时，为了能顺利地计算，避免错误，必须掌握计算技巧，按正确的计算方法和步骤进行。一般须遵循下面的计算方法及步骤。

1）画出物料衡算示意图

把物料进出情况用示意图表示出来，并在图上注上与物料衡算有关的数据。最简单的物料衡算示意图如图 3-1 所示。

2）写出化学反应方程式

把全部的化学反应方程式写出来，包括主、副反应。只属于物理过程的，此步骤可免去。

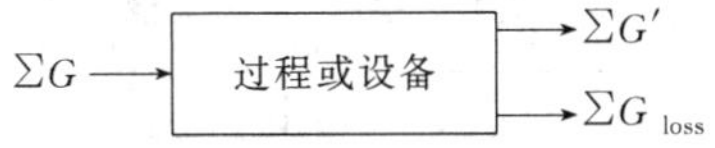

图 3-1 物料衡算示意

3）确定计算任务

如年产量、年工作日、日生产能力、纯度、产率、制成率或损耗等。

4）选定计算基准

在物料计算和能量计算过程中，恰当的选择计算基准可以使计算简化，缩小计算误差。常用的计算基准如下。

① 时间基准　对于连续生产，以 1 段时间间隔，如 1s、1h、1d 等的投料量或生产产品量为计算基准。这种基准可以联系到生产规模和设备计算，如，年产 3000t 的 PP 树脂，年工作日为 300d，平均产量可计为 $10t \cdot d^{-1}$ 或 $417kg \cdot h^{-1}$。

对间歇生产，常常以加入设备的一批原料或一批料的生产周期作为基准。选批次作为基准时的单位为 $kg \cdot B^{-1}$、$m^3 \cdot B^{-1}$ 等。

② 单位质量、单位体积或单位物质的量的原料或产品　如 1kg、1t 等作为基准。若每千克产品消耗原料 1.012kg，则可计为 $1.012kg \cdot kg^{-1}$ 或 $1012kg \cdot t^{-1}$。

对液、固物料进行衡算时常选用质量基准，气体物料选用体积基准，若物料为一系列的化合物，或者由已知组成百分数和组分分子量的多组分组成，用物质的量（摩尔）作为基准更为方便。

对于不同化工过程，采用什么基准适宜，需视具体情况而定，不能作硬性规定。

5）选择物理化学工艺常数以及计算所必要的数据

如临界参数、密度或比体积、状态方程参数、蒸气压、气液平衡常数或平衡关系、黏度、扩散参数等。

6）进行物料衡算

由已知数据，根据式(3-1)和式(3-2)进行物料衡算。

7) 列出衡算表，画出衡算图

将物料衡算结果列出物料衡算表进行汇总，必要时画出物料衡算图。

物料衡算表的表格形式参考表 3-1。

通过生产过程中各阶段的物料衡算就可以得出以下内容。

① 生产 1 吨 100% 半成品或成品的原料消耗定额；

② 生产 1 吨 100% 成品所产生的排出，包括副产品、废水、废气、废物等。排出物量在多数情况下是同热量计算有关，物料计算所得的排出物只是其中一部分。

再经过各种系数的转换和计算工作，最后得出原材料消耗综合表和排出物综合表。表格形式参考表 3-2 和表 3-3。

表 3-1　××阶段物料衡算表

输入				输出			
序号	物料名称	组分/%	质量流量/(kg·h⁻¹)	序号	物料名称	组分/%	质量流量/(kg·h⁻¹)
总计				总计			

表 3-2　原料消耗综合表

序号	物料名称	规格	单位	每千克产品消耗定额	消耗量/kg			备注
					每小时	每天	每年	

表 3-3　排出物综合表

序号	物料名称	特性和成分	单位	每千克产品排出量	每小时排出量	每年排出量	备注

3.1.3　物料计算举例

【例 3-1】　采用蒸发方法将浓度为 10%NaOH 及 10%NaCl 的水溶液进行浓缩。蒸发时只有部分水分汽化成为水蒸气而逸出，部分 NaCl 结晶成晶粒而留在母液中。操作停止后，分析母液的成分为：50%NaOH，2%NaCl 及 48%H₂O。若每批处理 1000kg 原料液，试求每批操作中：① 获得的母液量；② 蒸发出的水分量；③ 结晶出的 NaCl 量。

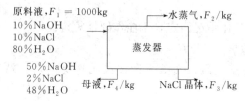

解：

（1）选择计算基准

本题为间歇过程，因此以每批处理量为基准进行物料衡算。

（2）画物料流程简图

（3）列物料衡算式

NaOH　　$1000 \times 0.1 = 0.5 F_4$

NaCl　　$1000 \times 0.1 = 0.02 F_4 + F_3$

H_2O　　$1000 (1-0.1-0.1) = F_2 + 0.48 F_4$

解方程得：$F_2 = 704$kg，$F_3 = 96$kg，$F_4 = 200$kg

【例 3-2】 含 CH_4 90％和 C_2H_6 10％（摩尔分数）的天然气与空气在混合器中混合，得到的混合气体含 CH_4 8％。试计算 100mol 天然气应加入的空气量及得到的混合气量。

解： 设 A 为所需空气量，M 为混合气量，x 为混合气中 C_2H_6 的含量。

（1）画物料流程简图

（2）计算基准：100mol 天然气

（3）列物料衡算式

总物料　　$100 + A = M$　　　　　　　①

CH_4　　　$100 \times 0.9 = M \times 0.08$　　　②

C_2H_6　　$100 \times 0.1 = M \times x$　　　　③

联立方程①、②、③，解得 $A = 1025$mol，$M = 1125$mol，$x = 0.009$mol。

（4）核算

空气含量　　$1-0.08-0.009 = 0.911$

加入空气量　　$A = 1025$mol，占混合气含量为

$$1025 \div 1125 = 0.911$$

两者相等，所以计算正确。

【例 3-3】 年产 2000 吨硬聚氯乙烯管材专用树脂的物料衡算。

解：

（1）计算基准的选取

① 年工作时间　每天工作 8h，则年工作时间为

$$365d - 104d(休息日) - 11d(法定节假日) = 250d = 2000h$$

② 设备大修时间　20d/a＝160h/a

③ 特殊情况停车　10d/a＝80h/a

④ 设备启动、更换品种清洗设备时间：每天一次，一次 0.5h，则

$$(250d-20d-10d) \times 1/7 \text{ 次/d} \times 0.5 \text{h/次} = 110 \text{h} \approx 14 \text{d}$$

⑤ 实际开车时间　$365d-104d-11d-20d-10d-14d = 206d/a = 1648h/a$

⑥ 设备利用系数　$k =$ 实际开车时间/年工作时间＝1648h/2000h＝0.824

（2）工艺流程图

① 物料配比　为了计算方便，通常将配方中的各组分份数换算为百分含量，见表 1。

【例 3-3】表 1　物料配比表

序号	原料名称	配方中份数	百分率/%
1	PVC	100	87
2	CaSt	3	2.6
3	硫醇甲基烯	2	1.7
4	马来酸二正辛基锡	1	0.87
5	$CaCO_3$	8	6.96
6	石蜡	1	0.87

② 绘制流程框图，见本例图 1。

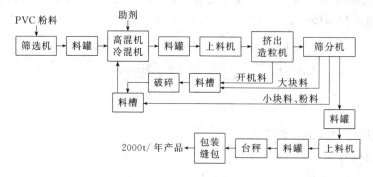

【例 3-3】图 1　流程框图

（3）确定计算任务

挤出造粒机为连续操作，其他均属于间歇操作，需要建立时间平衡。由设计任务和生产现场可知生产规模、生产时间、消耗定额、各装置损失以及配方等工艺操作条件。可以从物料流向展开计算，并按间歇过程与连续过程分别确定基准依次计算。

间歇过程基准：$kg \cdot B^{-1}$；连续过程基准：$kg \cdot h^{-1}$。

（4）生产的基础数据

挤出造粒机启动等物料损失：$2000t/a \div 1648h \times 110h \approx 133.496(t/a)$；

筛选机物料损耗率 0.1%；

螺旋输送机损耗率 0.1%；

高速混、冷混总损耗率 0.2%；

筛分机的产品率 92%；

筛分机的物料损耗率 0.1%；

破碎机的物料损耗率 0.5%；

废料利用率 90%；

包装损耗率 0.05%。

（5）过程物料计算

进入本工序的物料量＝出料量÷（1－本工序的损失率）。通常是从得到的产品开始推算，即从后往前算。计算时采用进一制，如果单位为吨，则保留小数点后三位。

① 进入包装工序的物料量　$2000/(1-0.05\%) \approx 2001.001(t/a)$

包装工序的损失量　$2001.001-2000=1.001(t/a)$

② 进入中间贮存工序的物料量　$2001.001/(1-0.1\%) \approx 2003.005(t/a)$

中间贮存工序的损失量　$2003.005-2001.001=2.004(t/a)$

③ 筛分的成品率为 92%，设筛分出的大块和小块废料各占 50%，则

进入筛分机的物料量　2003.005/[(1−0.1%)×92%]≈2179.359(t/a)

筛分机的损失量　　2179.359×0.1%≈2.180(t/a)

筛分出的大块废料量(2179.359−2003.005−2.180)×50%=87.087(t/a)

筛分出的小块废料量　(2179.359−2003.005−2.180)×50%=87.087(t/a)

④ 进入挤出造粒机的物料量

$$2179.359+\text{挤出机启动等损失量}=2179.359\text{t/a}+(2000\text{t/a}÷1648\text{h}×110\text{h})$$
$$≈2179.359\text{t/a}+133.496\text{t/a}$$
$$=2312.855\text{t/a}$$

挤出机启动等损失量=2312.855−2179.359=133.496(t/a)

⑤ 进入螺旋输送机的物料量　2312.855/(1−0.1%)≈2315.171(t/a)

螺旋输送机的损失量　2315.171−2312.855=2.316(t/a)

⑥ 破碎机的损耗率为 0.5%，废料的利用率为 90%，则

进入破碎机的物料量 87.087+133.496=220.583(t/a)

破碎机的损耗量　220.583×0.5%=1.103(t/a)

回收料量　220.583−1.103+87.087≈306.567(t/a)

回收料未利用量 306.567(1−90%)=30.657(t/a)

回收料利用量　133.496+87.087+87.087−30.657−1.103=275.910(t/a)

⑦ 进入混合工序的物料量

$$[2315.171/(1−0.2\%)]−\text{回收料量}×90\%=[2315.171/(1−0.2\%)]−306.568×90\%$$
$$≈2043.900\ (\text{t/a})$$

混合工序的损失量　　(2043.900+306.568×90%)×0.2%≈4.640(t/a)

进入混合工序的各组分量分别为

PVC　2043.900×87%≈1778.193(t/a)

CaSt　2043.900×2.6%≈53.142(t/a)

硫醇甲基烯　2043.900×1.7%≈34.747(t/a)

马来酸二正辛基锡　2043.900×0.87%≈17.782(t/a)

$CaCO_3$　2043.900×6.96%≈142.256(t/a)

石蜡　2043.900×0.87%≈17.782(t/a)

⑧ 投入筛分机的 PVC 料量　1778.193/(1−0.1%)≈1779.973(t/a)

PVC 在筛分机的损失量　1779.973−1778.193=1.780(t/a)

⑨ 生产中废料产生总量

　　1.001+2.004+2.180+2.316+1.103+30.657+4.640+1.780=45.681(t/a)

(6) 填写物料平衡表（表 2）

【例 3-3】表 2　全过程物料平衡表

输入				输出			
序号	物料名称	组分/%	质量流量/(t·a⁻¹)	序号	物料名称	组分/%	质量流量/(t·a⁻¹)
1	PVC	87	1779.973	1	硬聚氯乙烯管材专用树脂		2000
2	CaSt	2.6	53.142	2	废料		45.681

续表

序号	物料名称	组分/%	质量流量/(t·a⁻¹)	序号	物料名称	组分/%	质量流量/(t·a⁻¹)
		输入				输出	
3	硫醇甲基烯	1.7	34.747				
4	马来酸二正辛基锡	0.87	17.782				
5	CaCO₃	6.96	142.256				
6	石蜡	0.87	17.782				
	总计		2045.682		总计		2045.681

（7）计算出实际每年原料消耗量，并填写原料消耗表（表 3）

【例 3-3】表 3 原料消耗表

序号	物料名称	每吨产品消耗定额/kg	消耗量			备注
			kg/h	kg/d	t/a	
1	PVC	889.987	1080.081	8640.646	1779.973	
2	CaSt	26.571	32.247	257.971	53.142	
3	硫醇甲基烯	17.374	21.085	168.675	34.747	
4	马来酸二正辛基锡	8.891	10.791	86.321	17.782	
5	CaCO₃	71.128	86.321	690.564	142.256	
6	石蜡	8.891	10.791	86.321	17.782	
	总计	1022.842	1241.312	9930.496	2045.682	

（8）根据计算结果画出物料衡算流程图（图 2）

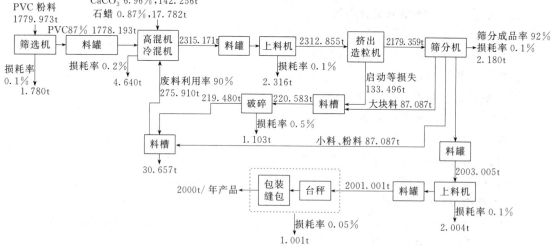

【例 3-3】图 2 物料衡算流程图

【例 3-4】 甲醇制造甲醛的反应过程为：

$$CH_3OH + \frac{1}{2}O_2 \longrightarrow HCHO + H_2O$$

反应物及生成物均为气态，若使用 50% 的过量空气，且甲醇的转化率为 75%，试计算反应后气体混合物的物质的量组成。

解：（1）画出流程图

（2）计算基准：1mol CH₃OH

（3）物料衡算

根据反应方程式可知，完全反应时需要的氧气量为 0.5mol，则氧气输入量

$$O_2（输入）=1.5×0.5=0.75mol$$

氮气不参加反应，故反应前后氮气量不变，即

$$N_2（输入）=N_2（输出）=0.75×(79/21)=2.821mol$$

CH₃OH 为限制反应物，其转化率为 75%，故参与反应的 CH₃OH 为

$$CH_3OH（反应）=0.75×1=0.75mol$$

于是，

$$HCHO（输出）=0.75mol$$

$$CH_3OH（输出）=1-0.75=0.25mol$$

$$O_2（输出）=0.75-0.75×0.5=0.375mol$$

$$H_2O（输出）=0.75mol$$

（4）计算结果（表1）

【例 3-4】表 1 反应后气体混合物的物质的量组成

序号	组分	物质的量/mol	摩尔分数/%
1	CH₃OH	0.250	5.05
2	HCHO	0.750	15.16
3	H₂O	0.750	15.16
4	O₂	0.375	7.58
5	N₂	2.821	57.04
6	总计	4.946	99.99

【例 3-5】 用氟石（含 96%CaF₂ 和 4%SiO₂）为原料，与 93%H₂SO₄ 反应制造氟化氢，其反应式如下。

主反应：$CaF_2 + H_2SO_4 \longrightarrow CaSO_4 + 2HF$

副反应：$SiO_2 + 6HF \longrightarrow H_2SiF_6 + 2H_2O$

氟石分解度为 95%，每千克氟石实际消耗 93%H₂SO₄ 为 1.42kg。计算：①每生产 1000kg HF 消耗的氟石量；②H₂SO₄ 的过量百分数。

解：（1）计算基准：100kg 氟石

（2）物料衡算

① 物质分子量

物质名称	CaF₂	HF	SiO₂	H₂SO₄
分子量	78	20	60	98

② HF 量的计算

生成的 HF 量

$$100×96\%×95\%×(2×20)/78=46.77(kg)$$

副反应消耗的 HF 量

$$100 \times 4\% \times 95\% \times (6 \times 20)/60 = 7.6(\text{kg})$$

实际得到的 HF 量

$$46.77 - 7.6 = 39.17(\text{kg})$$

③ 氟石耗量的计算

每生产 1000kgHF 的氟石消耗量为

$$(100/39.17) \times 1000 = 2552.97(\text{kg})$$

④ 硫酸量的计算

因每千克氟石实际消耗 93% H_2SO_4 为 1.42kg，故 100kg 氟石实际消耗 H_2SO_4 量为

$$100 \times 1.42 \times 93\% = 132.06(\text{kg})$$

100kg 氟石完全分解需要 H_2SO_4 的理论量为

$$100 \times 96\% \times 98/78 = 120.62(\text{kg})$$

H_2SO_4 过量百分数为

$$(132.06 - 120.62)/120.62 \times 100\% = 9.48\%$$

【例 3-6】 年生产 2 万吨 PVC 车间的物料计算。

（1）画流程示意图（图 1）

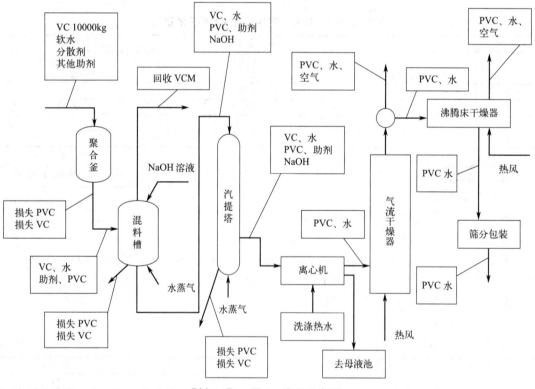

【例 3-6】 图 1 流程示意图

（2）写出化学反应式

$$n\text{CH}_2=\text{CHCl} \longrightarrow \begin{array}{c} \text{—CH}_2\text{—CH—}_n \\ | \\ \text{Cl} \end{array} \quad [-2.29 \times 10^4 \text{kcal/kg}(1\text{cal}=4.186\text{J})]$$

（3）确定计算任务

聚合与沉析（混料槽）均属于间歇操作，需要建立时间平衡。由设计任务和生产现场可知生产规模、生产时间、消耗定额、各装置损失以及聚合配方等工艺操作条件。可以物料流向展开计算，并按间歇过程与连续过程分别确定基准依次计算。

间歇过程基准：$kg \cdot B^{-1}$；连续过程基准：$kg \cdot h^{-1}$。

（4）生产的基础数据

① 生产规模　20000t PVC/a；

② 生产时间　7200h；

③ 聚合釜　体积$33m^3$、装料系数0.9、每釜投料量10t、平均每釜产量8486kg；

④ 生产周期　见表1。

【例 3-6】表 1　生产周期

项目	抽真空至 600mmHg	充氮再抽真空至 600mmHg	加单体、助剂、水	升温	反应	排气、清物料	清釜	合计
时间/h	0.5	0.5	0.6	0.5	6	1.8	5	14.9

⑤ 损耗分配　聚合车间总收率为94.8%，总消耗为6.2%。各步骤的损失分配如表2所示（间歇过程以单体进料量为准，连续过程以聚合釜内反应生成的聚合物为准）。

【例 3-6】表 2　各步骤的损失分配

装置	聚合釜	混料槽	汽提塔	离心机	气流干燥器	沸腾干燥器	包装机	合计
VC/%	0.1	0.8	0.1					1.0
PVC/%	0.2	0.8	0.2	0.5	1	1	1.5	5.2

⑥ 聚合配方　为方便起见，单体纯度按100%计算；新鲜料与回收料比例为9：1，水油比（软水/VC）为1.85。其他助剂用量如表3所示。

【例 3-6】表 3　助剂配方

助剂	名称及规格	VC用量/%	助剂	名称及规格	VC用量/%
引发剂	IPP(75%)水溶液	0.025	pH调节剂	H_3PO_4(50%水溶液)	0.046
分散剂	HPMC(6%水溶液)	0.0365	铁离子螯合剂	EDTA	0.02
	PVA(3%水溶液)	0.0365	链终止剂	双酚A	0.04
热稳定剂	有机锡	0.025			

⑦ 操作时间与控制指标　见表4。

【例 3-6】表 4　设备的操作时间与控制指标

装置	控制指标
聚合釜	温度(59±0.5)℃，出料压力6kg/cm²(表压)，转化率90%
混料槽	温度为75℃，操作规定加42%液碱14L，加碱量为0.05%～1%(母液中含NaOH量)
离心机	为提高产品质量，用60～75℃热水洗涤，用水量为1500kg；离心后湿物料含水量约为20%
干燥器	气流干燥器出口物料含水量为5%，沸腾干燥器出口物料含水量为0.2%

⑧ 原料、助剂、产品规格（略）。

⑨ 理化数据　物化常数：42%液碱相对密度为1.45；热数据见表5。

【例 3-6】表 5　热数据

钢制设备比热容	PVC 比热容	VC 比热容	VC 汽化热容	水蒸气冷凝液比热容
0.5kJ·kg^{-1}·℃$^{-1}$	1.76kJ·kg^{-1}·℃$^{-1}$	1.588kJ·kg^{-1}·℃$^{-1}$	263kJ·kg^{-1}	2370kJ·kg^{-1}

（5）全过程物料计算（表6、表7）

【例 3-6】表 6　物料计算表

物料	计算过程
VC 和 PVC	每釜进料 10t,即 10000kg VC 时,生产合格产品 8486kg,现年生产能力为 20000t,则年投料量为 　　　　　20000×(10000/8486)=23568.231(t) 其中,新鲜 VC 占 90%,回收 VC 占 10% 　新鲜 VC　23568.231×0.9=21211.408(t) 　回收 VC　23568.231×0.1=2356.824(t) 　产品质量为 20000t,其中绝干树脂质量为 　　　　　20000×(1-0.2%)=19960(t) 　含水量　　　　　20000-19960=40(t) 　转化率 90%,生成 PVC 量为 　　　　　23568.23×90%=21211.408(t) 　损失 PVC 量　21211.408-19960=1251.408(t) 　VC 回收量　23568.231×9%=2121.141(t) 　VC 损失量　23568.231-21211.407-2121.141=235.683(t)
软水	水油比为 1.85,则用水量为 1.85×23568.231=43601.228(t)
引发剂	IPP(75%)水溶液,0.025%VC IPP　23568.231×0.025%=5.893(t) 水　5.893÷75%×25%=1.965(t)
分散剂	HPMC(6%水溶液),0.0365%VC HPMC　23568.231×0.0365%=8.603(t) 水　8.603÷6%×94%=134.781(t) PVA(3%水溶液),0.0365%VC PVA　23568.231×0.0365%=8.603(t) 水　8.603÷3%×97%=278.164(t)
热稳定剂	有机锡,0.025%VC 有机锡　23568.231×0.025%=5.893(t)
pH 调节剂	H$_3$PO$_4$(50%水溶液),0.046%VC H$_3$PO$_4$　23568.231×0.046%=10.842(t) 水　10.842÷50%×50%=10.842(t)
铁离子螯合剂	EDTA,0.02%VC EDTA　23568.231×0.02%=4.714(t)
链终止剂	双酚 A,0.04%VC 双酚 A　23568.231×0.04%=9.428(t)
NaOH 溶液	规格为 42%水溶液,每釜用量为 14L NaOH 用量　1.45×14=20.3kg 全年 NaOH 溶液用量　20.3×(20000÷8.486)/1000=47.844(t) 纯 NaOH 用量　47.844×42%=20.095(t) 含水量　47.844-20.095=27.749(t)
混料槽水蒸气	用量为 818.48kg/h,则全年用量为 　　　　　818.48×7200/1000=5893.056(t)
汽提塔水蒸气	用量为 700kg/h,则全年用量为 　　　　　700×7200/1000=5040(t)
离心脱水中洗涤热水	用量为 1500kg/h,则全年用量为 　　　　　1500×7200/1000=10800(t) 脱水量(离心、气流干燥、沸腾干燥)+筛分包装损失水量为 　　　　　总进水量-物料含水量=61783.769(t)

【例 3-6】表 7　全过程物料平衡表

物料名称			进料量/t	出料量/t
VC	新鲜 VC		21211.408	
	回收 VC		2356.824	2121.141
	损失 VC(1.0%)			235.683
PVC	产物纯 PVC			19960
	损失 PVC(5.2%)			1251.408
	产物含水			40
软水			43601.228	
引发剂	IPP (75%水溶液)	IPP	5.893	5.893
		水	1.965	
分散剂	HPMC (6%水溶液)	HPMC	8.603	8.603
		水	134.781	
	PVA (3%水溶液)	PVA	8.603	8.603
		水	278.164	
热稳定剂:有机锡			5.893	5.893
pH 值 调节剂	H₃PO₄ (50%水溶液)	H₃PO₄	10.842	10.842
		水	10.842	
铁离子螯合剂:EDTA			4.714	4.714
链终止剂:双酚 A			9.428	9.428
NaOH 水溶液(42%)		纯 NaOH	20.095	20.095
		水	27.749	
混料槽水蒸气			5893.056	
汽提塔水蒸气			5040	
离心洗涤热水			10800	
离心、干燥脱水＋筛分包装损失水				61783.769
合计			89430.088	85466.072

（6）各装置物料衡算

① 聚合釜装置（表 8、表 9）。

【例 3-6】表 8　聚合釜物料计算表

物料	计算过程
VC 和 PVC	每釜投料量为 10t,其中新鲜 VC 为 10000×0.9＝9000kg,回收 VC 为 10000－9000＝1000(kg)。转化率为 90%,则聚合生成 PVC　10000×90%＝9000(kg) 损失 VC0.1%,损失 PVC0.2% VC 损失量为 10000×0.1%＝10(kg),PVC 损失量为 9000×0.2%＝18(kg) 则 VC 出料量为 10000－9000－10＝990(kg),PVC 出料量为 9000－18＝8982(kg)
软水	水油比为 1.85,软水进料量为 1.85×10000＝18500kg
引发剂	IPP(75%)水溶液,0.025%VC IPP:10000×0.025%＝2.5(kg)　　　　水:2.5÷75%×25%＝0.834(kg)
分散剂	HPMC(6%水溶液),0.0365%VC HPMC:10000×0.0365%＝3.65(kg)　　水:3.65÷6%×94%＝57.184(kg) PVA(3%水溶液),0.0365%VC PVA:10000×0.0365%＝3.65(kg)　　水:3.65÷3%×97%＝118.017(kg)
热稳定剂	有机锡:0.025%VC 有机锡:10000×0.025%＝2.5(kg)
pH 调节剂	H₃PO₄(50%水溶液),0.046%VC H₃PO₄:10000×0.046%＝4.6(kg)　　水:4.6÷50%×50%＝4.6(kg)
铁离子螯合剂	EDTA:0.02%VC EDTA:10000×0.02%＝2(kg)

物料	计算过程
链终止剂	双酚 A,0.04%VC
	双酚 A:10000×0.04%=4(kg)
水量	18500+0.834+57.184+118.017+4.6=18680.635(kg)

【例 3-6】表 9 聚合釜物料平衡表

物料名称			进料量/kg	出料量/kg
VC	新鲜 VC		9000	990
	回收 VC		1000	
	损失 VC(0.1%)			10
PVC	产物纯 PVC			8982
	损失 PVC(5.2%)			18
软水			18500	18680.635
引发剂	IPP	IPP	2.5	2.5
	(75%水溶液)	水	0.834	
分散剂	HPMC	HPMC	3.65	3.65
	(6%水溶液)	水	57.184	
	PVA	PVA	3.65	3.65
	(3%水溶液)	水	118.017	
热稳定剂:有机锡			2.5	2.5
pH 值调节剂	H_3PO_4	H_3PO_4	4.6	4.6
	(50%水溶液)	水	4.6	
铁离子螯合剂:EDTA			2	2
链终止剂:双酚 A			4	4
合计			28703.535	28703.535

② 混料槽装置（表 10、表 11）。混料槽装置进入的料除聚合釜来料外，尚需加液碱和通入直接蒸汽。按工艺条件规定加 42%NaOH 水溶液 14L，其质量为

$$1.45×14=20.3(kg)$$

其中，纯 NaOH $20.3×42\%=8.526(kg)$

水 $20.3-8.526=11.774(kg)$

假设未反应的 VC 液体除在混料槽及后续的汽提操作中损失外，全部在混料槽内汽化予以回收。碱处理时，通直接蒸汽升温所产生冷凝水量可由热量衡算求得。故混料槽内的总水量为

$$18680.635+11.774=18692.409(kg)$$

【例 3-6】表 10 设备及物料升温（包括 VC 气化）需热量计算表

物料名称	用量/kg	初始温度/℃	终止温度/℃	温度差/℃	比热容/(kJ·kg^{-1}·℃$^{-1}$)	热量/kJ
水	18692.409	59	75	16	4.18	1250148.314
PVC	8982	59	75	16	1.76	252933.12
VC	990	59	75		263kJ·kg^{-1} 汽化热	260370
合计	28664.409					1763451.434

注：1. 助剂所占比例甚微，并入水中一起计算。

2. 由于去汽提塔的 VC 量甚微，这里并入汽化部分一起计算。

H_2O 汽化热 2370kJ/kg。按热损失 10%及系数 1.1 计算，每个混料槽在每次操作中需

通入蒸气量 W 为

$$W = \frac{1763451.434 \times 1.1}{2370} = 818.48 (\text{kg})$$

水的出料量 $18680.635 + 11.774 + 818.48 = 19510.889 (\text{kg})$

VC 损失量 $10000 \times 0.8\% = 80 (\text{kg})$

PVC 损失量 $9000 \times 0.8\% = 72 (\text{kg})$

气化回收 VC 量 $10000 \times 9\% = 900 (\text{kg})$

混料槽 VC 出料量 $990 - 900 - 80 = 10 (\text{kg})$

PVC 出料量 $8982 - 72 = 8910 (\text{kg})$

助剂量 $2.5 + 3.65 + 3.65 + 2.5 + 4.6 + 2 + 4 = 22.9 (\text{kg})$

【例 3-6】 表 11　混料槽装置物料平衡表

物料名称		进料量/kg	出料量/kg
VC	VC	990	10
	损失 VC		80
	回收 VC		900
PVC	PVC	8982	8910
	损失 PVC		72
水		18680.635	19510.889
NaOH 水溶液	纯 NaOH	8.526	8.526
	水	11.774	
水蒸气		818.48	
助剂		22.9	22.9
合计		29514.315	29514.315

③ 汽提塔装置（表 12）。

从此装置开始转入连续操作过程，计算基准由 kg/釜改为 kg/h。质量以聚合釜内生成的聚合物为基准。根据全年生产任务和生产时间求出每小时 PVC 产量为

$$20000t/7200h = 2777.778 (\text{kg} \cdot \text{h}^{-1})$$

产品中含水 0.2%，则绝干树脂产量为

$$2777.778 \times (1 - 0.002) = 2772.223 (\text{kg} \cdot \text{h}^{-1})$$

以 $2772.223 \div (1 - 5.2\%) = 2924.286 (\text{kg/h})$ 为连续过程质量基准进行计算。

考虑到各步损失后，汽提塔进料中应含绝干树脂量为：

$$2924.286 \times (1 - 1\%) = 2895.05 (\text{kg} \cdot \text{h}^{-1})$$

其中，1% 为聚合釜和混料槽中 PVC 损失百分数，按混料槽出料组成，以 $2895.05 \text{kg} \cdot \text{h}^{-1}$ 为基准，计算各组分的含量：

VC　$10 \times (2895.05 \div 8910) = 3.25 (\text{kg})$

水　$19510.889 \times (2895.05 \div 8910) = 6339.507 (\text{kg})$

助剂 + NaOH $(22.9 + 8.526) \times (2895.05 \div 8910) = 31.426 \times (2895.04 \div 8910) = 10.211 (\text{kg})$

PVC 损失量　$2924.286 \times 0.2\% = 5.849 (\text{kg} \cdot \text{h}^{-1})$

PVC 出料量　$2895.05 - 5.849 = 2889.201 (\text{kg})$

VC 损失量　$2924.285 \times 0.1\% = 2.925 (\text{kg} \cdot \text{h}^{-1})$

VC 汽提量　$3.25 - 2.925 = 0.325 (\text{kg})$，进入废气处理系统或直接燃烧。

水的出料量　$6339.507 + 700 = 7039.507 (\text{kg})$

【例 3-6】 表 12　汽提塔装置物料平衡表

物料名称		进料流量/(kg·h⁻¹)	出料流量/(kg·h⁻¹)
VC	VC	3.25	0.325
	损失 VC		2.925
PVC	PVC	2895.05	2889.201
	损失 PVC		5.849
水		6339.507	7039.507
所需蒸气量		700	
助剂＋NaOH		10.211	10.211
合计		9948.018	9948.018

④ 离心装置（表 13）。

进料量为汽提塔出料量，其中 VC 含量可忽略不计。

洗涤热水用量　$1500(kg \cdot h^{-1})$

离心操作损失 PVC 量 $2924.285 \times 0.5\% = 14.622(kg \cdot h^{-1})$

PVC 出料量　$2889.201 - 14.622 = 2874.579(kg)$

离心后湿物料仍含水分 20%，则

含水量　$2874.579 \times (20\% \div 80\%) = 718.645(kg)$

母液中含水　$7039.507 + 1500 - 718.645 = 7820.862(kg)$

【例 3-6】 表 13　离心操作物料平衡表

物料名称	进料流量/(kg·h⁻¹)	出料流量/(kg·h⁻¹)
PVC	2889.201	2874.579
PVC 损失		14.622
母液中含水	7039.507	7820.862
湿物料含水	—	718.645
洗涤热水	1500	
助剂＋NaOH	10.211	10.211
合计	11438.919	11438.919

⑤ 气流干燥（表 14）。

进料量为离心操作的出料量。

气流干燥损失 PVC　$2924.285 \times 1\% = 29.243(kg \cdot h^{-1})$

PVC 出料量为　$2874.579 - 29.243 = 2845.336(kg)$

离心后湿物料仍含水分 5%，则

含水量　$2845.336 \times (5\% \div 95\%) = 149.755(kg)$

脱走水　$718.645 - 149.755 = 568.89(kg)$

【例 3-6】 表 14　气流干燥物料平衡表

物料名称	进料流量/(kg·h⁻¹)	出料流量/(kg·h⁻¹)
PVC	2874.579	2845.336
损失 PVC		29.243
水	718.645	149.755
脱走水	—	568.89
合计	3593.224	3593.224

⑥ 沸腾干燥（表 15）。

进料量为气流干燥出料量。

沸腾干燥损失 PVC 量　$2924.285 \times 1\% = 29.243(\text{kg} \cdot \text{h}^{-1})$

PVC 出料量　$2845.336 - 29.243 = 2816.093(\text{kg})$

离心后湿物料仍含水分 0.2%，则

含水量　$2816.093 \times (0.2\% \div 99.8\%) = 5.644(\text{kg})$

脱走水量　$149.755 - 5.644 = 144.111(\text{kg})$

【例 3-6】表 15　沸腾干燥物料平衡表

物料名称	进料流量/(kg·h⁻¹)	出料流量/(kg·h⁻¹)
PVC	2845.336	2816.093
损失 PVC		29.243
水	149.755	5.644
脱走水	—	144.111
合计	2995.091	2995.091

（7）筛分包装（表 16）

进料量为沸腾干燥出料量。

筛分包装损失 PVC 量　$2924.285 \times 1.5\% = 43.865(\text{kg} \cdot \text{h}^{-1})$

包装入库的绝干 PVC 量　$2816.093 - 43.865 = 2772.228(\text{kg})$

随 PVC 树脂损失的相应水量　$43.865 \times (0.2\% \div 99.8\%) = 0.088(\text{kg})$

树脂中含水量　$5.644 - 0.088 = 5.556(\text{kg})$

【例 3-6】表 16　筛分包装装置物料平衡表

物料名称	进料流量/(kg·h⁻¹)	出料流量/(kg·h⁻¹)
PVC	2816.093	2772.228
损失 PVC		43.865
水	5.644	5.556
损失水	—	0.088
合计	2821.737	2821.737

（8）原材料消耗表（略）

（9）画出物料衡算流程图（略）

3.2　热量计算

当物料计算、部分生产工艺流程草图以及一部分设备计算结束后，即可以全面开展能量计算和设备计算。能量是热能、电能、化学能、动能、辐射能的总称。在高分子材料生产过程中热能占主要地位，故高分子材料加工过程的设计中把能量计算称为热量计算。

通过计算过程能耗指标可对方案进行比较，选定先进生产工艺，也可确定设备的热负荷，进而确定传热面的形式、计算传热面积、确定设备的主要工艺尺寸、传热所需要的加热剂或冷却剂的用量。所以，热量计算数据是设备选型和计算的依据，是组织、管理、生产、经济核算和最优化的基础。

事实上，热量计算和设备计算两项往往很难分清界限。为了便于问题的描述，我们将过

程与设备的热量衡算、传入和传出的热量、加热剂、冷却剂以及其他能量的消耗量和能量消耗综合表等项目合并到本节的热量计算，这样有利于更好地领会计算方法和技巧，便于用到设计中去。其他的，如传热面积的计算，需结合设备设计进行。

3.2.1 热量计算的基本步骤和方法

（1）热量计算的步骤

① 明确衡算目的，如通过热量衡算确定某设备或装置的热负荷、加热剂或冷却剂的消耗量等。

② 明确衡算对象，划定衡算范围，并绘出热量衡算示意图。

③ 搜集有关数据，由手册、书籍、数据库查取；由工厂实际生产数据获取；通过估算或实验获得。

④ 选定衡算基准，同一计算要选取同一基准，且使计算尽量简单方便。

⑤ 列出热量平衡方程式，计算各种形式的热量。

⑥ 编制热量平衡表，并检查热量是否平衡。

⑦ 求出加热剂或冷却剂的用量。

⑧ 求出单位产品的能量消耗定额、每小时、每天及每年的消耗量。

（2）热量计算的一般方法

对于任何一个设备的热量平衡都要用输入和输出该过程（或设备）的热量的相关方程式来描述。热量平衡是以能量转换与守恒定律为基础的。根据这个定律，在一个封闭系统中，各类型的能量总数是恒定的。对一般的生产工艺过程可通过热平衡方程式(3-3) 或式(3-4)来描述。

$$\sum Q_{in} = \sum Q_{out} \tag{3-3}$$

或

$$\sum Q_{in} - \sum Q_{out} = 0 \tag{3-4}$$

通常，连续操作的设备或过程，热平衡是对单位时间而言的；分批操作的设备或工程是对过程的一个循环周期或某一段时间而言的。

热量平衡是在物料平衡基础上计算的。它涉及设备中发生的化学反应和物理转变（如蒸发、冷凝等）的热效应以及通过器壁从外部输入的热量和产物带走的热量。为了实际的计算方便，热平衡可以写成图表的形式，并用式(3-5) 的方程计算。

$$Q_T = Q_1 + Q_2 + Q_3 + Q_4 + Q_5 \tag{3-5}$$

式中 Q_T——系统内物料或设备与环境交换热量之和，kJ，传入热量为正，传出为负；

Q_1——由于物料温度变化，系统与环境交换的热量，kJ，升温为正，降温为负；

Q_2——由于物料发生物理变化，如相变、结晶、溶解、混合等，系统与环境交换的热量，kJ，吸热为正，放热为负；

Q_3——由于物料发生化学反应，系统与环境交换的热量，kJ，吸热为正，放热为负；

Q_4——由设备温度变化，系统与环境交换的热量，kJ，设备升温为正，降温为负；

Q_5——由于设备向环境散失的热量，系统与环境交换的热量，kJ，操作温度高于环境温度的为正，操作温度低于环境温度的为负。

1) Q_1 的计算

Q_1 是由热量的加入或移去导致的物料温度的变化，而未发生相变，所以，可由显热公式(3-6)算出。

$$Q_1 = n \int_{T_1}^{T_2} C_p \mathrm{d}T \qquad (3\text{-}6)$$

式中　n——物料量，mol；

$\quad T$——温度，K；

$\quad T_1$——系统内的物料温度；

$\quad T_2$——基准温度，基准温度可以取任何温度，但对有化学反应的过程，一般取 298K 作为计算基准温度；

$\quad C_p$——物料的平均比热容，$\mathrm{kJ \cdot mol^{-1} \cdot K^{-1}}$。比热容的经验公式为 $C_p = a + bT + cT^2$ 或 $C_p = a + bT + c'T^{-2}$，a、b、c、c' 是经验常数，随物质及温度范围的不同而异，可在相关的物理化学手册中查到。

大多数高分子材料的比热容在玻璃化转变温度以下比较小，温度升高至玻璃化转变点时，由于热运动的加剧，比热容出现台阶式变化。结晶态聚合物的比热容在熔点处出现极大值，温度更高时比热容又减少。表 3-4 列出了部分塑料的常温下的热物理性质，其他温度下的比热容可按照上述的经验公式进行估算。其他的不易查到的塑料可取经验值 800～1464J·kg⁻¹·℃⁻¹，设计者可根据计算目的取上限值或下限值。

表 3-4　几种热塑性塑料常温下的热物理性质

材料名称	密度 /(g·cm⁻³)	玻璃化转变温度/℃	熔点范围/℃	比热容 /(J·kg⁻¹·℃⁻¹)	导热系数 /(W·m⁻¹·℃⁻¹)
低密度聚乙烯	0.89～0.93		105～125	2093	0.32
高密度聚乙烯	0.94～0.98	−70～−25	130～137	2303	0.4
聚丙烯	0.85～0.92	−20～−15	160～175	1883～1926	0.22
聚苯乙烯	1.04～1.09	74～115	185～205	1225～1464	0.142
聚氯乙烯	1.19～1.38	80	75～105	800～1283	0.168
聚对苯二甲酸乙二醇酯	1.30～1.60	68～80	212～265	1100～1464	0.218

混合物的比热容可根据热效应的加和性来确定。例如，有三种比热容分别为 C_{p1}、C_{p2} 和 C_{p3} 的混合物，各自的数量分别为 n_1、n_2 和 n_3，其混合物的平均比热容为

$$C_m = \frac{n_1 C_{p1} + n_2 C_{p2} + n_3 C_{p3}}{n_1 + n_2 + n_3} \qquad (3\text{-}7)$$

2）Q_2 的计算

若在生产过程中发生了物理变化，系统的热量变化可由下面相变潜热式(3-8)计算。

$$Q_2 = n \Delta H_m \qquad (3\text{-}8)$$

式中　n——物料量，mol；

$\quad \Delta H_m$——相变潜热，$\mathrm{kJ \cdot mol^{-1}}$。可以是冷凝热、结晶热、溶解热、汽化热等。纯物质正常沸点或熔点下的相变热可在相关化工手册中查到。对不易查到的相变潜热可由下列经验方程式进行估算。

① Trouton 方程，又称沸点法，得到的是汽化热，适用于有机液体，误差较大，为 30%。

$$\Delta H_v = bT_b \, (\mathrm{kJ \cdot mol^{-1}})$$

式中，非极性液体 $b = 0.088$；极性液体，如水、低碳醇 $b = 0.109$。

② Chen 方程，得到的是汽化热，适用于有机液体烃类、弱极性化合物，误差为 4%

$$\Delta H_v = \frac{8.319 T_b (3.978 T_b / T_c - 3.938 + 1.555 \ln P_c)}{1.07 - T_b / T_c} J \cdot mol^{-1}$$

③ Kistiakowsky 方程（系数见表3-5），得到的是汽化热，适用于一元醇和一元羧酸，误差为3.0%。

$$\Delta H_v = T_b (a + b \lg T_b + c T_b / M + d T_b^2 / M + e T_b^3 / M)$$

表 3-5　Kistiakowsky 方程系数表

类别	a	b	c	d	e
一元醇类	81.1737	13.0917	−25.7861	0.14663	-2.13761×10^{-4}
一元酸类	20914.029	−7873.487	602.7485	−4.46129	7.02068×10^{-4}

④ Watson 公式，已知 T_1 时的 ΔH_v，求 T_2 时 ΔH_v。

$$(\Delta H_v)_2 = (\Delta H_v)_1 \left(\frac{T_c - T_2}{T_c - T_1} \right)^{0.38}$$

⑤ 标准熔化热。

$$\Delta H_m (J/mol) \approx 9.2 T_m （用于金属元素）$$
$$\approx 25 T_m （用于无机化合物）$$
$$\approx 50 T_m （用于有机化合物）$$

⑥ 高分子材料的熔化热。

$$\Delta H_m (J/mol) \approx 聚合度 \times 结构单元的摩尔熔化热$$

也可以取经验值 113～122J·g^{-1}。

混合物的 Q_{2m} 计算方法为

$$Q_{2m} = n_1 \Delta H_{m1} + n_2 \Delta H_{m2} + \cdots + n_n \Delta H_{mn} \tag{3-9}$$

3）Q_3 的计算

Q_3 可以从生产过程中涉及的化合物的生成热或燃烧热数据计算。根据盖斯定律，定压或定容条件下的任意化学反应，在不做其他功时，不论是一步完成的还是几步完成的，其热效应总是相同的。

如，反应式为 $aA + bB = cC + dD$ 的过程，其标准反应热效应 $Q_v^{\ominus}$ 可用式（3-10）计算。

$$Q_{v,298K}^{\ominus} = \sum \nu_i \Delta_f H_{m,298K,生成物}^{\ominus} - \sum \nu_i \Delta_f H_{m,298K,反应物}^{\ominus} \tag{3-10}$$

式中　　ν_i——化学反应计量系数，无量纲；

$\Delta_f H_{m,298K}^{\ominus}$——物质的标准摩尔生成焓，kJ·mol^{-1}，可在物理化学手册上查到。

在某温度下的化学反应热效应 Q_v 可由式（3-11）计算。

$$Q_v = Q_{v,298K}^{\ominus} + \int_{298}^{T} \Delta C_{pm} dT \tag{3-11}$$

式中　ΔC_{pm}——反应产物与反应物的恒压摩尔比热容之差，kJ·mol^{-1}。

$$\Delta C_{pm} = \sum \nu_i C_{pi,生成物} - \sum \nu_i C_{pi,反应物} \tag{3-12}$$

有些化合物的生成热数据不易查到，则可由已知的燃烧热计算。

4）Q_4 的计算

$$Q_4 = \sum W_i \int_{T_1}^{T_2} C_{pi} dT \tag{3-13}$$

式中　W_i——设备各部分的质量，kg；

C_{pi}——设备各部分的比热容，kJ·kg^{-1}·K^{-1}；

T——温度，K；

T_1——设备变化前的温度；

T_2——设备变化后的温度。

通常间歇操作过程中，物料的起始温度不同，设备温度也会随之而变，系统与环境交换的热量 Q_4 随时间而变；连续操作过程中物料温度与设备温度都不随时间而变化，但开停车或排除故障时 Q_4 随时间而变，设备升温为正，设备降温为负。

5）Q_5 的计算

$$Q_5 = \sum S_i \alpha_T (t_{wi} - t) \tau \tag{3-14}$$

式中　S_i——设备各部分的散热表面积，m^2；

α_T——设备各部分散热表面对环境的传热系数，$W \cdot m^{-2} \cdot K^{-1}$，可由经验公式求得，一般绝热层外表温度取 323K。

① 绝热等外空气自然对流，设备表面温度 $t_w < 423K$ 条件下，

平壁保温层时，$\alpha_T = 3.4 + 0.06(t_w - t)$

圆管或圆筒保温层时，$\alpha_T = 8.1 - 0.045(t_w - t)$

② 空气沿粗糙表面强制对流。

$u \leqslant 5m/s$ 时，$\alpha_T = 5.3 + 3.6u$

$u > 5m/s$ 时，$\alpha_T = 6.7u^{0.78}$

对于连续操作过程，只需要建立物料平衡和热量平衡，不需要建立时间平衡。这是因为在连续操作过程中所有的条件都不随时间变化。但是，间歇操作过程，还应建立时间平衡，因为操作条件是时间的函数，热量负荷也会随时间改变。因此在连续操作的热量衡算时，常用 kJ/h 作为计算单位。在间歇操作过程时，常用 "kJ/一次循环" 为计算单位，然后考虑不均衡系数，从 "kJ/一次循环" 换算成 kJ·h^{-1}。在没有确切不均衡系数时，可根据间歇操作过程各操作阶段分别求出热负荷，从中获得不均衡系数。

实际设计中，来自各方面的数据单位制经常不一致，必须小心换算。

3.2.2　加热介质、冷却介质消耗量的计算

（1）加热剂与冷却剂的选择

加热过程的能源选择主要为热源选择，冷却或移走热量过程主要为冷源的选择。常用热源有热水、蒸气（低压、高压、过热）、导热油、道生（联苯与二苯醚的混合物）液体、道生蒸气、烟道气、电、熔盐等。冷源有冷冻盐水、液氨等。由于生产过程要求不同的温度等级，而加热剂和冷却剂又有不同的合适温度，所以要根据不同的工艺要求，选择不同的加热剂或冷却剂，同时在选用中还要考虑加热剂或冷却剂的安全性、可靠性及价格费用等因素。

1）加热剂的选择要求

① 在较低压力下可达到较高温度。

② 化学稳定性高、没有腐蚀性。

③ 热容量大或冷凝热大。

④ 无火灾或爆炸的危险。

⑤ 无毒性、价廉、温度易调节。

对于一种加热剂同时要满足这些要求是不可能的，往往会产生矛盾，这时应根据具体情

况进行分析，选择合适的加热剂。

　　2）常用加热剂和冷却剂的性能

　　常用加热剂和冷却剂及其性能如表3-6所示，以此可选择工艺过程所需要的加热剂与冷却剂。

表 3-6　常用加热剂和冷却剂及其性能

序号	加热剂冷却剂	使用温度范围/℃	传热系数/(W·m^{-2}·℃$^{-1}$)	优缺点及使用场合
1	热水	40～100	50～1400	对于热敏性的物料用热水加热较为保险，但传热情况不及蒸气好，且本身易冷却，不易调节
2	饱和蒸气	100～180	300～3200	冷凝潜热大，热利用率高，温度易于控制调节，如用中压或高压，使用温度还可以提高
3	过热蒸气	180～300		可用于需要较高温度的场合，但传热效果比蒸气低得多，且不易调节，较少使用
4	导热油	180～250	58～175	不需要加压即可得到较高温度，使用方便，加热均匀
5	道生液	180～250	110～450	为 26.5% C_6H_5—C_6H_5 与 73.5% C_6H_5—O—C_6H_5 的混合物，加热均匀，温度范围广，易于调节，蒸气冷凝潜热大，热效率较高，需要道生炉及循环装置
6	道生蒸气	250～350	340～680	
7	烟道气	500～1000	12～50	可用煤、煤气或燃油燃烧得到，可得到较高温度，特别使用于直接加热空气的场合
8	电加热	500		设备简单、干净，加热快，温度高，易于调节。但成本高，适用于用量不太大，要求高场合
9	熔盐	400～540		NaNO$_2$40%、KNO$_3$53% 及 NaNO$_3$7% 的混合物。可用于需高温的工业生产。但本身熔点高，管道和换热器斗需要蒸气保温。传热系数高，蒸气压低，稳定
10	冷却水	20～30		是最普遍的冷却剂，使用设备简单，控制方便，价廉
11	冰水	0～30		大多用于染料工业中直接放入反应锅内调节反应，稳定效果较好，但会使反应液冲淡，并使反应锅体积增大
12	冷冻盐水	−15～30		它是氯化钠、氯化钙、氯化镁等盐类的水溶液，其冻结温度比水低，与盐浓度有关，使用方便，冷却效果好，但需要冷冻系统，投资大，一般用于冷却水无法达到的低温冷却
13	氨冷冻剂	零下		氨的气化热大，在一定的冷冻能力下需要的冷冻剂循环量小，价格便宜；缺点：有强烈臭味，空气中含有 15%（摩尔分数）以上的氨时会形成爆炸性混合物
14	氟利昂冷冻剂	零下		在常压下氟利昂产品的沸点为 −82.2～40℃，优点：无毒、无味、不着火，与空气混合不爆炸，对金属无腐蚀。缺点：气化热比氨小，传热系数低，价格贵

（2）加热剂与冷却剂的消耗量计算

　　根据热量衡算可以确定由外部向设备提供的热和需要散失的热量。据此可以进一步求出加热介质或冷却介质的用量。

　　1）加热介质的消耗量

　　常用的加热介质有热水、蒸气、导热油、道生（联苯与二苯醚的混合物）液体、道生蒸气、烟道气、熔盐等。根据工艺要求选择合适的加热介质。

　　为计算简化，通常蒸气加热时的蒸气用量计算，仅考虑蒸气放出的冷凝热。

$$G_H = \frac{Q_T}{\Delta H - C_{pH}\Delta t_H} \qquad (3\text{-}15)$$

式中 G_H——加热介质的消耗量，kg；

     Q_T——系统内物料或设备与环境交换热量之和，kJ；

     ΔH——加热介质的热焓，$kJ \cdot kg^{-1}$；

     C_{pH}——加热介质的平均比热容，$kJ \cdot kg^{-1} \cdot K^{-1}$；

     Δt_H——加热介质进出口温差，K，若传热介质相变温度介于其进出口温度之间，则需分段计算。

     2）燃料的消耗量

$$G_B = \frac{Q_T}{\eta_T Q_p} \tag{3-16}$$

式中 G_B——燃料消耗量，kg；

     Q_T——系统内物料或设备与环境交换热量之和，kJ；

     η_T——燃烧炉的热效率；

     Q_p——燃料的热值，$kJ \cdot kg^{-1}$。

     3）电能的消耗量

$$E = \frac{Q_T}{860\eta} \tag{3-17}$$

式中 E——电能的消耗量，$kW \cdot h$；

     Q_T——系统内物料或设备与环境交换热量之和，kJ；

     η——用电设备的电功效率，一般取 0.85～0.95。

     4）冷却介质的消耗量

常用的冷却介质为水、冷冻盐水、液氨和空气等。冷却介质的消耗可按式(3-18)计算。

$$G_C = \frac{Q_T}{C_{pc}(t_e - t_i)} \tag{3-18}$$

式中 G_C——冷却介质消耗量，kg；

     Q_T——系统内物料或设备与环境交换热量之和，kJ；

     C_{pc}——冷却介质的比热容，$kJ \cdot kg^{-1} \cdot K^{-1}$；

     t_e——放出冷却介质的平均温度，K；

     t_i——冷却介质的最初温度，K。

（3）热量计算结果整理

通过热量衡算，以及加热剂、冷却剂等的用量计算，再结合设备计算与设备操作时间安排（在间歇操作中此项显得特别重要）等工作，即可求出生成某产品的整个装置的动力消耗及每吨产品的动力消耗定额，由此可得动力消耗的每小时最大用量，每昼夜用量和年消耗量，并列表将计算结果汇总，如表 3-7 所示。

表 3-7   动力消耗一览表 （例）

序号	名称	主要技术参数	单位	每吨成品消耗定额	每小时消耗量	每年消耗量	备注
1	软水	钙盐和镁盐含量小于 50mg/L	m^3	5	2.5	15600	连续
2	循环水	5℃温差	m^3	85	6	2.12×10^3	连续
3	水	自来水	t	85	6	2.12×10^3	生活
4	蒸气	0.2MPa	t	0.04	0.064	302.4	采暖 $150d \cdot Y^{-1}$

续表

序号	名称	主要技术参数	单位	每吨成品消耗定额	每小时消耗量	每年消耗量	备注
5	蒸气	≥0.8MPa	t	2.14	0.75	6840	连续
6	电	三相，380V	kW·h	690	940	4.33×10^6	连续
7	电	三相，6000V	kW·h	580	420	3.60×10^6	连续
8	电	220V	kW·h	690	940	4.33×10^6	生活
9	压缩空气	0.1MPa	m^3	4.68	$153 m^3 \cdot d^{-1}$	3.61×10^4	间歇
10	煤		t				

3.2.3　热量计算举例

设计中应注意有效的平均温差、壁温的确定，确定的主要方法可参阅物理化学和化工原理中所学的基础知识。这里不再赘述。

【例 3-7】 乙醇脱氢生产乙醛，副产品为乙酸乙酯。已知原料为无水乙醇（纯度以100％计），流量为 $1000 kg \cdot h^{-1}$，其转化率为 95％，乙醛选择率为 80％，物料衡算数据如下表所示。乙醇的进料温度为 300℃，反应产物的温度为 265℃，乙醇脱氢制乙醛反应的标准反应热为 $-69.11 kJ \cdot mol^{-1}$（吸热），乙醇脱氢生成副产物乙酸乙酯的标准反应热为 $-21.91 kJ \cdot mol^{-1}$（吸热），设备表面向周围环境的散热量可忽略不计。试对乙醇脱氢制乙醛过程进行热量计算。

有关热力学数据为：

乙醇的定压热容为 $0.110 kJ \cdot mol^{-1} \cdot ℃^{-1}$；

乙醛的定压热容为 $0.080 kJ \cdot mol^{-1} \cdot ℃^{-1}$；

乙酸乙酯的定压热容为 $0.169 kJ \cdot mol^{-1} \cdot ℃^{-1}$；

氢气的定压热容为 $0.029 kJ \cdot mol^{-1} \cdot ℃^{-1}$。

乙醇催化脱氢过程物料平衡表见表 1。

【例 3-7】表 1　乙醇催化脱氢过程物料平衡表

	物料名称	流量/(kg·h⁻¹)	质量组成/%		物料名称	流量/(kg·h⁻¹)	质量组成/%
输入	乙醇	1000	100	输出	乙醇	50.0	5
					乙醛	727.0	72.7
					乙酸乙酯	181.7	18.2
					氢气	41.3	4.1
	总计	1000	100		总计	1000	100

解：过程为连续操作，对该过程进行热量衡算的目的是确定反应过程中需补充的热量。依题意，取反应器为衡算对象，绘出热量衡算示意图（见本例图1）。

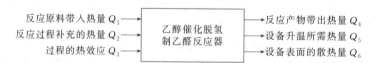

【例 3-7】图 1　热量衡算示意图

则热量平衡方程式可表示为

$$Q_1 + Q_2 + Q_3 = Q_4 + Q_5 + Q_6$$

由于是连续过程，则 $Q_5 = 0$；依题意知，$Q_6 = 0$。

$$Q_1 = \frac{1000 \times 10^3}{46} \times 0.110 \times (300 - 25) = 6.58 \times 10^5 (\text{kJ} \cdot \text{h}^{-1})$$

取热量衡算的基准温度为 25℃，则过程的热效应 Q_3 主要为化学变化热，即

$$Q_3 = Q_p + Q_c \approx Q_c$$

由乙醇脱氢制乙醛的化学反应热为

$$Q_{c1} = \frac{1000 \times 10^3 \times 0.95 \times 0.8}{46} \times (-69.11) = -1.142 \times 10^6 (\text{kJ} \cdot \text{h}^{-1})$$

乙醇脱氢生成副产物乙酸乙酯的化学变化热为

$$Q_{c2} = \frac{1000 \times 10^3 \times 0.95 \times 0.2}{46} \times (-21.91) = -9.05 \times 10^4 (\text{kJ} \cdot \text{h}^{-1})$$

$$Q_3 \approx Q_c = Q_{c1} + Q_{c2} = -1.233 \times 10^6 (\text{kJ} \cdot \text{h}^{-1})$$

Q_4 由四部分组成，其中未反应乙醇带走热量为

$$Q_{41} = \frac{50 \times 10^3}{46} \times 0.110 \times (265 - 25) = 2.87 \times 10^4 (\text{kJ} \cdot \text{h}^{-1})$$

乙醛带走热量为

$$Q_{42} = \frac{727 \times 10^3}{44} \times 0.080 \times (265 - 25) = 3.17 \times 10^5 (\text{kJ} \cdot \text{h}^{-1})$$

乙酸乙酯带走热量为

$$Q_{43} = \frac{181.7 \times 10^3}{88} \times 0.169 \times (265 - 25) = 8.37 \times 10^4 (\text{kJ} \cdot \text{h}^{-1})$$

氢气带走热量为

$$Q_{44} = \frac{41.3 \times 10^3}{2} \times 0.029 \times (265 - 25) = 1.44 \times 10^5 (\text{kJ} \cdot \text{h}^{-1})$$

$$Q_4 = Q_{41} + Q_{42} + Q_{43} + Q_{44} = 5.73 \times 10^5 (\text{kJ} \cdot \text{h}^{-1})$$

$$Q_2 = Q_4 + Q_5 + Q_6 - Q_1 - Q_3$$
$$= 5.73 \times 10^5 + 0 + 0 - 6.58 \times 10^5 - (-1.233 \times 10^6)$$
$$= 1.148 \times 10^6 (\text{kJ} \cdot \text{h}^{-1})$$

故反应过程所需的补充加热速率为 $1.148 \times 10^6 (\text{kJ} \cdot \text{h}^{-1})$。

乙醇催化脱氢过程热量平衡表见表 2。

【例 3-7】表 2 乙醇催化脱氢过程热量平衡表

	项目名称	热量/(kJ·h⁻¹)		项目名称	热量/(kJ·h⁻¹)
输入	乙醇,1000kg·h⁻¹	6.58×10^5	输出	乙醇,50.0kg·h⁻¹	2.87×10^4
	过程热效应	-1.233×10^6		乙醛,727.0kg·h⁻¹	3.17×10^5
	补充加热	1.148×10^6		乙酸乙酯,181.7kg·h⁻¹	8.37×10^4
				氢气,41.3kg·h⁻¹	1.44×10^5
	合计	5.73×10^5		合计	5.73×10^5

【例 3-8】 根据例 3-3 中数据，计算冷混机冷却水的用量。

解： 以水为冷却剂，水的比热容为 4.2kJ·kg⁻¹·℃⁻¹，PVC 比热容为 0.86kJ·kg⁻¹·℃⁻¹，为计算方便，混合物的比热容均按 PVC 的比热容计。

进入冷混机物料总量 $2043.9 + 276.1 = 2320(\text{t})$

冷混机进料温度 110℃，出料温度 40℃；进水温度 20℃，出水温度 40℃。于是，冷却物料需要的热量为

$$Q_1 = n \int_{T_1}^{T_2} C_p \mathrm{d}T = 物料总量 \times 0.86 \times (110 - 40)$$

冷却水理论用量为

$$W_{水} = Q_1 / [C_{p水} \times (40 - 20)] = [2320 \times 0.86 \times (110 - 40)] / [4.2 \times (40 - 20)] = 1663(\mathrm{t})$$

考虑到设备散热、冷却水消耗等因素，设用量系数为 1.2，则冷混机冷却用水的用量为

$$1663 \times 1.2 = 1995.6(\mathrm{t/a})$$

 思考题

1. 设计中物料计算和热量计算主要解决哪些问题？

2. 解释限制反应物、过量反应物、过量百分数、转化率、选择性、收率、单程转化率、总转化率等概念。

3. 选择物料衡算基准时应注意哪些问题？

4. 物料衡算的设计依据、计算过程，编写内容分别是什么？

5. 热量衡算的计算基准怎样选择？

6. 若已知 25℃ 时的热力学数据，怎样假设热力学途径求反应热？

7. 生产中常用的热载体有哪些？各有什么特点，用于什么情况？

8. 简述物料衡算和热量衡算的步骤。

9. 相变潜热（如气化热）的获取方法有哪些？

10. 生产中常用的冷冻剂有哪些？各有什么特点？

11. 加热剂、冷却剂的耗量怎样计算？

第4章

设备选型和计算

4.1 概 述

生产设备是组成工业生产体系的一个重要部分，是实现高产、优质、低消耗、安全生产的物质基础。设备设计和选择的目的是确定生产车间内所有工艺设备的台套数、型号和主要尺寸，为车间布置设计、施工图设计及其他非工艺设计项目提供有关条件。

当物料计算结束后就可部分地开展设备设计工作，为了和工艺流程设计密切结合，设备设计工作可分两个阶段，第一阶段可在生产工艺流程草图设计之前进行，可做的工作内容如下。

① 计量和贮存设备容积的计算和选定；

② 某些定型设备或标准设备的选定，结合生产能力的计算确定选用的台套数；

③ 某些容器型的非定型设备的型式、台套数和主要尺寸的确定；

④ 部分的热量计算。

第二阶段的设备设计可在生产工艺流程图草图设计中交错进行。着重解决生产过程中的技术问题，如，过滤面积、传热面积、干燥面积以及各种设备的主要尺寸等。至此，所有的工艺设备的台套数、型号和主要尺寸均已确定。

当设备设计结束后，将设计成果汇编成"工艺设备一览表"此表作为设计说明书的一部分，并为下一步施工图设计以及其他非工艺设计提供必要的条件。设备一览表的格式如表4-1所示，设备一览表在各设计阶段都要编制，它是设计成品之一。

设备一览表包括所有工艺设备（机器）和与工艺有关的辅助设备（机器），填写要求如下。

1）序号

按设备（机器）在设备一览表中填写的先后顺序编制，以阿拉伯数字表示。一般先填写主要设备，同类设备填写在一起。

2）设备位号

填写设备（机器）在工艺流程图中的设备位号。

3）设备名称

用中文填写，名称应与工艺流程图和设备图中的名称一致。

4）非定型设备（机器）的技术规格

① 塔类　填写外形尺寸（直径、高度）、类型（填料塔、板式塔、喷淋塔……）；特征内部件的名称、型号、规格尺寸及数量。例如：填料的名称、型号或几何尺寸以及填料层数和层高；塔板上的浮阀、泡罩或筛孔的型号以及规格尺寸和数量、不锈钢丝网除沫器等。

② 换热器　填写换热器类型（管式、板式、板翅式……）、外形尺寸（直径、长、宽、高等）、换热面积（台或组）；换热元件的规格、尺寸和数量（管式应填写管子的外径、壁厚、管长、管子根数，板片应填写单板换热面积、板片数量……）。

③ 槽罐、容器　填写外形尺寸（直径、长、宽、高）和容积；有关内件和填充物（如加热盘管、除沫器、过滤元件、过滤介质）及必要的技术规格。

④ 反应器　填写反应器类型（固定床、硫化床、管式反应器等）和外形尺寸；催化剂的型号及数量；特殊内件（搅拌器、换热器……）的规格、型号和尺寸。

⑤ 工业炉和其他设备　填写设备类型、结构组成和外形尺寸以及有代表性的特征技术规格（炉管规格、加热面积……）。

上述各类设备的技术规格中，还都应该填写操作条件和设计条件，即压力、温度、处理能力、介质名称等。当设备有两种或两种以上工况时，操作条件和设计条件应分别填写。例如，换热器中两侧不同的操作条件和设计条件；反应器的正常操作和再生还原时的工作条件等。

5）定型设备

按定型设备类别（泵、风机、压缩机、离心机……）不同，分别填写有关的技术规格数据，填写内容要求如下。

① 压缩机　填写类型（往复机、离心机、螺杆式……）、段数、处理能力（入口气量）、进出口压力及温度、介质名称，如无油润滑应注明。

压缩机的驱动机（电动机、汽轮机等）的技术规格和有关参数也应填写，并列为一项独立内容。电动机应填写功率、转速、电压、类型（普通、防爆、三防、户外等）；汽轮机填写功率、转速、用气参数等；其他动力机也应写出功率、转速及其他特殊参数。

② 泵　填写类型（离心式、往复式、齿轮式……）、流量、扬程、介质名称、使用温度、入口压力（如果入口压力较高时）、介质密度、密封形式（如普通填料密封可不填写），必要时应注出各泵的净压吸入压力。

③ 风机　填写类型（离心式、轴流式……及引风机、通风机、鼓风机……）、处理能力（风量、风压）、输送的介质名称及入口状态（压力、温度等）。某些类型的风机的出风口方位角度也应注明。风机的驱动机的技术规格按压缩机的驱动机技术规格要求填写。

④ 其他定型设备　填写类型、处理能力、操作条件或设计条件、驱动机的技术规格。

⑤ 组合设备（机器）　组合设备是指该设备是由不同类别的设备组成。此设备的技术规格应按其各个不同类别的设备分别编制和填写。例如一个精馏塔，其顶部为一个水冷式回流冷凝器，底部为一个釜式蒸汽再沸器，则应分别按换热器和再沸器填写技术规格。

⑥ 成套设备（机器）　成套设备和机组的技术规格一般注明类型、处理能力、介质条件、操作条件和设计条件；驱动机的技术规格应单列。必要时，可按设备、机组的组成逐个填写每个分项设备。例如大型多段压缩机组，填写主机之后还应表述有关的段间辅机（冷却

表 4-1　工艺设备一览表

序号	设备位号	设备名称	设备技术规格及附件	标准图纸或图纸号	操作参数 温度/℃	操作参数 压力/Pa	质量/kg 设备自重	质量/kg 加料后量	绝热及隔热 形式代号	绝热及隔热 主要层厚度/mm	材料	单位	数量	设备来源或图纸来源	管口方位图图号	备注
1	2	3	4	5	6	7	8	9	10	11	12	13	14	15	16	17

设计			工艺设备一览表	工程名称		版次
校核				设计项目		
审核				设计阶段		
单位名称						第　页
年　月　日						共　页

器、分离器、缓冲罐等）。

6）型号或图号

定型设备填写型号。成套设备填写主机型号，必要时，辅机和附属设备的型号也应填写。非定型设备填写制造图图号。

7）管口方位图图号

填写非定型设备的管口方位图图号。必要时，定型设备也应填写管口方位图图号。管口方位按设备图时应注明"按设备图"。

8）材料

填写设备选用的材料，一般只写出主体部分材料名称。其主体材料由两种或两种以上材料构成，尤其是有贵重材料时，应按材料的不同，分项填写。设备内件和填充物可单独订货者（如塔内填料、反应器内催化剂、吸附剂等），应分项列出。设备的材料总构成应写在本栏一行，然后向下排列其分项内容。填写时可用中文或材料代号。

9）绝热和隔热

绝热和隔热栏填写相应的型式代号和其主要的厚度。

10）设备来源或图纸来源

填写设备来源是"外购""现场自制""业主提供"或"利旧"等。图纸来源填写"本公司"或"另行委托设计"等。

11）填写技术规格

填写时应注明设备的安装形式（立式或卧式），技术规格中分项内容，如塔填料、催化剂、驱动机等都应该分行列出，以便与后面的栏目（如数量、单位、质量等）相对应。

4.2　设备选型的原则

4.2.1　设备的分类

生产设备大致可分为如下几类。

（1）通用设备

通用设备一般是指由机械工业部系统主管及生产的标准设备或定型设备。通用设备有产品目录或样本手册，有各种规格型号，有不同生产厂家，是成批成系列生产的设备，可以买到现成的。如，离心泵、风机、旋风分离器等。

选择时要根据工艺所需要的技术参数，如流量、温度、压力等条件，并充分考虑生产过程中可能发生的情况，计算出设备的特征尺寸，查阅相关产品目录或样本手册（列有规格、型号、基本性能参数和厂家），选择合适设备型号，以便订货。

（2）专用设备

专用设备一般是指专门生产某种特点产品的设备或机组。如，高速混合机组、挤出造粒机、管材挤出机等。这些设备专业性强，加工技术性强，对力学性能及材质要求高，一般都是由专业厂家生产。

专用设备一般分为主机和辅机。直接成型的机械为主机，其余的为辅机。如在生产管材的生产线中，挤出机为主机，其余的机头、定径套、冷却水箱、牵引机、切割机等皆为辅机。在选择时，根据工艺要求选定主机型号即可，辅机型号可由生产厂家一并提供。但必须要求生产厂家列出所有的、详细的辅机名称、数量及其规格型号或技术参数清单，并对主要设备进行生产能力和能量核算。

（3）非标准设备

非标准设备或非定型设备一般是指规格和材质都不是定型的辅助设备。常用非标准设备有容器、换热器、塔器、干燥设备、搅拌设备和除尘设备等。

在生产过程中的原料、中间料和成品等，需要在车间内部进行调配及运输，车间内部的运输车辆也是非标准设备。

非标准设备是根据工艺要求，通过工艺计算，先提出设备型式、材料、尺寸和其他一些要求，再进行机械计算、设计，最后由有关工厂制造。对于压力容器必须由有资质的工厂制造。在设计非标准设备时，必须遵循设备设计的相关标准和规定，应尽量采用已经标准化的图纸。

4.2.2　设备的选择原则

设备选择关系到工程设计水平、工程投资大小、工艺指标的实现、操作维护的方便及生产成本的高低等。所以须遵循以下原则。

① 选出和设计的设备应与生产规模相适应，能满足工艺要求；要运行可靠，操作安全；要便于连续化和自动化生产；应有良好的操作工作环境，以及易于购置和容易制造。

根据生产规模选择相应的设备，尽可能大型化，节约基建费用，节约运行成本。通常设备的生产能力愈高愈好，但设备生产能力与设备效率、速度及设备大小和结构有关，因此，应分析比较，权衡利弊，合理选择。

② 设备应适应于产品品种的要求，在确保产品质量的前提下，一般选择制造容易、结构简单、用材不多的设备，但要注意设备质量和效率，注意生产连续化、大型化、自动化程度。

③ 所选的设备一定要安全可靠，便于操作、能运行稳定，无事故隐患。工人操作时，劳动强度小，尽量避免高温高压高空作业，尽量不用有毒有害的设备附件辅料。特别是主要设备，不许将不成熟和未经过生产考验的设备用于生产。

④ 所选的设备一定要容易安装，对工艺和建筑、地基、厂房等无苛刻要求，没有特殊的维护要求，基建、安装及运行费用低。

⑤ 尽量选用批量生产的国产设备，对必须引进的国外设备，除坚持设备的先进、可靠外，还应考虑国内生产操作及仿制条件等情况。

⑥ 各系列或类型相同的设备，尽可能选择规格型号一致的，以利于检修、维护及备品备件的资源共享。

⑦ 优先选用节能降耗的设备。

⑧ 主要设备的选择，必须经过技术经济多方案比较。比较内容包括设备质量、安装功率、设备投资、设备占地面积和维护条件等方面。

4.3 设备的选择举例

设备根据其用途及种类有不同的选择方法。但在选择时皆应充分考虑使用要求和各种定性及标准设备的规格、性能、技术特征与使用条件，必须充分考虑需要性与可能性。

在选择设备时，一般先确定设备的类型，然后确定设备的规格，或进行生产能力校核计算，最后确定所需的台套数。

4.3.1 混合机的选择

由于高分子材料由多种组分组成，因此在成型前必须要将各种组分相互混合，制成合适的形态再进行成型加工，这一过程就称为配料，它是成型加工前比较重要的、不可缺少的准备工艺。根据成型加工对物料的要求，可通过初混合和分散混合两步完成。初混合，又称为非分散混合，是指对物料搅动、翻转、推拉使物料中各组分发生位置更换。分散混合，又称为混炼，是指向物料施加剪切力和挤压力使其中一种或多种组分的物理特性发生改变（包括颗粒直径减小，或溶于其他组分）而达到分散作用。

初混合是在聚合物熔融温度以下和较低的剪切应力作用下进行的一种简单混合。多数初混合过程仅仅在于增加各组分微小粒子之间的无规排列程度，而不减少粒子本身。有时也涉及添加剂的熔化和向高聚物粒子的扩散。如软质聚氯乙烯物料配制中的增塑过程及部分润滑剂的熔化等。

初混合的设备主要有：

转鼓式混合机，只能用于非润性物料；

螺带式混合机，兼用于非润性和润性物料；

捏合机，兼用于非润性和润性物料；

高速混合机，兼用于非润性和润性物料。

（1）捏合机

捏合机是常用的物料初混装置。适用于固态物料（非润性）和固液物料（润性）的混合。是对高黏度、弹塑性物料的捏合、混炼、硫化、聚合的理想设备。捏合机由马鞍形底的混合室和一对转子（有S形和Z形两种形式）组成，如图4-1所示。

混合时，物料借助于相向转动的一对转子沿着混合室的侧壁上翻，而后在混合室的中间下落，再次为转子所作用。这样，周而复始，物料得到重复折叠和撕捏作用，从而取得均匀的混合。捏合机的混合转速低，为 $18\sim30r \cdot min^{-1}$，混合时间较长，半小时至数小时不等。

捏合机除了通过夹套加热和冷却外，还可在转子中心开设通道，以便加热或冷却载体的流通，这样可使捏合时的物料温度控制得较为准确和及时。捏合机还可以在真空或惰性气体封闭下工作，以排除水分与挥发物及防止空气中的氧对混合的影响。Z型捏合机分普通型、压力型、真空型三大类，有电和蒸汽两种加热方式和水冷却可供选择。出料有液压翻缸倾倒式、球阀出料式及螺杆挤出式等方式。

捏合机属间歇式的设备，混合过程主要有三个步骤：投料、混合、卸料，此过程结束后，再重新投料、混合、卸料，周而复始。间歇式设备的生产能力是指单位时间的生产量，

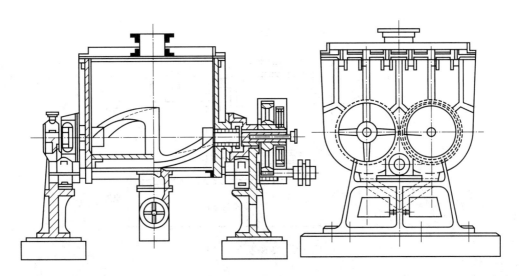

图 4-1　Z 型捏合机结构

由下式表示：

$$q = \frac{m}{t} \tag{4-1}$$

式中，q 为生产能力；m 为一次的加料量；t 为混合时间或混合周期，包括加料时间 t_1、封盖或加压时间 t_2、混合时间 t_3 和卸料时间 t_4，即 $t = t_1 + t_2 + t_3 + t_4$。

根据物料性质和生产能力，参考捏合机的技术参数（见表 4-2），可确定捏合机的型号。

表 4-2　Z 型捏合机主要技术参数

型号		NH-5	NH-10	NH-100	NH-300	NH-500	NH-1000	NH-1500	NH-2000
容量/L		5	10	100	300	500	1000	1500	2000
搅拌桨转速/(r·min⁻¹)		33、23	33、23	35、22	37、21	37、21	35、25	30、16	30、16
主电机功率/kW		0.75	1.1	3～7.5	11～30	15～37	22～90	22～90	30～110
加热方式	蒸气压力/MPa	0.3							
	电加热:功率/kW	1	1	4	9	16.2	27	32.4	40
真空度/MPa		－0.090(真空型捏合机)							
压力/MPa		0.45(压力型捏合机)				0.35(压力型捏合机)			
质量/kg		210	320	1250	1600	3000	4500	5800	6500
外形尺寸/mm		650×400 ×705	1170×480 ×1100	1645×775 ×1540	1800×800 ×1400	3000×1000 ×1500	3450×1300 ×1600	3600×1420 ×1809	3900×1600 ×2100

（2）高速混合机

高速混合机的结构如图 4-2 所示，主要由混合室、叶轮和折流板组成。混合室，圆筒形，由高温耐磨不锈钢制成，内壁光洁度高，可以避免挂料，混合室壁是夹层结构，内部可以通入导热油、蒸汽或冷却循环水；折流板，呈流线型，其高度可以上下调节，内部为空腔，其中装有测温热电偶，用来测量物料温度；高速转动叶轮，叶轮按需要不同可有 1～3 个，分别装置在同一轴上的不同高度上。

高速混合机适用于固态混合和固液混合，更适于配制粉料。高速混合机已经可以全自动操作，加料时不需要将盖子打开，树脂和量大的添加剂由管道按量送入混合机，其余添加剂由顶部加料口加入。高速混合机的叶轮转速很高，物料运动速度很快，快速运动的粒子间相

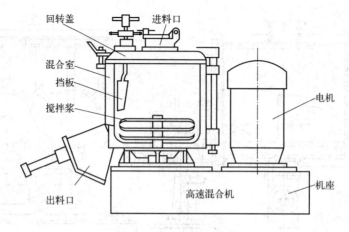

图 4-2 高速混合机结构

互碰撞、摩擦，使得团块破碎，物料温度相应升高，同时进行着交叉混合，所以混合效率较高。但不易除去挥发成分，摩擦热较多，混合温度不易控制，实际生产中常常以料温升至某特定值时，作为混合操作的终点。

高速混合的工艺操作要点如下。

① 加料量 在保证物料温度的前提下，合适的加料量有利于混合效率的提高。

例如：投入 PVC100 份、稳定剂 5 份、润滑剂 1 份、抗冲改性剂 8 份、填料 10 份的原料。

当物料体积/混合器容积＝50％时，摩擦热小，物料达到预定混合温度 120℃，需要 15min；

当物料容积/混合容积＞70％时，混合效果变差，升温速度不再明显；

物料容积/混合容积＝50％～70％时，物料达到预定混合温度（120℃），需要 15～20min。所以，加料量应控制在混合室容积的 50％～70％。

② 加料顺序 通常为：树脂→稳定剂（尽早发挥稳定作用）→皂类润滑剂（充分渗入树脂）→蜡类外润滑剂→填料。

高速混合机也属于间歇式的设备，生产能力的计算参见捏合机。

高速混合机的加料在混合室的上部，卸料在下部，上下两部分的关闭和开启方式有手动和气动两种方式。混合器夹套加热常在开车时，以后随着剪切作用增加，物料产生热量，因此，有时要进行冷却。为了节省能源，缩短冷却时间，提高混合效率，在高速混合后配一个冷混机，组成高速混合机组。高速混合机、冷混机和高速混合机组的主要技术参数见表4-3～表 4-5。

表 4-3 SHR 系列高速混合机主要技术参数

型号	容积/L	有效容积/L	电机功率/kW	主轴转速/(r·min⁻¹)	加热方式,加热功率/kW	卸料方式	外形尺寸/mm	质量/t
SHR-10A	10	7	2.2/3.2	750/1500	自摩擦	手动		
SHR-50A	50	35	7/11	750/1500	电加热,4	气动		
SHR-100A	100	75	14/22	525/1050	电加热,6	气动		<2.5
SHR-200A	200	150	30/42	490/980	电加热,6	气动	1750×1100×1880	
SHR-300A	300	225	40/55	480/964	电加热,9	气动	3060×1150×1880	

表 4-4 SHL 系列冷却混合机主要技术参数

型号	容积/L	有效容积/L	电机功率/kW	主轴转速/(r·min⁻¹)	加热方式,加热功率/kW	冷却方式	卸料方式	外形尺寸/mm	质量/t
SHL-200A	200	130	7.5	≤120	自摩擦			2200×950×116	
SHL-500A	500	320	11	≤130	自摩擦			3135×1310×1460	
SHL-800A	800	500	15	≤100	电加热,4	水冷	气动	3400×1600×1510	<2.5
SHL-1000A	1000	640	15	≤100	电加热,6			3600×1650×1650	
SHL-1600A	1600	1050	30	≤70	电加热,6			3380×2560×2000	

表 4-5 SRL-Z 系列高速混合机组技术参数

总容积/L	100/200	200/500	300/600	500/1250	800/1600
有效容积/L	65/130	150/320	225/380	330/750	600/1050
搅拌桨转速/(r·min⁻¹)	650/1300/200	475/950/130	475/950/100	430/860/70	370/740/50
加热冷却方式	电、自摩擦/水冷	电、自摩擦/水冷	电、自摩擦/水冷	电、自摩擦/水冷	电、自摩擦/水冷
加热功率/kW	6	6	9	9	12
电机功率/kW	14/22/7.5	30/42/11	40/55/11	47/67/15	60/90/22
卸料方式	气动	气动	气动	气动	气动
外形尺寸/mm	1950×1600×1800	4580×2240×2470	4800×2640×2480	5600×3000×3100	5170×3200×4480
质量/kg	2200	3400	3600	6500	9800

【例 4-1】 以例 3-3 为基础数据,选择冷混机。

解: 聚氯乙烯粉料的表观密度为 $0.45 \mathrm{g \cdot cm^{-3}}$,冷混机的年物料量为 2320t/a,年工作时间为 250d,每天工作 8h,混合周期 15min。

所以冷混机的每天混料量为:$2320 \div 250 = 9.28$ (t·d⁻¹)

$$9.28 \mathrm{t \cdot d^{-1}} \div 0.45 \mathrm{g \cdot cm^{-3}} \approx 20623 \ (\mathrm{dm^3}) ❶$$

每天最多可冷混批次 $8 \times 60/15 = 32$(批次),考虑到意外情况发生,每天混料批次为 28。

每批次最少混合 $20623 \div 28 \approx 723.6 (\mathrm{dm^3 \cdot B^{-1}})$

根据表 4-4 的有效容积,选择 SHL-800A 两台。

4.3.2 挤出机的选择

(1)挤出机选择的总原则

挤出机选择的原则是技术上先进、经济上合理、确保产品质量,以此要全面衡量机器的技术经济特性,并以下列因素为选择依据。

① 机器的生产效率 它包括挤出机的加工能力即挤出量、挤出速度和自动化程度。

② 挤出质量 以挤出机的内在质量和外在质量来考核。内在质量包括挤出物的物理和化学性质及其均匀性,外在质量为挤出物的几何形状、尺寸、外观和色泽等。挤出物的质量主要取决于挤出机的熔融性能、熔融作用过程、物料在机内的塑化、混合和分散的机能。挤出物质量的好坏与选择的机型、螺杆形式以及工艺配方、原料质量和加工工艺条件的控制有直接关系。

③ 能量消耗 一般以单位时间内单位产量所消耗的功率值来衡量 $(\mathrm{kW \cdot h^{-1} \cdot kg^{-1}})$,

---

❶ 采用进一法,即省略的位上,只要大于零都进一位。

主要由挤出机的驱动功率和加热功率构成。功率的消耗与螺杆直径的立方、黏度、计量段的长度以及转速的平方成正比，以高效、低耗挤出机为优选机型。

④ 机器的使用寿命　主要取决于螺杆、机筒和减速箱的磨损情况以及传动箱止推轴承的使用寿命。设计、选材和制造精良的挤出系统、传动减速系统和自控系统，虽然使机组投资增加，但机组使用寿命长，维修费用低，产品质量好。

⑤ 挤出机的通用性和专用性　要求加工范围广（适用不同聚合物、不同产品等），宜选用通用性强的挤出机，如多功能组合式（亦称积木式）双螺杆挤出机。如用户加工产品单一，宜选用专用挤出机。20世纪90年代有较大发展的高温、高混炼、高扭矩等具有特殊用途的挤出机也属专用挤出机之列。专用挤出机有可能使机器性能优异，产品质量提高，结构紧凑，自动化程度高，造价也较便宜。

挤出机的选择可按三步法进行：首先是挤出机类型的选择，其次是螺杆形式的选择，最后再根据用户生产规模和产品质量要求以确定挤出机的主要技术性能。

（2）挤出机类型的选择

挤出机按螺杆型式分为单螺杆挤出机、双螺杆挤出机、多螺杆和无螺杆挤出机。常用的为前两类机型。按用途又可分为配混造粒（如高性能塑料和塑料合金）和生产制品用挤出机。

单螺杆挤出机又有普通型、剖分型和排气式三种机型。

双螺杆挤出机可分为同向旋转、异向旋转（亦有向内或向外异向旋转之分）和双螺杆反应器三种形式。

还有单螺杆和双螺杆组合的T型机、单螺杆和双螺杆与齿轮泵组合的串联挤出机以及单螺杆与多螺杆组合的行星挤出机。

1）普通型单螺杆挤出机

普通型单螺杆挤出机，易操作、造价低，但它存在混合、分散和均化效果差，物料滞留时间长而分布宽，物料温差大（指同一断面处）和难以吃粉料等不足之处。因此，它只适用于一般性造粒和塑料制品的加工。

目前，欧美等国单螺杆挤出机应用的比例是：

平膜、片材	10%	异型材	20%
发泡材	30%～40%	吹膜	100%
电缆	100%	单丝	100%
配混（双级机）	10%		

2）剖分型单螺杆挤出机

该机型的特点是机筒沿轴线剖分，清机方便和省时，主要应用于热固性塑料（如粉末涂料、酚醛塑料等）的加工。特别是当突然停电或发生机器故障时，便于机内热固性塑料的清除。

3）排气式挤出机

排气式挤出机是具有排除气体能力的塑化挤出机。它的主要特点是机筒中部位置开有排气口，并设置抽真空系统。

排气式挤出机能排除固体料粒间带入机内的空气、料粒吸附的水分以及固体粉料或粒料内部含有的气体、残留单体、低沸点增塑剂和低分子挥发物等。它适用于塑料（树脂）、聚合物挤出造粒时需要排除各种气体、液体、挥发物的原料加工，如硬聚氯乙烯、ABS、尼龙、聚甲醛等。

排气式挤出机的生产率和运转特性取决于螺杆的构造、运转条件和物料特性。

4）同向双螺杆挤出机

双螺杆挤出机的特征是两根平行的组合式螺杆装在具有 8 字形孔的机筒内。如果两根螺杆旋转方向相同，则称为同向型双螺杆挤出机。按两根螺杆的啮合型式，则又分为啮合型和非啮合型两种，常用的为啮合型。

近年来，双螺杆挤出机的应用领域不断拓展，应用的数量不断增加，其原因在于高性能塑料、塑料合金的发展，特别是双螺杆挤出机的优越性日益被人们认识。

双螺杆挤出机的优越性如下。

① 生产能力（产量）大　根据理论计算，在相同的螺杆直径下，双螺杆挤出机产量能达到单螺杆挤出机的 4 倍（实测为 2～4 倍）。

② 能耗低　双螺杆挤出机的单位能耗仅为单螺杆挤出机的 1/3～1/2。

③ 产品质量好　由于双螺杆挤出机塑化、混炼性能好，在保证产品强度的条件下，原材料消耗下降 1/5～1/4。

尽管在相同螺杆直径下，双螺杆挤出机的初投资高于单螺杆挤出机 70%～300%，但按产量而言，则大不相同。因此，双螺杆挤出机的应用范围不断扩大，使用量逐年上升。

双螺杆挤出机在欧美国家应用的比例：

管材	100%	板材	90%
异型材	80%	平膜片材	90%
发泡材	60%～70%	造粒	100%

同向双螺杆挤出机的主要特点是高效能和多功能。

高效能集中于高混炼、高扭矩、低能耗，适用于工程塑料的共混改性、填充、增韧、增强。

多功能表现为螺杆的多种功能的组合，可调螺纹套组成不同功能的螺杆形式，以适应不同塑料、树脂的挤出造粒，特别是塑料合金和高性能树脂的加工。

双螺杆挤出机主要用于配混、改性、排气、蒸发、反应等工艺中。

排气式同向双螺杆挤出机，适用于湿粉（含水量 35% 以下的粉料）造粒，其特点是一次性加热脱水，干燥与物料塑化相结合进行。据粗略估算，用湿粉直接造粒比干粉造粒能耗降低一半左右。

5）异向双螺杆挤出机

异向双螺杆挤出机按螺杆旋转方向的不同，分为内推式和外推式两种。

异向双螺杆挤出机的显著特点是：它比同向双螺杆挤出机的物料输送能力强，在相同直径下，挤出量比同向挤出机一般高 1 倍左右。物料在机内的滞留时间比同向机短，并且剪切发热小，物料分散充分，温差也小，物料温度分布十分均匀。如用异向挤出机挤出管材时，在异向螺杆直径方向上的温差仅 2～3℃，而单螺杆则达 10℃，温差小有利于提高产品质量。因此，它最适宜加工热稳定温度低的聚氯乙烯，同时可减少稳定剂用量 50% 左右，这样不仅降低成本，而且有利于提高制品的物理性能，特别是提高冲击性能。

据资料介绍，物料在异向双螺杆挤出机中平均停留时间仅为单螺杆的 1/5 左右。因此，对加工热敏性塑料十分有利。欧美等国目前在加工聚氯乙烯制品时，一般都选用向外异向（亦称外推异向）双螺杆挤出机。

异向双螺杆挤出机主要用于硬聚氯乙烯（R-PVC）管材、波纹管、型材、板（片）材等的挤出成型和电料及中空吹瓶料的造粒。据称，用它生产的 R-PVC 制品的性能比用单螺杆挤出机的大大提高，其抗拉强度可提高 10%，弯曲强度提高 20%，无缺口冲击强度提高 65%，缺口冲击强度提高近 1 倍。

6）异径双螺杆挤出机

它有两种型式：一种为螺杆直径由小变大，则另一种是螺杆直径由大变小（简称锥型双螺杆）。

第一种是由直径较小和螺槽较浅的螺杆与另一直径较大和螺槽较深的螺杆组成，而两者的中心距相等。

这种机型适用于要求低剪切速率和低剪切力的塑料、共混改性时难以添加的物料，如低松密度的粉末（如炭黑或纤维），以及在限定的熔体温度下脱除聚合物中的挥发组分，而得到含有很低单体残余量的物料。

第二种锥型双螺杆挤出机的特点是：剪切发热少、料温低，适于加工热稳定性差的或热敏性塑料。利用它可直接用干粉料而不经造粒挤出管材、异形材等，具有成本低、产品质量好、劳动生产率高、工艺稳定、易操作等优点。

7）多螺杆挤出机

我国已开发出四螺杆反应混炼机。它综合了螺杆挤出机、缩聚反应器、混炼机、捏合机、密炼机、研磨机的特点。

本机型适用于改性塑料、塑料合金、色母料和填充母料等。

8）行星挤出机

它由单螺杆与多螺杆组合而成。行星挤出机具有独特的结构，其能耗低，熔融、混炼性能好，温度低且均匀。主要用于粉料造粒、挤出薄膜等。多段式行星挤出机用于工程塑料的配料效果很好。

9）带齿轮泵的挤出机

它有三种型式。

① 单螺杆＋齿轮泵；

② 同向双螺杆＋齿轮泵；

③ 同向双螺杆＋单螺杆＋齿轮泵。

齿轮泵是一个压力产生装置，具有挤出机的泵出/增压功能，可取代或部分取代挤出机的压缩段、计量段，使螺杆的长径比（L/D）降低。且有非常好的能量-容积效率，可达 95%。因而，对黏度高的物料可节省能耗 25%，低黏度的物料节能 15%。采用齿轮泵结构，能实现平稳无波动的定量挤出，使制品的均匀度达到或优于 ±1%，挤出量变化低于 0.2%，对提高产品质量有明显的效果。

同向双螺杆＋齿轮泵的机型，特别适用于大型装置的聚烯烃造粒。

单螺杆＋齿轮泵的机型适用于线型低密度聚乙烯（LLDPE）吹塑薄膜、多层片材、拉伸取向片材以及某些型材、电线、电缆的成型，以及聚氨酯弹性体和聚酯等比较难加工的物料，也可用于废塑料回收、热敏性塑料弹性体的共挤出加工。

10）两级挤出机（亦称双阶挤出机，简称 T 型机）

两级挤出机是由两台挤出机纵向或交叉串联而成。常用的类型是：双螺杆＋单螺杆，行星级杆＋双头单螺杆。

第一级的主要作用是对物料进行混合和预塑化，第二级是进一步塑化、均化和挤出。两级之间一般设有排气装置，其排气空间大，物料有足够的排气时间，故其排气效果好。

该机型的特点是：

① 双螺杆为组合式，易于螺杆、转速、操作温度与每一配方相适应，而混炼效果也好。

② 单螺杆中的物料受到的剪切力极小，故不存在热分解。

③ 两级之间的排气口进行真空排气，挥发物和水分脱除效果好。

两级挤出机适用于热敏性塑料的加工，如聚氯乙烯树脂的脱湿造粒，软、硬聚氯乙烯以及线型低密度聚乙烯制品生产。

11）双螺杆反应器

利用双螺杆挤出机作聚合物的聚合、缩聚反应器或者是带有化学反应的反应性混配的设备称为双螺杆反应器。为了增加混合效果，一般在双螺杆和机头之间装有静态混合器。静态混合器对增加物料的混合，减少径向温差都有显著的功效。

螺杆是反应器的关键部件，根据聚合、缩聚、反应性混配的不同要求，大致有三种螺杆：聚合型、缩聚型和混炼型。

一般双螺杆反应器都设排气机构，排除挥发物的含量高达 50%，使挥发物最终含量降至 0.2%。

该机型的特点是：具有强制输送作用，使物料停留时间短，摩擦热小，易控制，自清理作用良好，挤出稳定，混合作用特别好，物料经 10 个螺距之后，其混合次数高达 220。

这种反应器适用于聚甲醛、聚醚、聚硫胺、聚酯、聚氨酯和有机硅树脂等的生产。

12）特殊用途挤出机

① 氟聚合物、超高分子量树脂用挤出机，其结构应适应熔体黏度高，耐腐蚀性气体的要求。它用于生产软管、薄膜等。

② 高温挤出机，适用于在 370～540℃下加工工程塑料、高温树脂配料等。

③ 高扭矩挤出机、高混炼挤出机、实验室用小型或超小型实验挤出机等。

13）无螺杆挤出机

据专家预测，"无螺杆"挤出机在今后将占适当的位置，并将成为单、双螺杆挤出机的替代产品而与之竞争。

无螺杆挤出机是一种有效的机械能转化装置，其结构是在短的偏心口径的机筒内设立了一个平整的、粗厚的转子来产生压力和剪切作用。它没有螺杆和止推轴承，因此结构简单、紧凑，易于维修和保养。

因该机型的特殊结构，物料在机内的停留时间、受热时间都短，因而减少了物料的降解，同时节能效果也好，用它加工共聚丙烯比常规挤出机可节能 27%。

（3）螺杆直径（D）的选择

D 是螺杆挤出机的重要技术参数之一，是挤出机规格大小的表征。

螺杆直径的大小主要由产量和转数及其他几何参数选定。挤出机的挤出量（产量）与螺杆直径大致呈直线关系。用户依据自己的生产规模选定螺杆直径，可由螺杆直径与产量的关系式进行估算，或由挤出机的产品样本给定的产量与螺杆直径对应关系值确定螺杆直径。螺杆直径确定后，挤出机的型号就相应选出了。挤出机型号中的数字就是螺杆直径的公称尺寸。

单螺杆挤出机的挤出量，是按计量段的流体动力学理论来考虑的。它受机头压力的影响较

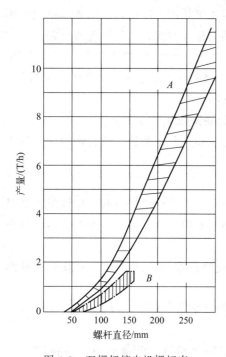

图 4-3　双螺杆挤出机螺杆直
径与产量的关系

A—同向双螺杆；B—异向双螺杆

大，而与黏度无关。常用的单螺杆挤出机产量与螺杆直径的经验关系式

$$G = \beta D^3 n \qquad (4\text{-}2)$$

式中　G——产量，$kg \cdot h^{-1}$；

　　　　D——螺杆直径，cm；

　　　　n——螺杆转速，$r \cdot min^{-1}$；

　　　　β——0.003～0.007，随物料、螺杆线速度的不同而选取不同的值。

双螺杆挤出机的产量与螺杆直径的关系计算式较繁琐，为便于用户选用，提出由统计而来的、粗略的螺杆直径与产量的关系图。见图4-3，供选用时参考。

应该指出，挤出机的挤出量与挤出物的性质紧密相关，相同的螺杆由于物料的不同、配方的差异、产品质量的要求，其产量也是大不相同。因此，挤出机的生产能力一般都是给出最小和最大的范围值。

挤出机台数的选择应视不同用途的机型、相应的螺杆直径范围来确定，选用单机、双机或多台机应与生产规模相适应。

用于混炼造粒的同向双螺杆配混挤出机应用范围：配方或试验螺杆直径 $D = 30 \sim 60mm$；

预塑混炼螺杆直径 $D = 100 \sim 400mm$；

造粒螺杆直径 $D = 90 \sim 600mm$。

用于成型加工的异向型双螺杆挤出机应用范围：

异型材，螺杆直径 $D = 60 \sim 90mm$；

大、中型管或板材，螺杆直径 $D = 90 \sim 300mm$。

（4）螺杆转速的选择

螺杆转速范围是挤出机的重要参数。它是使用中影响产量的唯一变量。螺杆转速直接影响机器的生产率、挤出物质量和性能、功率消耗以及机器结构和设备成本。使用中可用调节转速的方法调节产量，但是转速过高产品质量会降低，可用提高机头压力的方法来补救。对热敏性塑料或易分解的树脂，为防止剪切过热，应取较低转速。

挤出机有一定的转速范围，并无级调速。因此，选用的工作转速范围，不仅要在规定的转速范围之内，而且要经济合理。不同机型的转速应用范围：

单螺杆挤出机转速 $4 \sim 100 r \cdot min^{-1}$，工作转速选用 $60 r \cdot min^{-1}$ 较为理想；

同向双螺杆挤出机转速 $150 \sim 500 r \cdot min^{-1}$，以 $300 r \cdot min^{-1}$ 居多；

异向双螺杆挤出机转速一般小于 $45 r \cdot min^{-1}$；

反外向双螺杆配混挤出机最高转速可达 $100 \sim 390 r \cdot min^{-1}$。

从经济性、产品质量要求的观点出发，也可按产量与转速的比值关系，粗略估算出不同塑料、树脂加工时所需要的转速。

加工聚乙烯的单螺杆挤出机 $G/n = 1(kg \cdot h^{-1})/(r \cdot min^{-1})$；

加工聚氯乙烯的异向双螺杆挤出机 $G/n = 1.6 \sim 3(kg \cdot h^{-1})/(r \cdot min^{-1})$；

加工聚丙烯、聚苯乙烯同向双螺杆挤出机 $G/n=1\sim1.5(\text{kg}\cdot\text{h}^{-1})/(\text{r}\cdot\text{min}^{-1})$。

（5）螺杆长径比（L/D）的选择

螺杆长径比是螺杆挤出机规格的标志（见表 4-6）。L/D 与挤出物的质量有直接关系。L/D 大，聚合物在机内停留时间长，物料塑化、混合、均化更充分完善，从而提高了产品质量。但 L/D 过大，使功率消耗增加，螺杆、机筒制造困难，造价也高。从高性能树脂、塑料合金发展趋势看，L/D 有逐渐增大的势头。随着新型螺杆的不断涌现，从设计选用合理性讲，在没有必要用大长径比时，应尽量选用较小的长径比，随意选用大长径比机型显然是不科学的，经济上也不合理。对热敏性塑料就适宜选用较小的长径比。

目前不同机型的长径比大致范围是：

单螺杆挤出机 $L/D=20\sim33$；

排气式挤出机 $L/D=25\sim45$（1～3 个排气口）；

普通双螺杆挤出机 $L/D=16\sim22$；

配混造粒双螺杆挤出机 $L/D=9\sim42$。

应该指出，双螺杆挤出机的 $L/D=10$ 左右，即可达到单螺杆 $L/D=20$ 左右的混炼、塑化效果。

表 4-6 不同塑料品种对长径比的要求

塑料名称	L/D	塑料名称	L/D
UPVC	16～22	ABS	20～24
RPVC	12～18	PS	16～22
PE	22～25	PA	16～22
PP	22～25	POM	15～25

（6）压缩比（ε）

螺杆压缩比为螺杆加料段第一个螺槽容积和计量段最后一个螺槽容积之比。不同塑料对应不同的压缩比。它是确保产品质量的重要参数。如螺杆槽深不变，则压缩比是依靠螺纹头数（m）和导程（T）的改变实现的。

难加工的塑料，为增加压实程度和剪切作用，一般选用大压缩比 $\varepsilon=3.5\sim4$；

难熔的物料，一般选用 $\varepsilon\leqslant1.8$；

粉料，一般选用 $\varepsilon=4\sim5$；

粒料，一般选用 $\varepsilon=2.5\sim3$。

常用塑料的几何压缩比见表 4-7。

表 4-7 常用塑料的几何压缩比

塑料名称	压缩比 ε	塑料名称	压缩比 ε
硬聚氯乙烯（粒料）	2.5(2～3)	聚甲基丙烯酸甲酯	3
硬聚氯乙烯（粉料）	3～4(2～5)	聚酯	3.5～3.9
软聚氯乙烯（粒料）	3.2～3.5(3～4)	聚丙烯	3.7～5(2.5～5)
软聚氯乙烯（粉料）	3～5	ABS	1.8(1.6～2.5)
聚乙烯	3～4	聚酰胺(PA6/66)	3.5/3.9
聚苯乙烯	2～2.5(2～4)	聚酰胺(PA11)	2.8(2.6～4.9)
纤维素塑料	1.7～2	聚酰胺(PA1010)	3

（7）机头压力（P）的选择

机头压力大小，影响挤出物的产量和质量。它是挤出机挤出过程中的重要参数，对挤出工艺和机器设计、选型有直接关系。因此，不同塑料制品对应不同的机头压力（亦称口模熔体压力）范围，如：

挤出单丝，机头压力 7～21MPa；

挤出片材，机头压力 3.5～10.5MPa；

电线复层，机头压力 10.5～56.2MPa；

挤出管材，机头压力 3.5～10.5MPa；

挤压薄膜，机头压力 3.5～10.5MPa；

吹塑薄膜，机头压力 14.1～42.2MPa；

工程塑料、塑料合金、配混塑料的机头压力 35MPa 左右。

总之，挤出机的选择要依据生产规模选择挤出机的台数和型号，依据挤出物料的性质选择挤出机的类型、螺杆形式和主要技术参数。选择的挤出机类型、型号和规格，应符合挤出机产品样本等技术资料的规定。否则，按专用或特用机型处理。挤出机主要技术参数见表 4-8～表 4-10。

表 4-8　单螺杆挤出机基本参数（挤出聚烯烃为主）（ZBG 95009.1 摘录）

螺杆直径/mm	长径比 L/D	螺杆最高转速/(r·min⁻¹)	生产能力/(kg·h⁻¹)	电动机功率/kW	比功率/[(kW)/(r·min⁻¹)]	比流量/[(kg·h⁻¹)/(r·min⁻¹)]	机筒加热段数	机筒加热功率/kW
20	20	120	3.2	1.1	0.34	0.27	3	≤3
	25	160	4.4	1.5	0.34	0.28	3	≤4
	30	210	6.5	2.2	0.34	0.03	3	≤5
30	20～25	160	16	5.5	0.34	0.1	3	≤5
	28～30	200	22	7.5	0.34	0.11	4	≤6
45	20～25	130	38	13	0.34	0.29	3	≤8
	28～30	155	50	17	0.34	0.32	4	≤10
65	20～25	120	90	30	0.33	0.75	4	≤14
	28～30	145	117	40	0.34	0.81	4	≤18
90	20～25	100	150	50	0.33	1.5	4	≤25
	28～30	120	200	60	0.3	1.67	5	≤30
120	20～25	90	250	75	0.3	2.78	5	≤40
	28～30	100	320	100	0.31	3.2	6	≤50
150	20～25	65	400	125	0.31	6.1	6	≤65
	28～30	75	500	160	0.32	6.6	7	≤80
200	20～25	50	600	200	0.33	12	7	≤120
	28～30	60	780	250	0.32	13	8	≤140

表 4-9　单螺杆挤出机基本参数（挤出聚氯乙烯为主）（ZBG 95009.1 摘录）

螺杆直径/mm	长径比 L/D	螺杆最高转速/(r·min⁻¹)		生产能力/(kg·h⁻¹)		电动机功率/kW	比功率/[(kW)/(r·min⁻¹)]		比流量/[(kg·h⁻¹)/(r·min⁻¹)]		机筒加热段数	机筒加热功率/kW
		UPVC	RPVC	UPVC	RPVC	/kW	UPVC	RPVC	UPVC	RPVC		
20	20	20～60	20～120	0.8～2	1～2	0.8	0.4	0.27	0.04	0.03	3	≤3
	25											≤4
30	20	17～50	17～102	2～5	3～8	2.2	0.44	0.28	0.11	0.09	3～4	≤4
	25											≤5
45	20	15～45	15～90	5～15	9～22	5.5	0.37	0.25	0.4	0.3	3～4	≤6
	25											≤8
65	20	12～39	12～78	15～37	22～55	15	0.4	0.27	1.15	0.85	4～5	≤12
	25											≤16

续表

螺杆直径 /mm	长径比 L/D	螺杆最高转速 /(r·min^{-1})		生产能力 /(kg·h^{-1})		电动机功率 /kW	比功率/[(kW) /(r·min^{-1})]		比流量/[(kg·h^{-1}) /(r·min^{-1})]		机筒加热段数	机筒加热功率 /kW
		UPVC	RPVC	UPVC	RPVC		UPVC	RPVC	UPVC	RPVC		
90	20	11~33	11~66	32~64	40~100	24	0.38	0.25	2.9	1.8	4~5	≤24
	25											≤30
120	20	9~27	9~54	65~130	84~190	55	0.42	0.29	7.2	4.7	5~6	≤40
	25											≤45
150	20	7~21	7~42	90~180	120~280	75	0.42	0.27	12.8	8.6	6~7	≤60
	25											≤72
200	20	5~15	5~30	140~280	180~430	100	0.36	0.24	28	18	7~8	≤100
	25											≤125

表 4-10　我国典型同向双螺杆配混挤出机主要技术参数

机　型	SHJ-30	SHJ-60B	SHJ-68A	SHJ-72
螺杆直径 D/mm	30	60	68	72
螺杆长径比 L/D	23	24~28	26~32	28~36
螺杆转速 n/(r·min^{-1})	30~300	20~300	30~300	26~260
生产能力 G/(kg·h^{-1})	8~25	80~250	100~350	150~400
主电机功率/kW	5~15	30~40	30~80	55~100
加热功率/kW	5~7.5	12~15	18~24	18~55
加热段数	3	5	5	7

应该指出，挤出机机组通常由主机、机头、辅机及其相应的控制系统组成，而各个组成部分又是互相联系互相制约的。因此，挤出机组的配套选用，除上述介绍的主机部分外，还应注意辅机和自控部分的合理性及适应性的选择。

【例 4-2】 以例 3-3 为基础数据，选择挤出造粒机。

解：根据物料衡算得知，挤出造粒量为 2312.9t/a，年工作时间为 250 天，每天连续工作 8h，机器启动预热时间 30min。

所以，每天实际生产时间为：7.5h

挤出机的每天生产量为：2312.9t×1000÷(250×7.5h)≈1234(kg·h^{-1})

从表 4-10 的生产能力看，SHJ-30，1234÷16.5≈74.79，75 台

SHJ-60B，1234÷165≈7.48，8 台

SH-68A，1234÷225≈5.48，6 台

SHJ-72，1234÷275≈4.49，5 台

由于 SH-68A 和 SHJ-72 的售价相差不大于 30%，所以选择 SHJ-72 五台。

4.3.3　上料机

上料机常常与注塑机、混合机和包装机秤等配套使用，用于将物料提高到一定高度。根据工作原理有螺旋上料机和气动上料机之分。

（1）螺旋上料机

螺旋上料机可输送破碎料、塑料颗粒料、粉料和粉粒混合料。具有加料自动化、安装方便、操作维护方便、可移动、可免去人工加料的麻烦、安全可靠等特点。螺旋上料机的高度可根据用户要求加工。与真空上料机相比，可免去经常清理滤清器的烦恼。

螺旋上料机一般由料仓、上料管、动力部分、控制部分构成。动力部分一般由上料电

机、振动电机构成。振动电机的作用是通过振动料仓，使物料容易进入输送管，同时可以有效地避免物料搭架现象。

输送量可由下式进行估算

$$Q = nM \qquad (4-3)$$

式中　Q——运输量；

　　　n——螺旋转数，rpm（1rpm＝0.105rad/s）；

　　　M——运输单量。

根据推送装置的不同，又分为弹簧上料机和螺杆上料机（如图 4-4 所示），其主要技术参数见表 4-11 和表 4-12。

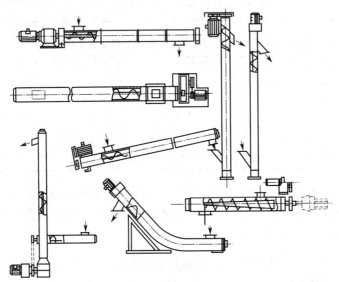

图 4-4　螺旋上料机种类

表 4-11　弹簧上料机的主要技术参数

项　　目	TL-100A	TL-300A	TL-700A
输送能力/(kg·h⁻¹)	80～200	250～450	500～1000
料斗容量/kg	100	120	150
弹簧直径/mm	30	36	59
送料管及弹簧长度/m	3	3～5	3～5
料箱容量/kg	120	150	200
电机功率/kW	1.1	1.1	2.2
外形尺寸/mm	Φ650×980 850×620×740	Φ650×1162 905×665×840	Φ820×1550 950×950×960
质量/kg	120	150	250

表 4-12　螺杆上料机的主要技术参数

项　　目	LG-600A	LG-1000A	LG-2000A	LG-3000A
输送能力/(kg·h⁻¹)	500～850	800～1500	1800～2500	2800～3500
送料管直径/mm	76	102	120	140
工作角度 α/(°)	30	30	30	30
最大输送长度/m	2	2.4	3	6
上料电机功率/kW	0.75	1.1	1.5	1.5

续表

项 目	LG-600A	LG-1000A	LG-2000A	LG-3000A
推料电机功率/kW	0.55	0.75	1.1	1.75
料箱容量/kg	80	150	200	250
料箱尺寸($L \times W \times H$)/mm	650×650×800	1000×750×800	1200×800×800	1600×800×800
机器质量/kg	80	150	200	300

【例 4-3】 以例 3-3 为基础数据，选择挤出造粒机的上料机。

解：根据物料衡算得知，挤出造粒机的上料机的物料量为 2315.3t/a，年工作时间为 250d，每天连续工作 8h，挤混机的工作时间为 7.5h。

所以实际输送速度为：2315.3t×1000÷(250×7.5h)≈1234.9(kg·h^{-1})

由于选择 5 台 SHJ-72 型挤混机，每台挤混机的所需的输送量为

$$1234.9÷5≈247(kg·h^{-1})$$

考虑到输送效率 85%：输送能力最小应为 247kg·h^{-1}÷0.85≈290.6kg·h^{-1}

所以选择弹簧上料机 TL-300A，5 台。

（2）真空上料机

真空上料机在真空下形成一股气流，在这种气流作用下被输送的散装物料瞬间通过吸料的软管或管子被输送到另一个容器中。这种上料方式可以杜绝粉尘污染环境，改善工作环境，同时减少环境及人员对物料的污染，提高洁净度；由于是管道输送，占用空间小，能够完成狭小空间的粉料输送，使工作空间美观大方；特别是不受长短距离限制。同时，真空上料机能够降低人工劳动强度，提高工作效率，是绝大部分粉体物料输送方式的首选。

真空上料机由真空泵（无油、无水）、覆膜滤袋过滤器、压缩空气反吹装置、气动放料阀装置、真空料斗和不锈钢可调吸料枪、输送软管等部件组成，如图 4-5 和图 4-6 所示。其主要技术参数见表 4-13。

真空上料机的输送能力与输送距离有很大的关系。以 ZJ600 为例，距离 5m 时输送能力为 600kg·h^{-1}，5～10m 时为 450kg·h^{-1}，10～15m 时为 360kg·h^{-1}。所以选择时要考虑到物料的输送距离。生产企业若没有介绍输送距离，可认为是 5m 的输送能力。

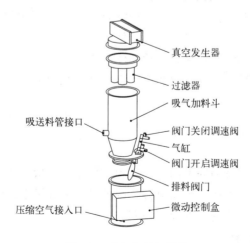

图 4-5 真空上料机结构

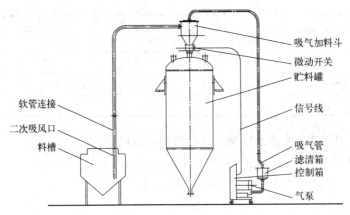

图 4-6　上料机工艺安装

表 4-13　真空上料机的主要技术参数

型号		ZJ100	ZJ200	ZJ400	ZJ600	ZJ1000	ZJ1500
最大静压/Pa		9800	9800	13000	14000	16000	22000
最大风量/($m^3 \cdot min^{-1}$)		2	2	2.8	3.4	4.5	6
电动机	功率/kW	1.1	1.1	1.5	2.2	5.5	7.5
	转速/($r \cdot min^{-1}$)	2800					
输送能力/($kg \cdot h^{-1}$)	5m	100	200	400	600	1000	1500
	10m	—	150	300	450	700	1000
	15m	—	—	—	360	500	700
吸气加料斗容量/L		5/10	10/10	15/10	20/15	25	30
送料管内径/mm		40	40	40	50	50	50
吸气管内径/mm		50/40	50/40	50/40	60/50	60	60
外形尺寸/mm		340×340×590	450×370×660	500×400×720	550×420×750	1350×420×1250	1450×610×1350
质量/kg		60	75	90	100	130	180

【例 4-4】 以例 3-3 为基础数据，选择包装贮罐的上料机。

解： 根据物料衡算得知，包装贮罐的贮料量为 2003t/a，年工作时间为 250d，每天连续工作 8h，每天清机时间约 15min。

所以每天包装贮罐的实际贮料量为：2003t×1000÷250＝8012kg·d^{-1}

如果选择一个包装贮罐，则每小时的输送物料量为 8012kg·d^{-1}÷7.75≈1034kg·h^{-1}

所以选择 ZJ1500 真空上料机。

4.3.4　贮罐的设计

在工业生产中，按使用目的的不同，贮存容器可分为计量、回流、中间周转、缓冲、混合等工艺容器。用于气体、液体的容积设备，国内已经形成了系列标准，设计中可根据生产工艺需要进行选择。设计贮罐的一般程序如下。

（1）汇集工艺设计数据

包括物料衡算和热量衡算，贮存物料的温度、压力，最大使用压力、最高使用温度、最低使用温度，腐蚀性、毒性、蒸气压、进出量、贮罐的工艺方案等。具体如下。

① 设计压力和设计温度，由工艺提出。

② 公称容积，通常根据贮存物料的流量及贮存时间，再考虑安全系数（通常为 20%）算得。

③ 公称直径，参照常规贮罐的高径比，或查阅化工容器设计手册。

④ 腐蚀余量，根据贮罐的介质决定。

⑤ 设计载荷，根据安装地点，设计时应考虑风载荷、雪载荷、罐顶附加载荷及抗震烈度等。

⑥ 材质选择，对有腐蚀性的物料可选用不锈钢等金属材料，在温度压力允许时可用非金属贮罐、搪瓷容器或钢制压力容器衬胶、搪瓷、衬聚四氟乙烯等。

⑦ 贮罐台数。

⑧ 贮罐型式选择，根据介质物性、工艺条件及容积确定。我国已有许多化工贮罐实现了系列化和标准化。在贮罐型式选用时，应尽量选择已经标准化的产品。贮罐的型式很多，通常有如下几种。

立式贮罐中的平底平盖系列、平底锥顶系列、球形封头系列、椭圆形封头系列、90°无折边锥形平盖系列和 90°折边锥形底椭圆形顶盖系列。适用于常压，贮存非易燃易爆、非剧毒的液体，技术参数为容积（m^3），公称直径（mm）×筒体高度（mm）。

卧式无折边球形封头系列贮罐。适用于压力小于 70kPa，贮存非易燃易爆、非剧毒的液体；卧式有折边椭圆形封头系列贮罐。适用压力为 240～4000kPa，贮存化工液体。

立式圆形固定顶贮罐系列。适用压力为 $-0.5～2kPa$，温度为 $-19～150℃$，贮存石油及化工产品，公称容积 $100～30000m^3$，公称直径 5200～44000mm。

立式圆筒形内浮顶罐系列。适用于常压，温度为 $-19～80℃$，贮存易挥发的石油及化工产品，公称容积 $100～30000m^3$，公称直径 4500～44000mm。

球形贮罐系列。适用压力 4000kPa 以下，贮存石油化工气体、石化产品、化工原料、公用气体等，公称容积 $50～10000m^3$。

（2）容积计算

容积计算是贮罐工艺设计和尺寸设计的核心，它随容器的用途而异。容积计算的依据为物料流量（m^3/h）和贮存时间。影响贮存时间的主要因素有原料的来源、运输方法和贮罐使用的场合。原材料贮罐、产品贮罐、中间贮罐、计量罐、回流罐、缓冲罐、包装罐等，根据生产工艺要求，各种贮罐的容积相差很大。

① 原材料贮罐，全厂性的贮罐建议至少有 1～3 个月的耗用量贮存；车间的贮罐一般考虑至少半个月的用量贮存。

② 成品贮罐，按工厂短期停车仍能保证满足市场需求来确定存贮量；液体产品贮罐常按至少贮存一周的产品产量设计。液体贮罐的装载系数一般取 0.8。

③ 中间贮罐，其使用场合包括原材料、产品、中间产品的主要贮罐，当它们距离工艺设施较远，或者原材料或中间体间歇供应时，起调节作用，这一类贮罐考虑一昼夜的产量或发生量的贮存。对连续过程视情况贮存几小时至几天的用量。对间歇生产过程，至少应考虑存贮一个班的生产用量。

④ 计量罐，一般用于间歇生产，容积根据每批物料量及存放时间而定。一般考虑最少为 10～15min，多则 2h 或 4h 用量。计量罐的装料系数一般取 0.6～0.7，刻度的使用度常为满量程的 80%～85%。

⑤ 回流罐，一般考虑 5～10min 的液体保存量，作冷凝器液封之用。

⑥ 缓冲罐，目的是使气体有一定数量的积累，保持压力比较稳定，从而保证工艺流程中流量稳定。其容量通常是下游设备 5～10min 的用量，有时也可以超过 15min 的用量，以备在紧急时有充裕的时间处理故障，调节流程或关停机器。

⑦ 汽化罐，汽化罐的汽化空间通常是总容积的一半。汽化空间的体积可根据物料汽化速度来估计，一般希望汽化空间足够下游岗位 3min 以上的使用量，至少在 2min 左右。

⑧ 闪蒸罐，液体在闪蒸罐的停留时间应考虑使液体在罐内有充分的时间接近气液平衡状态，应视工艺要求选择液体在罐内的停留时间。

⑨ 混合、拼料罐和混拼罐的大小，根据工艺条件而定，考虑若干批的产量，装料系数约 70%。

⑩ 包装贮罐，包装贮罐可视同于中间贮罐。要根据工艺条件和要求，贮存条件等决定其有效容积。不同场合，装料系数不一样，一般为 0.6～0.8。

（3）确定贮罐基本尺寸

① 定型设备，根据计算的容积，考虑物料密度、卧式或立式的基本要求、安装场地的大小，初步确定贮罐的直径、长度。在有关手册中查出与之符合或基本相符的标准型号，及相关尺寸。

国家有各类容器的系列标准，这些标准有通用设计图，可向有关单位购买标准图，既省时又可以充分保证设计质量，这些标准包括以下内容。

《〈压力容器〉标准释义》（GB 150.1～150.4—2011）

《平底可拆平盖贮罐系列》（HG/T 3146—1985）

《平底锥顶贮罐系列》（HG/T 3148—1985）

《90°无折边 锥形底平顶贮罐系列》（HG/T 3149—1985）

《90°折边锥形底椭圆形封头（悬挂式支座）贮罐系列》（HG/T 3150—1985）

《90°折边锥形底椭圆形封头（支腿）贮罐系列》（HG/T 3151—1985）

《立式椭圆形封头（悬挂式支座）贮罐系列》（HG/T 3152—1985）

《立式椭圆形封头（支腿、裙座）贮罐系列》（HG/T 3153—1985）

《卧式椭圆形封头贮罐系列》（HG/T 3154—1985）

《压力容器封头》（GB/T 25198—2023）

《钢制对焊管件类型与参数》（GB/T 12459—2017）

② 非标准设备，根据计算的容积，还要考虑装料系数和高径比。

装料系数 Φ，是防止物料溢出的安全系数，所以 Φ 与物料物性和操作情况有关。

贮罐、计量罐 Φ 取 0.8～0.9；

搅拌反应器取 0.7～0.85；

沸腾操作或易发泡的反应设备取 0.4～0.6；

高径比，一般取 1～2。

选择标准型号各类容器有通用设计图系列。根据装料系数和高径比，计算它的直径、长度和容积。

（4）确定管口尺寸及方位

贮罐的管口主要有：进料、出料、温度、压力（真空）、放空、料位计、排放、人孔、手孔、吊装等，并留有一定数目的备用孔。根据贮罐的大小及进出流量决定各管口尺寸与数量。管口方位的安装应有利于工艺管道布置，不影响工人操作。参见图 7-1 设备管口方位图。

（5）确定容器的支撑方式

（6）绘制设备草图（条件图）

标注尺寸。对非标准设备，向设备设计人员提出设计条件。对定型设备，则需要将工艺要求的管口方位图与标准的管口方位图进行对照，如果不符，应按照工艺要求的管口方位图向生产企业提出订货要求。设备条件图参见图 7-1 和表 7-7。

【例 4-5】 以例 3-3 为基础数据，设计混合料罐。

解：根据物料衡算得知，混合料罐的贮料量为 2315.3t/a，年工作时间为 250d，每天连续工作 8h，PVC 颗粒堆积密度 $0.5g \cdot cm^{-3} = 500kg \cdot m^{-3}$，包装贮罐的装料系数一般为 $0.6 \sim 0.8$，取 0.7，挤混机 5 台。

每天贮料量为：$2315.3t \times 1000 \div 250 \approx 9262(kg \cdot d^{-1})$

每天每台挤混机的物料量为：$9262kg \div 5 \approx 1853(kg)$

为了贮存和运送方便，混合工段至挤混工段之间用料车输送物料，所以混合料罐选择可移动式贮料车。由于混料机 2 台，挤混机 5 台，每台挤混机需备料贮料车 2 辆，故最少需要贮料车为 $2+5+5=12$ 辆，另用于周转 4 辆。

每辆贮料车载料量为 $1853kg \div 12 \approx 155(kg)$

贮料车的容积为 $155kg \div 500kg \cdot m^{-3} = 0.31(m^3)$

考虑到装料系数，则贮料车的容积应为 $0.31m^3 \div 0.7 \approx 0.45(m^3)$

为了排料方便和摆放整齐，贮料车拟设计为下部为方锥形，上部为方柱形，侧面设有推把手，顶部有可折叠盖板。贮料车总高度不超过冷混机出料口的高度，设计为 1100mm，为了与上料机连接方便，出料口高度设计为 400mm，出口对角线尺寸为 100mm，则出料各边尺寸为 $a = 100 \times \sqrt{\dfrac{1}{2}} \approx 70(mm)$，方锥台高度为 200mm。

方筒体高度 $= 1100 - 400 - 200 = 500mm = 0.5(m)$

方筒体边长 $= \sqrt{\dfrac{0.45}{0.5}} \approx 0.95(m)$

方锥台体积 $= \dfrac{200}{3}(70^2 + 950^2 + 70 \times 950) \times 10^{-9} \approx 0.065(m^3)$

实际的贮料车的容积为 $0.065 + 0.95^2 \times 0.5 = 0.516m^3$，大于贮料车的计算值。

贮料车总数量为 $12 + 4 = 16(辆)$。

绘制贮料车条件图（见图 4-7），或设备装配图（见图 4-8）。

【例 4-6】 以例 3-3 为基础数据，设计包装料罐。

解：根据物料衡算得知，包装贮罐的贮料量为 2003t/a，年工作时间为 250d，每天连续工作 8h，上料 8 次，PVC 颗粒堆积密度 $0.5g \cdot cm^{-3} = 500kg \cdot m^{-3}$，包装贮罐的装料系数一般为 $0.6 \sim 0.8$，取 0.7。

每天贮料量为：$2003t \times 1000 \div 250 = 8012(kg \cdot d^{-1})$

$$8012kg \cdot d^{-1} \div 500kg \cdot m^{-3} \approx 16.1(m^3 \cdot d^{-1})$$

$$16.1m^3 \cdot d^{-1} \div 8B = 2.01(m^3 \cdot d^{-1} \cdot B^{-1})$$

$$2.01m^3 \cdot d^{-1} \div 0.7 = 2.87(m^3 \cdot d^{-1} \cdot B^{-1})$$

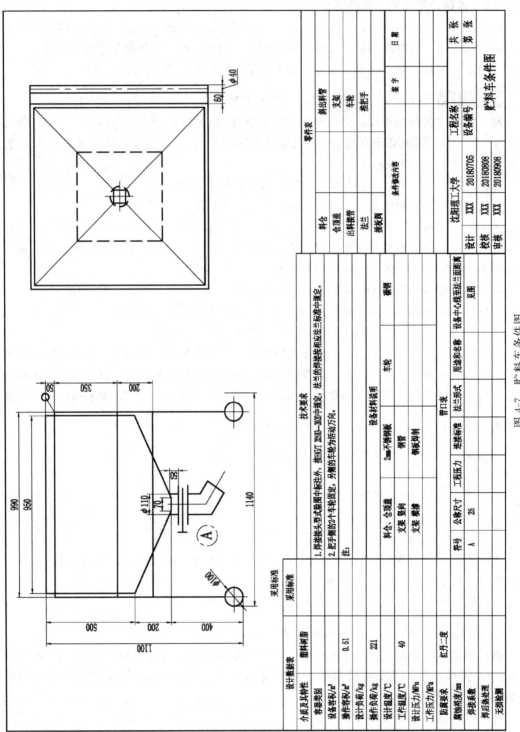

图 4-7　贮料车条件图

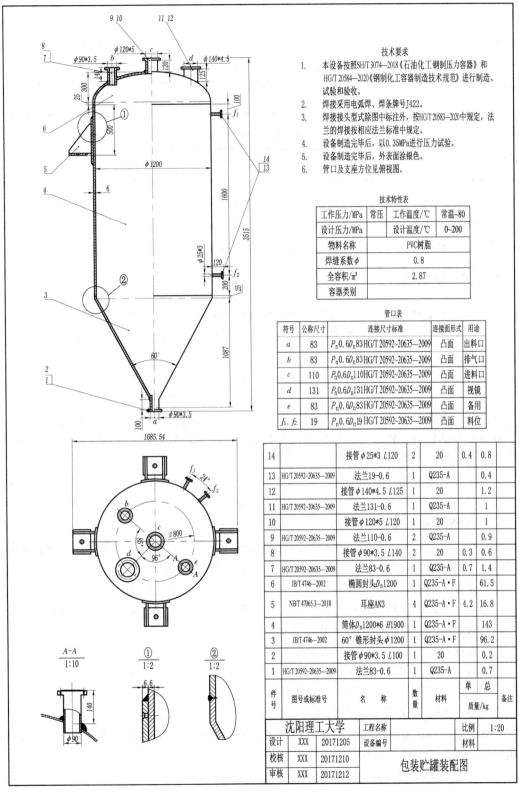

技术要求

1. 本设备按照SH/T 3074—2018《石油化工钢制压力容器》和 HG/T 20584—2020《钢制化工容器制造技术规范》进行制造、试验和验收。
2. 焊接采用电弧焊、焊条牌号J422。
3. 焊接接头型式除图中标注外，按HG/T 20583—2020中规定，法兰的焊接按相应法兰标准中规定。
4. 设备制造完毕后，以0.35MPa进行压力试验。
5. 设备制造完毕后，外表面涂银色。
6. 管口及支座方位见俯视图。

技术特性表

工作压力/MPa	常压	工作温度/℃	常温~80
设计压力/MPa		设计温度/℃	0~200
物料名称		PVC树脂	
焊缝系数 ϕ		0.8	
全容积/m³		2.87	
容器类别			

管口表

符号	公称尺寸	连接尺寸标准	连接面形式	用途
a	83	$P_n0.6D_n83$ HG/T 20592~20635—2009	凸面	出料口
b	83	$P_n0.6D_n83$ HG/T 20592~20635—2009	凸面	排气口
c	110	$P_n0.6D_n110$ HG/T 20592~20635—2009	凸面	进料口
d	131	$P_n0.6D_n131$ HG/T 20592~20635—2009	凸面	视镜
e	83	$P_n0.6D_n83$ HG/T 20592~20635—2009	凸面	备用
f_1、f_2	19	$P_n0.6D_n19$ HG/T 20592~20635—2009	凸面	料位

件号	图号或标准号	名 称	数量	材料	单/质量/kg	总/质量/kg	备注
14		接管$\phi25*3$ L120	2	20	0.4	0.8	
13	HG/T 20592~20635—2009	法兰19-0.6	1	Q235-A		0.4	
12		接管$\phi140*4.5$ L125	1	20		1.2	
11	HG/T 20592~20635—2009	法兰131-0.6	1	Q235-A		1	
10		接管$\phi120*5$ L120	1	20		1	
9	HG/T 20592~20635—2009	法兰110-0.6	2	Q235-A		0.9	
8		接管$\phi90*3.5$ L140	2	20	0.3	0.6	
7	HG/T 20592~20635—2009	法兰83-0.6	1	Q235-A	0.7	1.4	
6	JB/T 4746—2002	椭圆封头D_n1200	1	Q235-A・F		61.5	
5	NB/T 47065.3—2018	耳座AN3	4	Q235-A・F	4.2	16.8	
4		筒体$D_n1200*6$ H1900	1	Q235-A・F		143	
3	JB/T 4746—2002	60°锥形封头$\phi1200$	1	Q235-A・F		96.2	
2		接管$\phi90*3.5$ L100	1	20		0.2	
1	HG/T 20592~20635—2009	法兰83-0.6	1	Q235-A		0.7	

沈阳理工大学

设计	XXX	20171205	工程名称		比例	1:20
校核	XXX	20171210	设备编号		材料	
审核	XXX	20171212	**包装贮罐装配图**			

比例 1:20

图 4-8 包装料罐装配图

包装贮存料罐应为封闭式容器，为了避免物料的残留，所以底部设计为锥形，顶部为椭圆形。

查找 JB 4739—1995 60°锥形封头和 JB 4737—1995 椭圆形封头，得尺寸见表 4-14 和表 4-15。

表 4-14　60°锥形封头尺寸

公称直径 D_n/mm	锥体高度 H/mm	圆弧半径 r/mm	直边高度 h/mm	容积 V/m³	内表面积 A/m²	质量 m/kg
1200	1087	180	25	0.4737	2.5278	96.52

表 4-15　立式椭圆封头尺寸

公称直径 D_n/mm	曲面高度 h_1/mm	直边高度 h_2/mm	内表面积 A/m²	容积 V/m³	质量 m/kg
1200	300	25	1.65	0.255	61.5

贮罐筒体容积 $= 2.87 - 0.4737 - 0.255 = 2.1413$（m³）

贮罐筒体高度 $= 2.1413 \div (0.6^2 \times 3.14) \approx 1.90$（m）

绘制设备条件图（参见图 4-7），或包装料罐装配图（图 4-8）。

4.3.5　泵的选择

泵一般属于定型设备，在工艺设计中按物料性质和操作要求选择。所谓合理选泵，就是要综合考虑泵的投资和运行效率等综合性的技术经济指标，使之符合经济、安全、适用的原则。具体来说是：

必须满足使用流量和扬程的要求，即要求泵的运行工况点（管道特性曲线与泵的性能曲线的交点）经常保持在高效区间运行，这样既省动力又不易损坏机件；

所选择的水泵既要体积小、重量轻、价格低，又要具有良好的特性和较高的效率；

具有良好的抗汽蚀性能，这样既能减小泵安装时的开挖深度，又不使水泵发生汽蚀，运行平稳、寿命长；

工程投资要少，运行效率高。

选择步骤如下。

（1）收集基础数据

介质物性：介质名称、输送条件下的物理性质（如黏度、蒸气压、腐蚀性、毒性及易燃易爆等）；介质中所含固体颗粒直径和含量；介质中气体的含量。

操作条件：温度、压力、操作温度下的饱和蒸气压、间歇或连续操作等。

泵所在位置情况：环境温度，海拔高度，装置平立面要求，送液高度，送液路程，进口和排出侧设备液面至泵中心距离及管线当量长度等。

管道系统数据：管径、长度、管道附件种类及数目。

装置特性曲线：需要时收集或测试。

在设计布置管道时，还应注意如下事项。

① 合理选择管道直径，在相同流量下，管道直径大，液流速度小，阻力损失小，但价格高；管道直径小，会导致阻力损失急剧增大，使泵的扬程增加，电机功率增加，成本和运行用度都增加。因此应从技术和经济的角度综合考虑。

② 排出管及其管接头应考虑所能承受的最大压力。

③ 管道布置应尽可能布置成直管，尽量减小管道中的附件和尽量缩小管道长度，必须转弯的时候，弯头的弯曲半径应该是管道直径的 3～5 倍，角度尽可能大于 90℃。

④ 泵的排出侧必须装设阀门（球阀或截止阀等）和逆止阀。阀门用来调节泵的工况点，逆止阀在液体倒流时可防止泵反转，并使泵避免水锤的打击（当液体倒流时，会产生巨大的反向压力，使泵损坏）。

（2）确定泵的流量和扬程

泵的流量由物料衡算得到，确定泵流量应考虑装置的富余能力及各设备能力的协调平衡；如果给出流量范围，选泵时以最大流量为基础；如果只给出正常流量，应选用适当的安全系数 1.1～1.2。流量通常必须换算成体积流量。

扬程或管路压力降。根据泵的布置位置情况，液体的输送距离及高度，利用伯努利方程计算泵的扬程，再考虑采用 1.05～1.1 的安全系数。如果有现场实际数据应尽可能采用。

（3）选择泵型及泵的具体型号

每一类型泵只能适用于一定的性质范围和操作条件。根据确定的流量、扬程，可粗略地确定泵的类型。如图 4-9 所示。根据介质特性（腐蚀性）选择泵的材质。

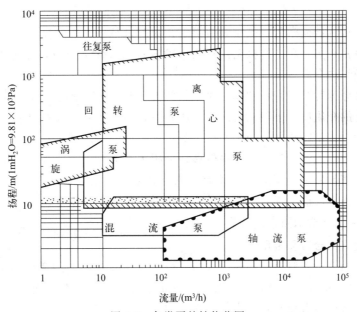

图 4-9　各类泵的性能范围

从工艺角度选择泵类型。

① 流量大，扬程不高时，可选单级离心泵；

② 流程不大，扬程高时，宜选往复泵或多级离心泵；

③ 输送有腐蚀介质，选耐腐蚀泵；

④ 输送昂贵液体、剧毒或放射性液体应选完全不泄漏无轴封的屏蔽泵；

⑤ 当要求精确进料时，应选用计量泵或柱塞泵；

⑥ 输送高温介质时可考虑选用热油泵。

再从有关泵制造厂提供的样本和技术资料选择泵的具体型号，列出所选型号泵以清水为基准的性能参数。

（4）核算泵的性能

若输送液体的物理性质与水有较大差异，则应对泵的扬程、流量进行核算。并与工艺要求进行对比，确定所选泵是否可用。

（5）确定泵的安装高度

确定泵的型号后，计算泵的允许吸上高度，核对泵的安装高度。泵的安装高度必须低于泵的允许吸上高度。安装高度应比计算出来的允许吸上高度低 0.5～1m。

（6）计算泵的轴功率

（7）选择驱动机

对装置中的大型泵或需要调速等特殊要求的泵，可选用汽轮机；对中小型泵可选用电机，根据输送介质的特性或车间等级选择防爆或不防爆电机。

（8）选择泵的轴封

轴封是防止泵轴与壳体处泄漏而设置的密封装置。常用的轴封型式有填料密封、机械密封和动力密封。

填料密封结构简单、价格便宜、维修方便。但泄漏量大、功耗损失大。因此填料密封用于输送一般介质，如水等；一般不适用于石油及化工介质，特别是不能用在贵重、易爆和有毒介质中。

机械密封（也称端面密封）的密封效果好，泄漏量很小，寿命长，但价格贵，加工安装维修保养比一般密封要求高。机械密封适用于输送石油及化工介质，可用于各种不同黏度、强腐蚀性和含颗粒的介质。

动力密封可分为背叶式密封和副叶轮密封两类。泵工作时靠背叶片（或副叶轮）的离心力作用使轴封处的介质压力下降至常压或负压状态，使泵在使用过程中不泄漏。停车时离心力消失，背叶片（或副叶轮）的密封作用失效，这时靠停车密封装置起到密封作用。与背叶式（或副叶轮）配套的停车密封装置中较多地采用填料密封，即泵运行时填料松开，停车时填料压紧。动力密封性能可靠，价格便宜，维修方便，适用于输送含有固体颗粒较多的介质。缺点是功率损失较机械密封大，且其停车密封装置的寿命较短。

（9）确定冷却水或加热蒸汽耗量

（10）确定泵的台数和备用率

对正常运转的泵，一般只用一台，因为一台大泵与并联工作的两台小泵相当（指扬程、流量相同），大泵效率高于小泵，故从节能角度讲宁可选一台大泵，而不用两台小泵，但有下列情况时，可考虑两台泵并联合作。

① 流量很大，一台泵达不到要求流量。

② 对于需要有 50% 的备用率大型泵，可改两台较小的泵工作，两台备用。

③ 对某些大型泵，可选用 70% 流量要求的泵并联操作，不用备用泵，在一台泵检修时，另一台泵仍然承担生产上 70% 的输送。

④ 对需 24h 连续不停运转的泵，应备用三台泵，一台运转，一台备用，一台维修。

（11）填写泵规格表

泵规格表见表 4-16，作为泵订货依据和选泵过程中的各项数据的汇总。

表 4-16　泵规格表

序号	规格	台数	流量 /(m³·h⁻¹)	扬程 /m	效率 /%	转速 /(r·min⁻¹)	电机功率 /kW	气蚀余量 /m	质量 /kg	进/出口管径 /mm	外形尺寸（长×宽×高）/mm	轴封

4.3.6　旋风分离器

（1）旋风分离器的性能

旋风分离器是利用惯性离心力的作用从气流中分离出粉、粒物料的设备。一般可以分离出气流中 5μm 以上的颗粒，对于颗粒含量高于 200g·m^{-3} 的气体，由于颗粒的聚结作用，甚至可以分离出 3μm 的颗粒。旋风分离器不适合处理黏性粉尘、含湿量高的粉尘及腐蚀性粉尘。图 4-10 所示是具有代表性的结构形式，称为标准旋风分离器。主体的上部为圆筒形，下部为圆锥形，各部件的尺寸比例标注于图中。含颗粒气流由圆筒上部的进气管切向方向进入，受器壁的约束向下螺旋运动，在惯性离心力的作用下，颗粒被抛向器壁而与气流分离，再沿壁面落至锥底自出料管排出，分离出的气体在中心轴附近由下而上做螺旋运动，最后由顶部排气管排出。

旋风分离器的应用已有近百年的历史，因其结构简单，造价低廉，没有活动部件，可用多种材料制造，操作条件范围宽广，分离效率较高，所以至今仍是企业最常用的分离设备。

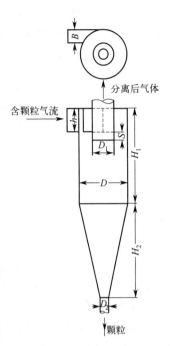

图 4-10　标准旋风分离器

$h=\dfrac{D}{2}$; $B=\dfrac{D}{4}$; $D_1=\dfrac{D}{2}$; $H_1=2D$; $H_2=2D$; $S=\dfrac{D}{8}$; $D_2=\dfrac{D}{4}$

旋风分离器计算的主要依据有三个方面，一是含颗粒气流的体积流量；二是要求达到的分离效率；三是允许的压强降。

1）分离效率

旋风分离器的分离效率有总效率 η_0 和分效率（又称粒级效率）η_p 两种表示方法。总效率 η_0 是指进入旋风分离器的全部颗粒中被分离下来的质量分率，即

$$\eta_0=\frac{C_1-C_2}{C_1} \tag{4-4}$$

式中　C_1——旋风分离器进口气流含颗粒的浓度，g·m^{-3}；

　　　C_2——旋风分离器出口气流含颗粒的浓度，g·m^{-3}。

粒级效率 η_p 是指按各种粒度分别被分离下来的质量分率。通常是把气流中所含颗粒的尺寸范围等分成 n 个小段，而其在第 i 个小段范围内的颗粒（平均粒径 d_i）的粒级效率定义为

$$\eta_{p,i}=\frac{C_{1,i}-C_{2,i}}{C_{1,i}} \tag{4-5}$$

式中　$C_{1,i}$——进口气流中粒径在第 i 小段范围内的含颗粒的浓度，g·m^{-3}；

　　　$C_{2,i}$——出口气流中粒径在第 i 小段范围内的含颗粒的浓度，g·m^{-3}。

通常把旋风分离器的粒级效率 η_p 绘制成粒径比 d/d_{50} 的函数曲线。d_{50} 是粒级效率为 50% 的颗粒直径，称为分割粒径，图 4-11 所示的标准旋风分离器的 d_{50} 可用下式估算

$$d_{50}\approx 0.27\sqrt{\frac{\mu D}{u_t(\rho_s-\rho)}} \tag{4-6}$$

式中，ρ_s 为颗粒的密度；ρ 为气体密度；u_t 为重力沉降速度；μ 为空气黏度。20℃时，空气的密度为 1.205kg·m^{-3}，黏度为 1.81×10^{-5}Pa·s。

这种标准旋风分离器的 $\eta_p\text{-}d/d_{50}$ 的函数曲线见图 4-11。对于同一型式且尺寸比例相同的，无论大小，皆可用同一条 $\eta_p\text{-}d/d_{50}$ 的曲线，这就给旋风分离器效率的估算带来了方便。

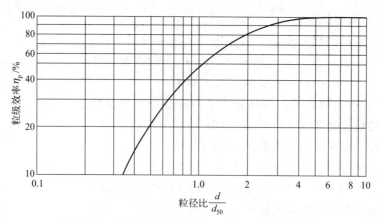

图 4-11　标准旋风分离器的 $\eta_p\text{-}d/d_{50}$ 的函数曲线

2）压强降

气流经旋风分离器时，由进气管和排气管及主体器壁所引起的摩擦阻力，流动时的局部阻力以及气体旋转运动所产生的动能损失等，造成气体的压强降。压强降与进口气流的动力成正比，即

$$\Delta p = \xi \frac{\rho u_i^2}{2} \tag{4-7}$$

式中，ξ 为阻力系数，对同一结构及尺寸比例的旋风分离器，ξ 为常数，不因尺寸大小而变。

如图 4-10 所示的标准旋风分离器的阻力系数 $\xi = 8.0$。旋风分离器的压强降一般为 $500\sim2000\mathrm{Pa}$。

影响旋风分离器性能的因素如下。

① 进口风速　从降低阻力方面考虑希望它低些，从提高处理能力和效率方面考虑，高些好，但超过一定限度时，阻力激增，而效率增加甚微。最佳入口风速因旋风分离器的结构和气流温度不同而异，设计中一般取 $12\sim18\mathrm{m\cdot s^{-1}}$。实际的进口速度保持在 $10\sim25\mathrm{m\cdot s^{-1}}$ 之间为宜。

② 气流温度　不同的气流温度将引起气体的密度和黏滞系数的变化。当温度升高时，气体的相对密度减少，但黏滞系数增大。而黏滞系数增大，会使颗粒沉降速度降低，导致效率降低。

③ 气流湿度　气流的湿度在露点以上时，对旋风分离器工作影响不大，如果在露点以下，则产生凝结水滴，会使颗粒黏于器壁上，因此，必须使气流的温度高于露点 $20\sim25℃$。

④ 颗粒的相对密度和粒度　颗粒的相对密度和粒度对阻力几乎没有影响，但对效率影响极大。颗粒的相对密度大，粒度粗时，各种旋风分离器都能得到较高的效率；而颗粒相对密度小，粒度细时，效率则大大降低。

⑤ 含颗粒气流的浓度　气流含颗粒浓度高时，一般情况下分离效率高，此时，由于颗粒摩擦损失增加，气流旋转速度降低，阻力也有下降趋势。

⑥ 漏风　旋风分离器漏风时，特别是通过旋风分离器下部的卸料阀和卸料出口漏风时，

其效率将急剧下降。当漏风率为 5％时，分离效率将由 90％降到 50％，漏风率达 15％时，效率将下降为零。为防止漏风一般在旋风分离器下方的排料口设置集料箱或隔离锥。

（2）常见的旋风分离器

1）CLT/A 型旋风分离器

这是具有倾斜螺旋面进口的旋风分离器，其结构如图 4-12 所示。这种进口结构型式，在一定程度上可以减少涡流的影响，并且气流阻力较低，阻力系数 ξ 值可取 5.0～5.5。

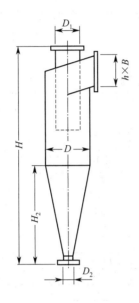

图 4-12　CLT/A 型旋风分离器

$h=0.66D$；$B=0.26D$；$D_1=0.6D$；

$D_2=0.3D$；$H_2=2D$；$H=(4.5～4.8)D$

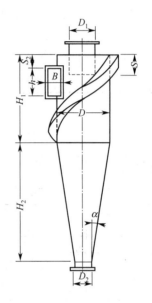

图 4-13　CLP/B 型旋风分离器

$h=0.6D$；$B=0.3D$；$D_1=0.6D$；$D_2=0.43D$；$H_1=1.7D$；

$H_2=2.3D$；$S=0.28D+0.3D$；$S_2=0.28D$；$\alpha=14°$

2）CLP 型

CLP 型是带有旁路分离室的旋风分离器，采用蜗壳式进气口，其上沿比器体顶盖稍低。含颗粒气流进入器内后即分为上、下两股旋流。"旁室"结构能迫使被上旋流带到顶部的细微颗粒聚结并由旁室进入向下旋转的主气流而得以捕集，对 5μm 以上的颗粒具有较高的分离效果。根据器体及旁路分离室的形状，CLP 又分为 A 和 B 两种型式，图 4-13 所示为 CLP/B 型，其阻力系数 ξ 值可取 4.8～5.8。

3）扩散式

扩散式旋风分离器的结构如图 4-14 所示，其主要特点是具有上小下大的外壳，并在底部装有挡灰盘（又称反射屏）。挡灰盘 a 为倒置的漏斗形，顶部中央有孔，下沿与器壁底圈留有缝隙。沿壁面落下的颗粒经此缝隙降至集尘箱 b 内而气流主体被挡灰盘隔开，少量进入箱内的气体则经过挡灰盘顶部的小孔返回器内，与上升旋流汇合后经排气管排出。挡灰盘有效地防止了已沉下的细

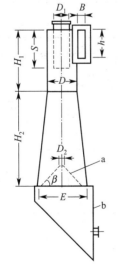

图 4-14　扩散式旋风分离器

$h=D$；$B=0.26D$；$D_1=0.6D$；

$D_2=0.1D$；$H_1=2D$；$H_2=3D$；$S=1.1D$；

$E=1.65D$；$\beta=45°$

颗粒被气流重新卷起，因而使效率提高，尤其对 $10\mu m$ 以下的颗粒，分离效果更为明显。

（3）旋风分离器的选用

选择旋风分离器时，要根据气流流量与任务的要求，结合各型设备的特点，选定旋风分离器的型式，而后通过计算决定尺寸与个数。具体步骤如下。

选了旋风分离器的型式之后，便可查阅该型的主要性能表。表中记载着各种尺寸的该型设备在若干个压强降数值下的生产能力，可据此确定型号。型号是按圆筒直径大小编排的。CLT/A、CLP/B 及扩散式旋风分离器的性能见表 4-17～表 4-19。表中所列生产能力的数值为气流流量，单位为 $m^3 \cdot h^{-1}$；所列压强降是当气体密度为 $1.2kg \cdot m^{-3}$ 时的数值，当气体密度不同时，压强降数值应予以校正。

表 4-17　CLT/A 型旋风分离器的生产能力　　　　单位：$m^3 \cdot h^{-1}$

型号	圆筒直径 D /mm	进口气速 u_i/(m·s⁻¹)		
		12	15	18
		压强降 Δp / Pa		
		755	1187	1707
CLT/A-1.5	150	170	210	250
CLT/A-2.0	200	300	370	440
CLT/A-2.5	250	400	580	690
CLT/A-3.0	300	670	830	1000
CLT/A-3.5	350	910	1140	1360
CLT/A-4.0	400	1180	1480	1780
CLT/A-45	450	1500	1870	2250
CLT/A-5.0	500	1860	2320	2780
CLT/A-5.5	550	2240	2800	3360
CLT/A-6.0	600	2670	3340	4000
CLT/A-6.5	650	3130	3920	4700
CLT/A-7.0	700	3630	4540	5440
CLT/A-7.5	750	4170	5210	6250
CLT/A-8.0	800	4750	5940	7130

表 4-18　CLP/B 型旋风分离器的生产能力　　　　单位：$m^3 \cdot h^{-1}$

型号	圆筒直径 D/mm	进口气速 u_i/(m·s⁻¹)		
		12	16	20
		压强降 Δp/Pa		
		412	687	1128
CLP/B-3.0	300	700	930	1160
CLP/B-4.2	420	1350	1800	2250
CLP/B-5.4	540	2200	2950	3700
CLP/B-7.0	700	3800	5100	6350
CLP/B-8.2	820	5200	6900	8650
CLP/B-9.4	940	6800	9000	11300
CLP/B-10.6	1060	8550	11400	14300

表 4-19　扩散式旋风分离器的生产能力　　　　单位：$m^3 \cdot h^{-1}$

型号	圆筒直径 D /mm	进口气速 u_i/(m·s⁻¹)			
		14	16	18	20
		压强降 Δp/Pa			
		785	1030	1324	1570
1	250	820	920	1050	1170

型号	圆筒直径 D /mm	进口气速 u_i/(m·s^{-1})			
		14	16	18	20
		压强降 Δp/Pa			
		785	1030	1324	1570
2	300	1170	1330	1500	1670
3	370	1790	2000	2210	2500
4	455	2620	3000	3380	3700
5	525	3500	4000	4500	5000
6	585	4380	5000	5630	6250
7	645	5250	6000	6750	7500
8	695	6130	7000	7870	8740

然后，按照规定的压强降，可同时选出几种不同的型号。若选直径小的分离器，效率较高，但可能需要数台并联才能满足生产能力。反之，选直径大的，则台数可以减少，但效率要低些。

采用多台分离器并联使用时，须特别注意解决气流的均匀分配及排出口的窜漏问题，以便在保证处理量的前提下兼顾分离效率与气流压强降的要求。

【例 4-7】 用标准旋风分离器除去气流中所含有的颗粒。已知固体密度为 1100m^3·h^{-1}、颗粒直径为 4.5μm；气体密度为 1.2m^3·h^{-1}、黏度为 1.8×10^{-5}Pa·s、流量为 0.40m^3·s^{-1}；允许压强降为 1780Pa。试估算采用以下各方案的设备尺寸及分离效率。

（1）一台旋风分离器。

（2）四台相同的旋风分离器串联。

（3）四台相同的旋风分离器并联。

解：

（1）一台旋风分离器

已知标准旋风分离器的阻力系数 $\xi=8.0$，依压强降公式可以写出：

$$1780=8.0\times1.2\times\frac{u_i^2}{2}$$

解得进口气流速度 $u_i=19.26$m·s^{-1}

旋风分离器进口截面积为 $hB=\dfrac{D^2}{8}$，同时，$hB=\dfrac{V_s}{u_i}$，即

$$\frac{D^2}{8}=\frac{V_s}{u_i}$$

故设备的直径为

$$D=\sqrt{\frac{8V_s}{u_i}}=\sqrt{\frac{8\times0.40}{19.26}}=0.408(\text{m})$$

再依公式（4-6）计算分割粒径，即

$$d_{50}\approx0.27\sqrt{\frac{\mu D}{u_i(\rho_s-\rho)}}=0.27\times\sqrt{\frac{(1.8\times10^{-5})\times0.408}{19.26\times(1100-1.2)}}$$

$$=5.030\times10^{-6}(\text{m})=5.030(\mu\text{m})$$

$$\frac{d}{d_{50}}=\frac{4.5}{5.030}=0.8946$$

查图 4-11 得 $\eta=44\%$。

（2）四台相同的旋风分离器串联

当四台相同的旋风分离器串联时，若忽略设备间连接管的阻力，则每台旋风分离器允许的压强降为

$$\Delta p=\frac{1}{4}\times1780=445(\text{Pa})$$

则各级旋风分离器的进口气速为

$$u_i=\sqrt{\frac{2\Delta p}{\xi\rho}}=\sqrt{\frac{2\times445}{8.0\times1.2}}=9.63(\text{m}\cdot\text{s}^{-1})$$

每台旋风分离器的直径为

$$D=\sqrt{\frac{8V_s}{u_i}}=\sqrt{\frac{8\times0.40}{9.63}}=0.5765(\text{m})$$

又

$$d_{50}\approx0.27\sqrt{\frac{\mu D}{u_i(\rho_s-\rho)}}=0.27\times\sqrt{\frac{(1.8\times10^{-5})\times0.5765}{9.63\times(1100-1.2)}}=8.46\times10^{-6}\text{m}=8.46(\mu\text{m})$$

$$\frac{d}{d_{50}}=\frac{4.5}{8.46}=0.532$$

查图 4-11 得每台旋风分离器的效率 $\eta=22\%$，则串联四级旋风分离器的总效率为
$$\eta=1-(1-22\%)^4=63\%$$

（3）四台相同的旋风分离器并联

当四台相同的旋风分离器并联时，每台旋风分离器允许的气体流量为 $\frac{1}{4}\times0.4=0.1\text{m}^3\cdot\text{s}^{-1}$，而每台旋风分离器的允许压强降仍为 1780Pa，则进口气速为

$$u_i=\sqrt{\frac{2\Delta p}{\xi\rho}}=\sqrt{\frac{2\times1780}{8.0\times1.2}}=19.26(\text{m}\cdot\text{s}^{-1})$$

每台旋风分离器的直径为

$$D=\sqrt{\frac{8V_s}{u_i}}=\sqrt{\frac{8\times0.1}{19.26}}=0.2038(\text{m})$$

$$d_{50}\approx0.27\sqrt{\frac{\mu D}{u_i(\rho_s-\rho)}}=0.27\times\sqrt{\frac{(1.8\times10^{-5})\times0.2038}{19.26\times(1100-1.2)}}=3.55\times10^{-6}\text{m}=3.55(\mu\text{m})$$

$$\frac{d}{d_{50}}=\frac{4.5}{3.55}=1.268$$

查图 4-11 得 $\eta=61\%$。

由此例题的计算结果可以看出，在处理气量及压强降相同的条件下，本例题中的串联四台与并联四台的效率大体相同，但并联时所需的设备小、投资省。

【例 4-8】 某淀粉厂的气流干燥器每小时送出 10000m^3 带有淀粉的热空气，拟采用扩散式旋风分离器收集其中的淀粉，要求压强降不超过 1373Pa。已知气体密度为 $1.0\text{kg}\cdot\text{m}^{-3}$，试选择合适的型号。

解： 已经规定采用扩散式旋风分离器，则其型号在表 4-19 中选出。表中所列压强降是

气体密度为 $1.2\mathrm{kg \cdot m^{-3}}$ 的数值。根据压强降计算公式 $\Delta p = \xi \dfrac{\rho u_\mathrm{i}^2}{2}$，在进口气速相同条件下，气体通过旋风分离器的压强降与气体密度成正比。本题中热空气的允许压强降为 1373Pa，则相当于气体密度为 $1.2\mathrm{kg \cdot m^{-3}}$ 时的压强降应不超过如下数值，即

$$\Delta p' = \Delta p \times \frac{\rho}{\rho} = 1373 \times \frac{1.2}{1.0} = 1647(\mathrm{Pa})$$

从表 4-19 中查得扩散式旋风分离器型号 5（直径为 525mm）在 1570Pa 的压强降操作时生产能力为 $5000\mathrm{m^3 \cdot h^{-1}}$。先要达到 $10000\mathrm{m^3 \cdot h^{-1}}$ 的生产能力，可采用两台并联。所选的旋风分离器技术参数列于表 4-20。

表 4-20　旋风分离器的技术参数

型号	台数	圆筒直径 D/mm	进口气速/($\mathrm{m \cdot s^{-1}}$)	压强降/Pa	生产能力/($\mathrm{m^3 \cdot h^{-1}}$)	质量/kg
扩散式 5 型	2	525	20	1570	10000	

当然，也可以做出其他的选择，即选用的型号与台数不同于上面的方案。所有这些方案在满足气体处理量及不超过允许压强降的条件下，效率高低和费用大小都不相同。合适型号只能根据实际情况和经验确定。

4.4　设备图的基本表达方法

高分子合成和加工成型设备主要指在合成生产中常用的罐、釜、塔器、换热器、贮槽（罐）等标准和非标准设备，以及在成型加工过程中常用的混合机、挤出机、注塑机、模压成型机等标准和非标准设备。在高分子合成和加工成型设备的设计、制造、安装、使用和维修时都需要图样，因此，从事高分子生产的技术人员都应该具备阅读和绘制设备图样的能力。

4.4.1　设备图的基本内容

为了能完整、正确、清晰地表达这些设备，就必须绘制设备装配图、部件装配图和零件图。本书所说的设备图就是设备装配图的简称。

设备图是表达设备以及附属装置的全貌、组成和特性的图样。设备图应表达设备各主要部分的结构特征、装配连接关系、主要特征尺寸和外形尺寸、技术特性和制造、检验、安装的技术要求等内容。所以，一份完整的设备图，除绘有设备本身的各种视图外，尚应有标题栏、明细表等基本内容。各栏除"技术要求"栏用文字说明外，其余均以表格形式列出，见图 4-8、图 4-15。

（1）标题栏

标题栏主要说明本张图纸的主题，包括：设计单位名称，设备（项目）名称，本张图纸名称，图号，设计阶段，比例，图纸张数（共＿张、第＿张），以及设计、制图、校核、审核、审定等人的签字及日期。

（2）明细表

明细表是说明组成本张图纸的各部件的详细信息，一般样式见图 4-16。

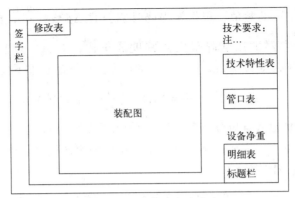

图 4-15　设备图的基本内容

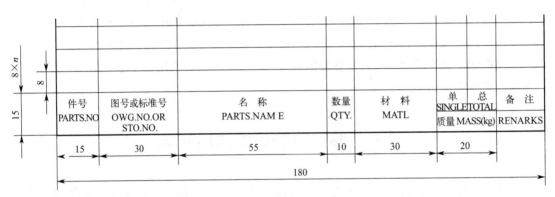

图 4-16　设备图明细表样式

（3）管口表

　　管口表是将设备的各管口用英文小写字母自上而下按顺序填入表中，以表明各管口的位置和规格等，见图 4-17。

管口表

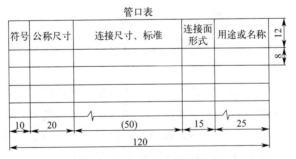

图 4-17　设备图管口表样式

（4）技术特性表

　　技术特性表是设备图的一个重要组成部分，它将设备的设计、制造、使用的主要参数（设计压力、工作压力、设计温度、工作温度、各部件的材质、焊缝系数、腐蚀裕度、物料名称、容器类别及专用化工设备的接触物料的特性等）和技术特性以列表方式表述出来，以供施工、检验、生产中参考，见图 4-18。

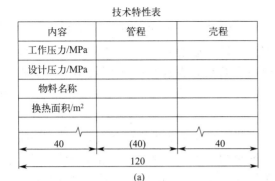

图 4-18　设备图技术特性表样式

（5）技术要求

技术要求主要说明设备在图样中未能表达出来的技术条件、应该遵守和达到的技术指标等内容。用文字逐条书写清楚。这些技术条件从安全角度出发，要求也较严格。技术要求通常包括以下几方面的内容。

① 通用技术条件　通用技术条件是同类化工设备在制造、装配、检验等诸方面的技术规范，已形成标准，在技术条件中，可直接引用。

② 焊接要求　焊接工艺在化工设备制造中应用广泛。在技术要求中，通常对焊接方法、焊条、焊剂等提出要求。

③ 设备的检验　一般对主体设备进行水压和气密性试验，对焊缝进行探伤等。

④ 其他要求　设备在机械加工、装配、油漆、保温、防腐、运输、安装等方面的要求。

（6）注

用来补充说明技术要求范围外，但又必须作出交代的问题。常写在技术要求的下方。

4.4.2　设备图的特殊表达

高分子合成和加工设备种类很多，但常见的典型设备主要有容器、反应罐、换热器、混合器、挤出机等，这些设备的基本结构共同的特点是：主体以回转体为多，主体上的管口和开孔多，焊接结构多，结构尺寸相差悬殊，通用零部件多，这些结构特点使设备的视图表达有特殊之处，以下简要介绍。

（1）视图配置灵活

由于设备的主体结构多为回转体，一般立式设备用主、俯两个基本视图，卧式设备则用主、左两个基本视图。俯或左视图也可配置在其他空白处，但需要在视图上方写上图名。

（2）细部结构的表达方法

由于设备的各部分结构尺寸相差悬殊，按缩小比例画出的基本视图中，很难兼顾到细部结构。因此，设备图中较多地使用了局部放大图和夸大画法来表达这些细部结构并标注尺寸。如焊接结构、法兰连接、夹层等细部结构。

（3）断开画法、分段画法及整体图

对于过高或过长的设备，如塔、换热器及贮罐等，为了清楚地表达设备结构和合理地使用图幅，常使用断开画法，即用双点划线将设备中重复出现的结构或相同结构断开，使图形缩短，简化作图。当设备不宜采用断开画法而图幅又不够时，可采用分段画法。

（4）多次旋转的表达方法

由于设备主体上分布有众多的管口、开孔及其他附件，为了在主视图上表达它们的结构形状及位置高度，可使用多次旋转的表达方法。即，假想将分布于设备上不同方位的管口或开孔结构，分别旋转到与某一基本投影面平行后，在向该投影面投影，画出视图或剖视图。

（5）管口方位的表达方法

设备主体上众多的管口和附件方位的确定，在安装、制造等方面都是至关重要的，为将各管口的方位表达清楚，在设备中用基本视图和一些辅助视图将其基本结构形状表达清楚。此时，往往用管口方位图来代替俯视图表达出设备的各管口及其他附件如地脚螺栓等的分布情况。

（6）简化画法

在绘制设备图时，为了减少一些不必要的绘图工作量，提高绘图效率，在既不影响视图正确、清晰地表达，又不致使读图者产生误解的前提下，大量地采用了各种简化画法。

4.4.3 尺寸标注

设备图是装配零部件和设计零部件时的主要依据，一般不直接用来制造零部件，图上不需注出全部尺寸，一般只标注规格尺寸、装配尺寸、安装尺寸、外形尺寸和其他主要尺寸，供装配、运输、安装和设计之用。

由于高分子合成和加工成型设备多为回转体，所以设备图的尺寸标注中应注意下列内容。

（1）尺寸基准

常用的尺寸基准有：设备筒体和封头的轴线；设备筒体与封头的环焊缝；设备法兰的连接面；设备支座、裙座的底面；接管轴线与设备表面交点。见图 4-19。

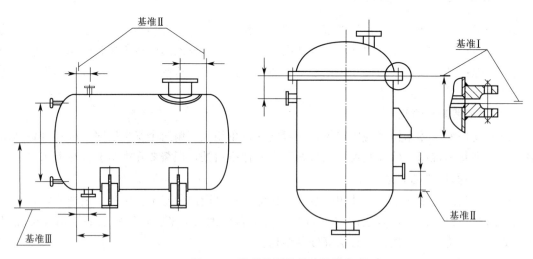

图 4-19　设备常用的尺寸基准

（2）设备图的尺寸标注

与一般机械装配图基本相同，需要标注一组必要的尺寸反映设备的大小规格、装配关系、主要零部件的结构形状及设备的安装定位，以满足设备制造、安装、检验的需要。与一般机械装配图比较，高分子合成和加工成型设备的尺寸数量稍多，有的尺寸较大，尺寸精度要求较低，允许注成封闭尺寸链（加近似符号～）。总之，设备的尺寸标注，除遵守《机械制图　尺寸注法》（GB/T 4458.4—2003）中的规定外，还可结合高分子合成和加工成型设备的特点，使尺寸标注做到完整、清晰、合理。

设备图上需要标注的尺寸有如下内容。

① 规格性能尺寸　反映设备的规格、性能、特征及生产能力的尺寸。

② 装配尺寸　反映零部件间的相对位置尺寸，它们是制造设备时的重要依据。

③ 外形尺寸　表达设备的总长、总高、总宽（或外径）尺寸。

④ 安装尺寸　设备安装在基础或其他构件上所需要的尺寸，如支座、裙座上的地脚螺栓的孔径及孔间定位尺寸等。

⑤ 其他尺寸　零部件的规格尺寸；不另行绘制图样的零部件的结构尺寸或某些重要尺寸；设计计算确定的尺寸如主体壁厚、搅拌轴直径等；焊缝的结构型式尺寸；一些重要焊缝局部放大图中，应标注横截面的形状尺寸。

 思考题

1. 工艺设备的选型设计包括哪些内容？设备的选择原则有哪些？

2. 下列设备在设备一览表中的"设备技术规格"一项如何填写？

泵；螺杆挤出机；高速混料机；中间料斗；旋风分离器；真空上料机

3. 单螺杆和双螺杆挤出机分别由哪几部分组成？各部分的作用是什么？

4. 选择双螺杆挤出机要考虑哪些参数？

5. 挤出机螺杆的长径比有什么意义？

6. 间歇设备的生产能力的计算方法有什么？

7. 塑料物理改性时，所用的挤出机有哪些特点？

8. 螺旋上料机、真空上料机的结构特点及其优点有哪些？

9. 叙述旋风分离器选择依据及计算方法。

10. 如何对泵进行选型设计？如何确定泵的流量和扬程？如何计算泵的轴功率？

11. 如何对罐进行选择设计？如何进行罐的容积计算？

12. 旋风分离器计算的主要依据有哪些？如何计算？

13. 设备图应表达哪些内容？

14. 容器设备图需要进行哪些尺寸标注？如何确定标注基准？

15. 读懂设备图，了解换热器、塔、罐等设备图的基本内容及表达特点。

第 5 章

车间布置设计

在完成初步设计工艺流程图和设备选型之后，下一步的工作就是将各工段与各设备按生产流程在空间上进行组合、布置，并用管道将各工段和各设备连接起来。前者称车间布置，后者称管道布置（或配管设计）。本章主要介绍车间布置设计。

车间布置设计工作要完成的是车间厂房布置、车间设备布置和绘制车间布置图。其目的是对厂房的平、立面结构，内部要求，生产设备，电气仪表设施等按生产流程的要求，在空间上进行组合、布置，使布局既满足生产工艺、操作、维修、安装等要求，又经济实用、占地少，整齐美观。

车间布置设计是工艺设计中主要设计项目之一。车间布置设计的好坏，关系着整个车间的命运。不合适的布置会对整个生产管理造成困难，如：给设备的管理和检修带来困难；人流、货流紊乱；增加输送物料所用能量的消耗；使车间动力介质造成不正当的损失；容易发生事故，增加建筑和安装费用等。所以，车间布置设计要花工夫，要充分掌握有关资料，多征求意见，全面权衡，仔细推敲，要和非工艺设计人员大力协作，才能取得一个最佳方案，做好此项设计。

车间布置设计是以工艺为主导，并在其他专业的密切配合下完成的。因此，在进行车间布置设计时，要集中各方面的意见，最后由工艺人员汇总完成。车间布置主要是设备的布置，工艺人员首先确定设备布置的初步方案，对厂房建筑的大小、平立面结构、跨度、层次、门窗、楼梯等以及与生产操作、设备安装有关的平台、预留孔等向土建提出设计要求，待厂房设计完成后，工艺人员再根据厂房的建筑图，对设备布置进行修改和补充，最终的设备布置图就可作为设备安装和管道安装的依据。

5.1 概　述

5.1.1 车间布置设计的总原则

车间布置设计要做到生产流程顺畅、简捷、紧凑，尽量缩短物料的运输距离，充分考虑设备操作、维护和施工、安装及其他专业对布置的要求。即，车间布置设计的总原则如下。

（1）要满足生产和运输的要求

① 符合生产工艺流程的要求，避免生产流程的交叉往复，使物料的输送距离尽可能做到最短；

② 供水、供热、供电、供气、供汽及其他公用设施尽可能靠近负荷中心，使公用工程介质的运输距离最小；

③ 厂区内的道路径直短捷，人流与货流之间避免交叉和迂回。货运量大，车辆往返频繁的设施宜靠近厂区边缘地段；

④ 厂区布置应整齐，环境优美，布局紧凑，用地节约。

（2）要满足安全和卫生要求

① 高分子工厂生产具有易燃、易爆和有毒有害等特点，厂区布置应严格遵守防火、卫生等安全规范、标准和有关规定。

② 火灾危险性较大的车间与其他车间的距离应按规定的安全距离设计。

③ 经常散发可燃气体的场所，应远离各类明火。

④ 火灾、爆炸危险性较大和散发有毒气体的车间、装置，应尽量采用露天或半敞开的布置。

⑤ 环境洁净要求较高的工厂应与污染源保持较大的距离。

（3）要满足有关的标准和规范

总平面布置图和车间布置的设计应满足有关的标准和规范。目前常用的设计规范有：

《建筑设计防火规范（2018 年版）》（GB 50016—2014）

《石油化工企业设计防火标准（2018 年版）》（GB 50160—2008）

《工矿企业总平面设计规范》（GB 50187—2012）

《化工企业总图运输设计规范》（GB 50489—2009）

《厂矿道路设计规范》（GBJ 22—1987）

《化工企业安全卫生设计规定》（HG 20571—2014）

《工业企业厂界噪声排放标准》（GB 12348—2008）

《爆炸危害环境电力装置设计规范》（GB 50058—2014）

《以噪声污染为主的工业企业卫生防护距离标准》（GB/T 18083—2000）

（4）要为施工安装创造条件

工厂布置应满足施工和安装的作业要求，特别是应考虑大型设备的吊装，厂内道路的路面结构和载荷标准等应满足施工安装的要求。

（5）要考虑工厂的发展和厂房的扩建

为适应市场的激烈竞争，工厂布置应为工厂的发展留有余地。

（6）要考虑竖向布置要求

竖向布置的任务是确定建构筑物的标高，合理地利用厂区的自然地形，使工程建设中土方工程量减少，并满足生产工艺布置和运输、装卸对高度的要求。竖向布置应考虑的问题如下。

1）布置方式

根据工厂场地设计的各个平面之间连接或过渡方法的不同，竖向布置的方式可分为平坡式、阶梯式和混合式三种。

① 平坡式　整个厂区没有明显的标高差或台阶，即设计各平面之间的连接处的标高没有急剧变化或标高变化不大的竖向布置方式称为平坡式竖向布置。这种布置对生产运输和管网敷设的条件比阶梯式好，适用于密度较大的一般建筑、铁路、道路和管线较多，自然地形坡度小于 4‰的平坦地区或缓坡地带。采用平坡式布置时，平整后的坡度不宜小于 5‰，以利于场地的排水。

② 阶梯式　整个工程场地划分为若干个台阶，台阶间连接处标高变化大或急剧变化，以陡坡或挡土墙相连接的布置方式称为阶梯式布置。这种布置方式排水条件较好，但运输和管网敷设条件较差，需要护坡或挡土墙，适用于山区、丘陵地带。

③ 混合式　在厂区竖向设计中，平坡式和阶梯式均兼有的设计方法称之为混合式。这种方式多用于厂区面积比较大或厂区局部地形变化较大的工程场地设计中，在实际工作中往往多采用这种方法。

2）标高的确定

确定车间、道路标高，以适应交通运输和排水的要求。如机动区的道路，考虑到电瓶车的通行，道路坡度不超过 4‰，局部不超过 6‰。

3）场地排水

场地排水可分为两个方面问题，一是防洪、排水问题，即防止厂外洪水冲淹厂区，二是厂区排水问题，即将厂内地面水顺利排出厂外。

① 防洪、排洪问题，在山区建厂时，对山洪应特别给予重视。为了避免厂区被洪水冲袭，一般在洪水袭来的方向设置排洪沟，引导洪水顺利排出厂外。

在平原地带沿河建厂，要根据河流历年最高洪水水位来确定场地标高，一般重要建构筑物的地面要高出最高洪水水位。因此需要填高或筑堤防洪。

沿海边厂区场地，由于积水含有盐碱，不能流入堤内污染水源，故采取抽排堤外的方法。

② 厂区场地有明沟排水与暗管排水两种方式，可根据地形、地质、竖向布置方式等因素进行选择。

（7）管线布置

公用工程以及原料、成品等均利用管道输送，因而厂区内有庞大复杂的工程技术管网。工程技术管网的布置、敷设方式等会对工厂的总平面布置、竖向布置和工厂建筑群体以及运输设计产生影响，对生产过程中的动力消耗以及投资也具有重要意义。因此，合理地进行管线布置是至关重要的。管线布置的具体要求如下。

① 管线采用平直敷设，与道路、建筑、管线之间互相平行或成直角交叉。

② 管线布置应满足线路最短、直线敷设，尽量减少与道路交叉及管线间的交叉。

③ 为了减少管线占地，应利用各种管线的不同埋设深度，由建构筑物基础外缘至道路中心，由浅入深地依次布置。一般情况下，它们的顺序是：弱电电缆、电力电缆、管沟（架）、给水管、循环水管、雨水管、污水管、照明电杆（缆）。

④ 地下管道不宜重叠敷设，在改、扩建工程中，特殊情况下，可考虑布置短距离重叠管道，将检修多的、埋设浅的、管径小的敷设在上面。

⑤ 布置管线应尽量避开填土较深和土质不良地段；遇到较高丘陵横隔两边平地时，铺管可采用顶管法以避免大量挖方；在沿山坡布置管线时，要注意边坡的稳定，防止被冲刷；管线不允许布置在铁路路基下面，但在道路外侧可以布置。

⑥ 架空管路尽可能共架（或共杆）布置。架空管线跨越铁路、公路时，应离路面有足够的垂直间距，不影响交通、运输和人行。引入厂内的高压架空线路，应尽可能沿厂区边缘布置并尽量减少其长度。

⑦ 主管应靠近主要设备单元，并应尽量布置在连接支管最多的一边。

⑧ 易燃、可燃液体及可燃气体管道不得穿越可燃材料的结构和可燃、易燃材料堆场。

⑨ 考虑企业的发展，预留必要的管线位置。

⑩ 管线交叉时的避让原则是：临时管让永久管；小管让大管；易弯曲的让难弯曲的；压力管让自流管；新管让旧管等。

此外，管线敷设应该满足各有关规范、规程、规定的要求。

（8）绿化

绿化是保护自然界生态环境的重要措施，绿化不仅可以美化环境，还可以减少粉尘等的危害，应与平面布置一起考虑。工厂绿化设计采用"厂区绿化覆盖面积系数"及"厂区绿化用地系数"两项指标，前者用来反映厂区绿化水平，后者反映厂区绿化用地情况。

5.1.2　车间布置设计的依据

进行布置设计时，除了要掌握设计规范和规定外，还必须对车间内外的全部情况进行掌握，一般要掌握以下的内容。

（1）工艺流程

布置设计首先要保证生产的顺利进行。所以在布置设计前要熟悉生产工艺的主要流程及辅助流程，以便布置设计时满足工艺生产的要求。

（2）物料衡算数据及物料性质

包括各生产工序的原料、半成品、成品、回收料的物料衡算数据、物料特性、存放要求及运输情况，以及三废的数据及处理方法。这些作为布置设计时确定有关辅助用房的大小、位置及通道的依据。

（3）设备一览表

车间内的各种设备和设施的种类、台数、尺寸、重量、支撑形式及保温情况和设备安装、检修要求及操作情况。以便在布置设计时考虑到设备之间及各生产线之间的间距。

（4）公用系统

各个工序中水、电、气等公用系统耗用量情况，厂区的供排水、供电、供热、冷冻、压缩空气、外管等资料。掌握最大耗量部门，以便在车间布置时使各公用工程部门尽可能地接近负荷中心。

生产设备及公用工程对厂房的要求，以便安排合适的位置。如，变配电室要求干燥，不宜设置在潮湿处；分析测试、仪表控制等要求环境洁净、安静，应尽量不与空调室、水泵房等产生振动或发出噪音的部门排布在一起。

（5）车间定员表

除技术人员、管理人员、车间化验人员、岗位操作人员外，还包括最大班人数和男女比例的资料。

（6）厂区总平面布置图

本车间同其他生产车间、辅助车间、生活设施的相互联系，厂内人流、物流的情况与数量。

因为外部条件控制着车间布置，所以必须明确本车间在厂区总平面图中所占的位置，周边设施情况。如锅炉房、水厂、电站等的具体方位，铁路及公路交通线路走向，人流、货流运输线路等情况。通常在车间布置时，热力站尽量安排在距负荷中心和锅炉房都较近的一侧。水泵房、配电室等也是如此。中间库房安排在既靠近生产操作岗位、交通又方便的地方。

（7）车间位置条件

车间所在地的气象、地质、水文等条件，如地下水流向、地质结构等。本车间所在位置的地形开阔程度，是否便于厂房的平面与立面布置。若地形开阔，则回旋余地大，布置灵活；若地形狭窄，则在平面范围内的布置受限，可适当增加楼层，或调整辅助房在车间、在平面中的比例，以满足生产需要。

（8）其他要求

如，生产各处对采光及温度要求，以便考虑门、窗的位置。

5.1.3　车间布置设计的内容

（1）车间的基本组成

一般的生产车间应包括如下内容。

① 生产设施　包括生产工段，原材料、中间产品及成品仓库或堆料场、控制室等。

② 生产辅助设施　包括动力室（压缩空气、真空等），变电和配电室，采暖、通风、除尘用室、机修、保全用室，化验用室等。

③ 生活行政设施　包括车间办公室、值班室、工人休息室、更衣室、浴室、卫生间等。

④ 其他特殊用室　如医疗保健用室、餐室、哺乳用室、劳动保护用室等。

（2）各设计阶段车间布置设计的主要任务

确定各个设备在车间平面与立面上的位置；确定场地与建筑物、构筑物的尺寸；确定管道、电气仪表管线、采暖通风管道的走向和位置。不同的设计阶段其设计内容略有不同。

1）初步设计阶段

根据工艺流程草图、设备一览表、物料贮料运输、生产辅助及生活行政等要求，结合布置规范及总图设计资料等，进行初步设计。这个阶段的主要任务如下。

① 确定生产、生产辅助和生活行政设施的空间布置。

② 确定车间场地及建（构）筑物的平面尺寸和立面尺寸。

③ 确定工艺设备的平面布置图和立面布置图。

④ 确定人流及物流通道；安排管道及电气仪表管线等。

⑤ 安装、操作、维修所需要的空间设计。

⑥ 编制初步设计布置设计说明，初步设计阶段的车间平面布置图和立面布置图。

2）施工图设计阶段

需要由工艺设计人员和其他专业人员协商进行布置的研究，共同完成。车间布置初步设计和管道、仪表流程设计是本设计阶段的基本依据。这一阶段的主要任务如下。

① 落实车间布置初步设计的内容。

② 确定设备管口、操作台、支架及仪表等的空间位置。

③ 确定设备的安装方案。

④ 确定与设备安装有关的建筑和结构尺寸。

⑤ 安排管道、仪表、电气管路的走向，确定管廊位置。

⑥ 编制施工图设计和布置设计说明，绘出车间布置施工设计图。

车间布置的各个阶段设计内容是相互联系的，在进行车间平面布置时，必须以设备结构草图为依据，对车间内生产厂房及其所需的面积进行估算。而详细的设备结构图又必须在已确定的车间布置图的基础上进一步具体化。车间布置施工设计，也是工艺设计人员提供给其他专业，如土建、设备设计、电气仪表等的基本技术条件。

5.2　建构筑物的基本知识

车间布置设计和配管设计与土建设计有密切的关系，设计人员要经常与土建设计人员打交道。为了与土建专业设计人员有共同语言，现将土建方面的基本知识介绍于下。

5.2.1　建构筑物的构件

组成建构筑物的构件有地基、基础、墙、柱、梁、楼板、屋顶、地面、隔墙、楼梯、门、窗及天窗等。

（1）地基

建构筑物的下面，支承建构筑物重量的全部土壤称为地基。地基必须具有足够的强度（地耐力）和稳定性，这样才能保证建构筑物的正常使用和耐久性。否则，将会使建构筑物产生过大的沉陷（包括均匀的）、倾斜、开裂以致毁坏。所以必须慎重地选择和处理建构筑物的地基。

（2）基础

基础是建构筑物的下部结构，埋在地面以下，它的作用是支承建构筑物，并将它的荷载传到地基上去。建构筑物的可靠性与耐久性，往往取决于基础的可靠性与耐久性。因此，必须慎重处理建构筑物的基础。

（3）墙

墙按材料分有普通砖墙、石墙、混凝土墙及钢筋混凝土墙等。

（4）柱

柱是建构筑物中垂直受力的构件，荷载通过柱传递到基础上去。柱按材料可分为木柱、砖柱、钢柱和钢筋混凝土柱等。

（5）梁

梁是建构筑物中水平受力构件，它与承重墙、柱等垂直受力构件组合成建筑结构的空间体系。

（6）楼板

楼板是将建构筑物分层的水平间隔，它的上表面为楼面，底面为下层的顶棚（天花板）。

（7）屋顶

屋顶的作用主要是保护建构筑物的内部，防止雨雪及太阳辐射的侵入，使雪水汇集并排出，保持建构筑物内部的温度等。

（8）地面

地面是厂房建筑中的一个重要组成部分，由于车间生产及操作的特殊性，要求地面防爆、耐酸碱腐蚀、耐高温等，同时还有卫生及安全方面的要求。

（9）门

为了组织车间运输及人流、设备的进出，车间发生事故时安全疏散等，设计中应合理地布置门。

（10）窗

为了保证建构筑物采光和通风的要求，通常都设置侧窗，只有在特殊情况下才采用人工采光和机械通风。

（11）楼梯

楼梯是多层房屋中垂直方向的通道，因此，设计车间时应合理地安排楼梯的位置。楼梯按使用的性质可分为主要楼梯、辅助楼梯和消防楼梯。

5.2.2　建构筑物的结构

建构筑物的结构有砖木结构、混合结构、钢筋混凝土结构和钢结构等。现分别简述如下。

（1）钢筋混凝土结构

由于使用上的要求，需要有较大的跨度和高度时，最常用的就是钢筋混凝土结构形式，一般跨度为 12～24m。钢筋混凝土结构的优点是强度高，耐火性好，不必经常进行维护和修理，与钢结构比较可以节约钢材。故化工厂经常采用钢筋混凝土结构。钢筋混凝土结构的缺点是自重大，施工比较复杂。

（2）钢结构

钢结构房屋的主要承重结构件，如屋架、梁、柱等都是用钢材制成的。钢结构的优点是制作简单，施工较快；缺点是金属用量多，造价高，并需经常进行维修保养。

（3）混合结构

混合结构一般是指承重墙用砖砌，而屋架和楼盖则用钢筋混凝土制成的建构筑物。这种结构造价比较经济，能节约钢材、水泥和木材，适用于一般没有很大荷载的车间，是化工厂经常采用的一种结构形式。

（4）砖木结构

砖木结构是承重墙用砖砌，而屋架和楼盖用木材制成的建构筑物。这种结构消耗木材较多，对易燃易爆有腐蚀的车间不适合，故化工厂很少采用。

5.2.3　建筑的视图内容

（1）建构筑物的视图

表达建构筑物正面外形的主视图称为正立面图，侧视图称为左或右侧立面图。将正立面图或侧立面图画成剖视图时，一般将垂直的剖切平面通过建构筑物的门、窗。这种立面上的剖视图称为剖面图。如图 5-1 中的 Ⅰ-Ⅰ 及 Ⅱ-Ⅱ 剖面图。建构筑物的俯视图一般都画成剖视图。这时，水平的剖切平面也是通过建构筑物的门、窗。这种俯视图上的剖视图，称为平面图，如图 5-1 中的二层平面图。图样表达了厂房建筑内部和外部的结构形状。按建筑制图标准规定，视图包括平面图、立面图、剖面图、详图等。厂房平面图和剖面图，或这两种图样的某些内容，常常是设备布置图的重要组成部分。

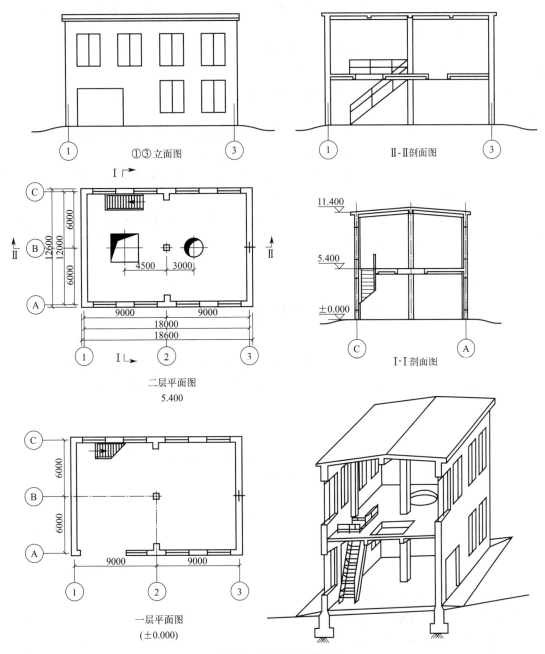

图 5-1　建构筑物的视图

（2）绘制建筑图应注意的问题

① 凡未被剖切的墙、墙垛、梁、柱和楼板等结构的轮廓，都用细实线画出；被剖切后的剖面轮廓则用中粗实线画出。这些结构，以及门、窗、孔洞、楼梯等常见构件的规定画法，可见图 5-1 的立体图。必要时，可查阅《国家标准建筑制图》。

② 厂房建筑图中的墙、柱或墙垛，一般用点划线画出它们的定位轴线并编号。平面图上的横向定位轴线，应按水平方向从左至右顺次用阿拉伯数字编号；纵向的定位轴线，则按垂直方向由下而上顺次用大写英文字母编号。

在立面图和剖面图上，一般只画出建构筑物最外侧的墙或柱的定位轴线，并注写编号。轴线编号一般排列在图面的下方和左方。

轴线编号有时也用来标注立面图的图名，例如图 5-1 中，用"①③立面图"取代"正立面图"为图名，能更准确地说明图中表达的是哪一个立面。

③ 建构筑物各层楼、地面和其他构筑物相对于某一基准面的高度，称为"标高"。标高数值以米（m）为单位，一般标注至小数点后第三位。

④ 基准面　是指楼的某层、地面，其标高为零，并标注为 ±0.000。高于基准面的标高为正，正数不注"+"，低于基准面的标高为负，负数应注"-"。

根据标高这一概念，各层建构筑物的平面图也可按各层楼的标高来标注图名。例如图 5-1 中二层平面图，也可以 5.400 平面图来命名。

⑤ 厂房建筑图中除上述以米（m）为单位的标高尺寸外，定位轴线的间距和厂房的长、宽等尺寸，以及孔洞、设备基础等的定位尺寸皆以毫米（mm）为单位，标注原则和方法，与一般机械图基本相同。

5.3　车间布置设计技术

车间布置是一项复杂细致的工作，工艺设计人员应根据工艺要求掌握全局，与各专业密切配合，做到统筹兼顾，使车间布局合理。同时也要参照一些常规的技术处理方法。

5.3.1　物流设计

车间布置的目标之一是使物流成本最小，所以物流形式在布置中很重要。物流形式可以分为水平的和垂直的。如果所有的设备、设施都在同一车间里时，可采用水平方式；当生产作业是在多个楼层周转时，要采用垂直方式。常见的水平式物流形式如图 5-2 所示。

图 5-2　常见的水平式物流形式

车间的布置类型通常有四种。

① 固定式布置　即加工对象位置固定，生产工人和设备随加工产品所在的位置而转移。

② 按产品布置　即按照产品属性布置有关设备设施，布置的结果一般为流水线生产方式。

③ 按工艺过程布置　即按照工艺专业化原则将同类机器集中在一起，完成相同工艺加工任务，高分子材料的注塑加工常采用此类型。

④ 按组成制造单元布置　即首先根据一定的标准将结构和工艺相似的制品组成一个制品组，确定出制品的典型工艺流程，再根据典型的工艺流程的加工内容选择设备和工人，由这些设备和工人组成一个生产单元，如配料、分析化验组、机修组等。

5.3.2　厂房设计

厂房设计是根据工艺流程、生产特点、生产规模等生产工艺条件以及建筑形式、结构方案和经济条件等建筑本身的可能性与合理性来进行的。厂房设计首先应满足生产工艺的要求，顺应生产工艺的顺序，做到路线最短、占地最少、投资最低，同时要按照建筑规范要求，尽量给设备布置创造出更多的可变性和灵活性，给建筑的定型化创造有利条件。

厂房设计时应考虑到重型设备或震动性设备，如压缩机、大型离心机等尽量布置在底层，若必须布置在楼上时，应布置在梁上。

厂房设计时应考虑到操作平台尽量统一设计。平台较多时，平台支柱零乱繁杂，厂房内构筑物过多，占用过多的面积。

厂房的进出口、通道、楼梯位置要安排好，大门宽度要比最大设备宽 0.2m 以上，当设备太高、太宽时，可与土建专业协商，预留安装孔解决，当需要有运输设备进出厂房时，厂房必须有一个门的宽度比满载的运输设备宽 0.5m、高 0.4m 以上。

为了安全，楼层、平台要有安全出口。

（1）柱网布置

根据设备布置方案的要求，确定厂房的柱网布置。柱网就是厂房内柱子的纵向和横向定位轴线垂直相交，在平面上排列所构成的网络线，如图 5-3 所示。在柱网设计时要尽可能符合建筑模数制的要求。

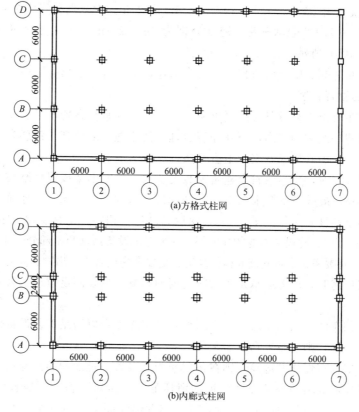

图 5-3　厂房柱网示意图

下面简单介绍一下建筑模数制的意义和作用。

为了适应建设事业的需要，建筑事业也必须走工业化的道路，即设计标准化、构件定型化、施工机械化。我国已经建立了一套工业建筑统一模数化制度。这就为我国的工业建筑逐步走上标准化打下良好的基础。

模数制就是按照大多数工业建筑的情况，把工业建筑平面、立体布置的有关尺寸统一规定成一套相应的基数，在设计各种工业建构筑物时，有关尺寸必须是相应基数的倍数。实行了这种模数制度，就可以逐步达到设计标准化、构件定型化和施工机械化。例如，在单层工业房屋中，柱网间距在 18m 以下时，按照统一模数制规定，柱距是 3m 的倍数。这样，在制造屋架时，可以预先制造与 3 有关的（6、9、12、15、18）标准柱距的屋架，这样构件的类型就可以大大减少，有利于工厂预制品的生产，同时也减少了设计费用和施工费用。

需要指出的是，模数制度的采用，对厂房建构筑物来说是辩证的。也就是说在保证工艺生产正常进行的情况下，最大限度地考虑建筑模数化的应用。

根据厂房中设备布置、人流和物料的运输要求，单层的厂房常为单柱网间距，即柱网间距等于厂房的宽度，厂房内没有柱子。一般多层厂房采用 6m 的柱网间距。若多层厂房采用 9m 的柱网间距，而中间不立柱子，则所用的梁就要很大，因而很不经济。如果柱网间距因生产及设备要求必须加大时，一般应不超过 12m。在一幢厂房中不宜采用多种柱距。

（2）厂房的宽度

厂房的宽度和长度应根据生产规模及工艺要求决定。为了尽可能利用自然采光和通风以及建筑经济上的要求，一般单层厂房的宽度不宜超过 30m。多层厂房的总宽度不宜超过 24m。厂房常用宽度有 12m、14.4m、15m、18m 和 24m。常分别布置成 6-6、6-2.4-6、6-3-6、6-6-6 的形式。6-2.4-6 表示三跨，跨度分别为 6m、2.4m、6m，中间的 2.4m 是内走廊的宽度，如图 5-3(b) 所示。

厂房中柱子布置既要便于设备排列和工人操作，又要有利于物品运输。

（3）厂房的垂直布置

厂房的高度主要由工艺设备布置要求所决定。厂房的垂直布置与平面布置一样，力求简单，要充分利用建构筑物的空间，遵守经济合理、便于施工的原则。每层高度取决于设备的高低、安装的位置、检修要求及安全卫生等条件。

在决定厂房高度时，应尽量符合建筑模数的要求。一般框架或混合结构的多层厂房，层高多采用 5m、6m，最低不得低于 4.5m，最低层高不宜低于 3.2m，由地面到顶棚凸出构件底面的高度（净空高度）不得低于 2.6m，每层高度尽量相同，不宜变化太多。

在设计厂房高度时，除设备本身的高度外，还要考虑设备顶部凸出部分，如仪表、阀门、搅拌电机和管路等，还要考虑设备安装和检修高度，更要考虑设备内取出物的高度，如搅拌器。

在设计多层厂房时，应考虑承重梁对净高度的影响，也要满足建筑上采光、通风等各方面的要求。

有爆炸危险的车间宜采用单层，厂房内设置多层操作台以满足工艺设备位差的要求。如必须设在多层厂房内，则应布置在厂房顶层。

如果整个厂房均有爆炸的危险，则在每层楼板上设置一定面积的泄爆孔。这类厂房还应设置必要的轻质屋面或增加外墙以及门窗的泄压面积。泄压面积与厂房容积的比值一般为 $0.05 \sim 0.1 m^2/m^3$。泄压面积应布置合理，并应靠近爆炸部位，不应面对人员集中的地方和主要交通道路。车间内防爆区与非防爆区（生活区、辅助及控制室等）间应设置防火墙，如果两个区域需要互通，中间应设置双门斗，即设两道弹簧门隔开，上下层防火墙应设在同一轴线处。防爆区上层不应是非防爆区。有爆炸危险车间的楼梯间宜采用封闭式楼梯间。

（4）厂房的出入口

在进行车间布置时，要考虑厂房安全出入口，一般不应少于两个，厂房门向外开。如车间面积小，生产人数少，可设一个，但应慎重考虑防火等问题，具体数值详见《建筑设计防火规范（2018 年版）》（GB 50016—2014）。

5.3.3　各方面对车间设备布置设计的要求

中小型车间的设备，一般采用室内布置，尤其是气温较低的地区。但生产中一般不需要经常操作的可以用自动化仪表控制的设备，如塔、冷凝器、产品贮罐等都可布置在室外。需要大气调节温湿度的设备，如凉水塔、空气冷却器等也都可露天布置或半露天布置。对于有火灾及爆炸危险的设备，露天布置可降低厂房的耐火等级。

（1）生产工艺对设备布置的要求

① 在布置设备时一定要满足工艺流程顺序，要保证水平方向和垂直方向的连续性。

② 凡属相同的几套设备或同类型的设备或操作性质相似的有关设备，应尽可能布置在一起。

③ 设备布置时除了要考虑设备本身所占的位置外，还必须有足够的操作、通行及检修需要的位置。

④ 要考虑相同设备或相似设备互换使用的可能性。

⑤ 要尽可能地缩短设备间管线。

厂房宽度不超过 9m 的车间：一边为设备，另一边作为操作位置和通道，见图 5-4（a）。

厂房宽度 12～15m 的车间：布置两排设备。集中布置在厂房中间，两边留出操作位置和通道，见图 5-4（b）。或分别布置在厂房两边，中间留出操作位置和通道，见图 5-4（c）。

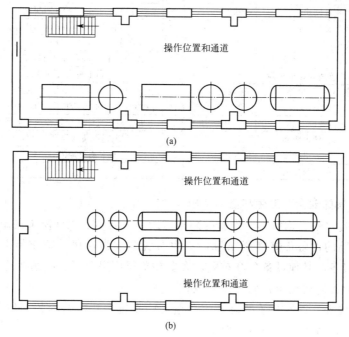

图 5-4

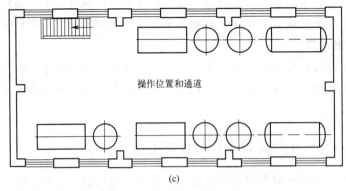

操作位置和通道

(c)

图 5-4 多台设备布置方法

厂房宽度超过 18m 的车间：厂房中间留出 3m 左右的通道，两边分别布置两排设备，每排设备各留出 1.5～2m 的操作位置。

⑥ 车间内要留有堆放原料、成品和包装材料的空地。

⑦ 传动设备要有安装安全防护装置的位置。

⑧ 要考虑物料特性对防火、防爆、防毒及控制噪声的要求。

⑨ 根据生产发展的需要与可能，适当预留扩建余地。

⑩ 要考虑设备之间，设备与建筑物之间的安全距离。设备间距见表 5-1。

表 5-1 设备的安全间距规范

序号	项目	净安全距离/m	序号	项目	净安全距离/m
1	泵与泵的间距	不小于 0.7	16	回转机械离墙的距离	不小于 0.8～1.0
2	泵与墙的距离	至少 1.2	17	回转机械相互间的距离	不小于 0.8～1.2
3	泵列与泵列的距离	不小于 2.0	18	起吊物品与设备最高点的距离	不小于 0.4
4	计量罐间的距离	0.4～0.6	19	通道、操作台通行部分的最小净空	不小于 2.0～2.5
5	贮槽与贮槽的间距	0.4～0.6	20	操作台梯子的坡度（特殊时可做成 60°）	一般不超过 45°
6	换热器与换热器间距	至少 1.0	21	一人操作时设备与墙面的距离	不小于 1.0
7	塔与塔的间距	1.0～2.0	22	一人操作并有人通过时两设备间净距	不小于 1.2
8	换热器管箱与封盖端间的距离,室外/室内	1.2/0.6	23	一人操作并有小车通过时两设备间的距离	不小于 1.9
9	反应器盖上传动装置离天花板距离	不小于 0.8	24	平台到水平人孔的高度	0.6～1.5
10	管束抽出的最小距离（室外）	管束长+0.6	25	人行道、狭通道、楼梯、人孔周围的操作台宽	0.75
11	离心机周围通道	不小于 1.5	26	控制室、开关室与炉子之间的距离	不小于 15
12	过滤机周围通道	1.0～1.8	27	产生可燃性气体的设备和炉子间距	不小于 8.0
13	反应器底部与人行通道距离	不小于 1.8～2.0	28	工艺设备与道路间距	不小于 1.0
14	反应器卸料口与离心机距离	不小于 1.0～1.5	29	不常通行地方,净高	不小于 1.9
15	往返运动机械的运动部件与墙的距离	不小于 1.5			

（2）设备布置的安全、卫生和防腐要求

① 车间内建构筑物、构筑物、设备的防火间距一定要达到工厂防火规定的要求。

② 有爆炸危险的设备最好露天布置，室内布置要加强通风，防止易燃易爆物质聚集；将有爆炸危险的设备与其他设备分开布置，布置在单层厂房及厂房或场地的外围，以利于防爆泄压和消防，并设防爆设施，如防爆墙等。

③ 处理酸、碱等腐蚀性介质的设备应尽量集中布置在建构筑物的底层，不宜布置在楼上和地下室，而且设备周围要设有防腐围堤。

④ 有毒、有粉尘和有气体腐蚀的设备，应各自相对集中布置并加强通风设施和防腐、

防毒措施。

⑤ 设备布置尽量采用露天布置或半露天框架式布置形式，以减少占地面积和建筑投资。比较安全而又间歇操作和操作频繁的设备一般可以布置在室内。

⑥ 要为工人操作创造良好的采光条件，布置设备时尽可能做到工人背光操作，高大设备避免靠窗布置，以免影响采光。

⑦ 要最有效地利用自然对流通风，车间南北向不宜隔断。放热量大，有毒害性气体或粉尘的工段，如不能露天布置时需要有机械送排风装置或采取其他措施，以满足卫生标准的要求。

⑧ 车间内应有安全通道、消防车通道、安全直梯等。

（3）操作条件对设备布置的要求

装置布置应该为操作人员创造一个良好的操作条件。

① 操作和检修通道；

② 合理的设备间距和净空高度（见图 5-5）；

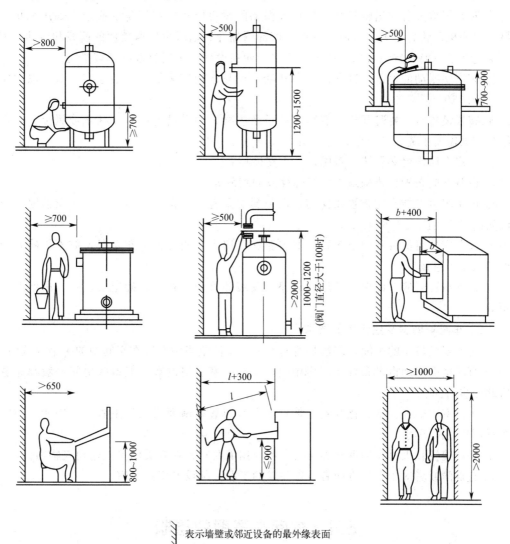

┃ 表示墙壁或邻近设备的最外缘表面

图中单位:mm

图 5-5　操作条件对设备布置的要求

③ 必要的平台、楼梯和安全出入口；

④ 尽可能地减少对操作人员的危害和噪声；

⑤ 控制室应位于主要操作区附近。

（4）设备安装、检修对设备布置的要求

① 要根据设备大小及结构，考虑设备安装、检修及拆卸所需要的空间、面积及运输通道。

② 要考虑设备安装和更换时能顺利进出车间，设置的大门和安装孔的宽度比最大设备宽 0.5m。不经常检修的设备，可在墙上设置安装孔。

③ 通过楼层的设备，每层楼面的相同的位置上要设置吊装孔。吊装孔不宜开得过大，一般控制在 2.7m 以内。

④ 必须考虑设备检修拆卸以及运送物料所需要的起重运输设备、运送场地及预装吊钩等。

（5）厂房建筑对设备布置的要求

① 凡是笨重设备或运转时会产生很大振动的设备应布置在厂房的底层。如压缩机、真空泵、离心机、粉碎机等。并应与其他生产部门隔开，以减少厂房楼面的荷载和振动。如果由于工艺要求不能布置在底层，应要求土建专业在设计中采用有效的减震措施。

② 有剧烈振动的设备，其操作台和基础不得与建构筑物的柱、墙连在一起，以免影响建构筑物的安全。

③ 布置设备时，要避开建构筑物的柱子及主梁。如果设备吊装在柱子或梁上，其荷重及吊装方式需要事先告知土建设计人员。

④ 厂房中操作台必须统一考虑，防止支柱林立。

⑤ 设备不应布置在建构筑物的沉降缝或伸缩缝处。

⑥ 设备应尽可能避免布置在窗前，以免影响采光和开窗。如需要布置在窗前时，设备与墙间的净距离应大于 600mm。

⑦ 设备应尽可能避开通道布置。如需要在厂房大门或楼梯旁布置时，应不影响开门并确保行人出入通畅。

⑧ 设备布置时应考虑设备的运输线路、安装和检修方式，以确定安装孔、吊钩及设备间距等。

（6）车间辅助室及生活室的要求

① 生产规模较小的车间，多数是将辅助室、生活室集中布置在车间中的一个区域内。

② 有时辅助房间也可布置在厂房中间，如配电室及空调室，但这些房间一般都布置在厂房北面房间。

③ 生活室中的办公室、化验室、休息室等宜布置在南面房间，更衣室、厕所、浴室等可布置厂房北面房间。

④ 生产规模较大时，辅助室和生活室可根据需要布置在有关的单独建构筑物内。

⑤ 有毒的或者对于卫生方面有特殊要求的工段必须设专用的浴室。

5.4 车间布置图的绘制

图 5-6 为某车间布置图，由此图可以看出车间布置图应包括下列内容。

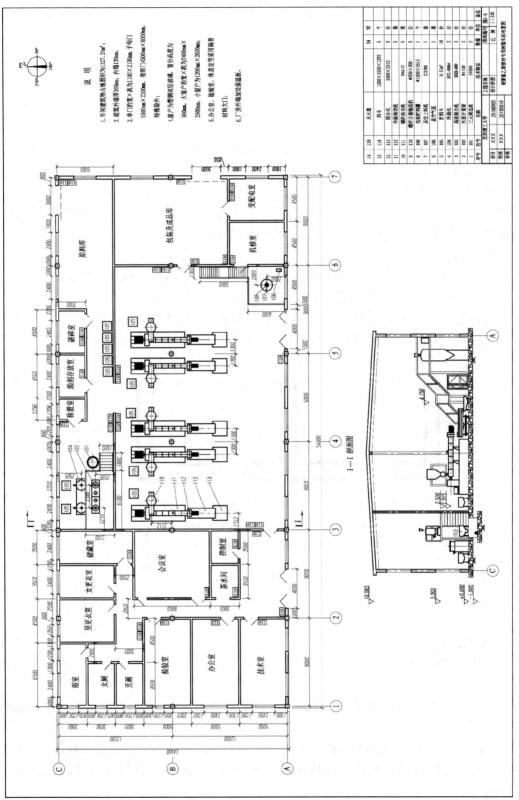

图 5-6　某车间布置图（详见附录大图）

① 设备之间的相互关系。

② 界区范围的总尺寸和装置内关键尺寸，如建构筑物的楼层标高及设备的相对位置。

③ 土建结构的基本轮廓线。

④ 装置内管廊、道路的布置。

5.4.1 绘图的一般要求

（1）图幅

车间布置图一般采用 A1 号图纸，不宜加宽或加长。遇特殊情况也可采用其他图幅。

（2）比例

在图面饱满、表达清楚的原则下，绘图比例尽可能用 1∶100，也可采用 1∶50 或 1∶200，视设备布置疏密程度、界区的大小和规模而定。但对于大型车间，需要分段绘制设备布置图时，必须采用统一的比例，并在标题栏中注明。

（3）尺寸

① 尺寸单位　标注的标高、坐标均以 m 为单位，小数点后取三位数，至 mm 为止。其余尺寸一律以 mm 为单位，只注数字，不注单位。

② 标注基准　设备定位以建筑轴线或柱中心为基准，标注的尺寸为设备中心与基准的间距。当总体尺寸数值较大，精度要求不高时，允许将尺寸标为封闭链状，如图 5-7 所示。

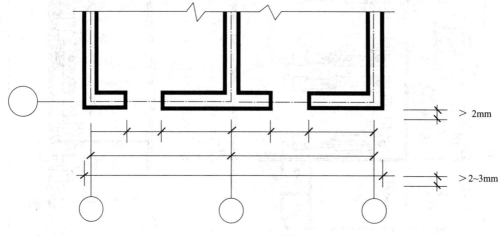

图 5-7　尺寸标注样式

③ 标注样式。

尺寸界线：细实线，与被注长度垂直，离开被注长度不可少于 2mm，超出尺寸线 2～3mm。

尺寸线：细实线，与被注长度平行。尺寸线的起止点采用 45°的细短粗线（2～3mm）表示。

尺寸的排列与布置：相互平行的尺寸线，由近向远排列，小尺寸离轮廓线较近，大尺寸较远；尺寸线与图样最外轮廓线之间的距离不小于 10mm；平行尺寸线之间的距离为 7～10mm。

建构筑物最少要标注三道尺寸，即：外包尺寸，表明建筑物的总长、总宽；中间为轴线尺寸，表明开间和进深尺寸；最里一道尺寸是门窗、洞口、墙垛、墙厚尺寸。

（4）图名

标题栏中的图名，一般应分为两行，上行写"×××车间×××设备布置图"，下行写"EL×.×××平面"或"A-A剖视"等。

① 一张图纸上只绘制一层平面图时，则写："×××设备布置图标高×.×××平面"或"A-A剖视"等。标高的表示方法见图5-8。

② 一张图纸只绘制一个视图时，则写："车间设备布置图 X-X 剖视"。剖视图的编号采用"A-A""B-B"等大写英文字母表示。

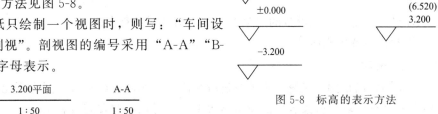

3.200平面	A-A
1：50	1：50

图 5-8　标高的表示方法

③ 一张图纸有两个以上平面或剖视图时，应写出所有平面及剖视图的名称，如，标高×.×××的平面图；标高×.×××，×.×××平面，A-A剖视。每个图下方也要标注×.×××平面或A-A剖视。如果图面比例不同，还应在粗实线下方写出比例。

④ 当一张图纸上只画出一层平面中的某一部分时，应在图名后面写明轴线编号。例如，设备布置图标高×.×××平面轴线③～⑥。

（5）图线线形要求及用途（表5-2）

表 5-2　图线线形及主要用途

名称	线宽	主要用途
粗实线	b	主要可见轮廓线 建构筑物外轮廓线 剖视图中被剖着的部分轮廓线 剖切位置线、地面线、详图符号等 设备、设备附件、传动装置等外形
中粗实线	$0.5b$	可见轮廓线 剖面图中未被剖着但仍能看到且需要画出的轮廓线 标注尺寸的尺寸起止45°短划 设备的支架、耳架 安装平台、操作平台 若设备或附件太小，用粗实线不能表示清楚时局部可用中粗线绘制
细实线	$0.35b$	尺寸线、尺寸界限、引出线、图例线、标高线等
粗点划线	b	平面图中起重运输装置的轨道线等
细点划线	$0.35b$	中心线、对称线、定位轴线等
中粗虚线	$0.5b$	需要画出但看不到的轮廓线等
细虚线	$0.35b$	不可见轮廓线、图例线等
折断线	$0.35b$	不需要画全的断开界限
波浪线	$0.35b$	不需要画全的断开界限
加粗粗实线	$1.4b$	建构筑物地面线

① 剖切符号的剖切线用中粗线，剖切符号的方向用细实线绘制，剖切号用罗马数字或大写英文字母表示，数字和字母书写方向见图5-9。

② 楼板预留孔的阴影部分和被剖切的墙柱不涂色，或是涂浅粉红色。

③ 装置边界线、建构筑物、设备基础、支架及土建专业设计的大型平台及尺寸用中细

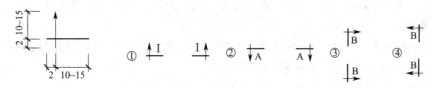

图 5-9 剖切符号

实线绘制。

④ 卧式设备和立式设备的法兰连接形式均画两条粗实线。

⑤ 预留设备用虚线。

（6）分区

布置图常以车间（装置）为单位进行绘制，当车间范围较大，图样不能表达清楚时，则应将车间划分区域，分绘各区的设备布置图。区界以粗双点划线表示。

（7）编号

每张设备布置图均应单独编号。同一主项的设备布置图不得采用一个号，应加上"第×张，共×张"的编号方法。

5.4.2 视图的配置

（1）平面图

设备布置图一般只绘平面图，对于较复杂的装置或穿越多层建筑、构筑物的装置，仅用平面图表达不清楚时，可加绘剖视或局部剖视图。剖视图的代号采用"A-A""B-B"等大写英文字母表示。

对于多层建筑、构筑物的车间，应依次分层绘制各层的设备布置平面图，各层平面图均是以上一层的楼板底面水平剖切所得的俯视图。如在同一张图纸上绘制若干层平面图，应从最底层平面开始，在图中由下至上或由左至右按层次顺序排列，并应在相应图形下注明"EL×.×××平面"等字样。

一般情况下，每层只需画一张平面图。当有局部操作平台时，主平面图可只画操作平台以下的设备，而操作平台和在操作平台上面的设备应另画局部平面图。如果操作平台下面的设备很少，在不影响图面清晰的情况下，也可两者重叠绘制，将操作平台下面的设备画为虚线。

当一台设备穿越多层建构筑物、构筑物时，在每层平面图上均需画出设备的平面位置，并标注设备位号。

（2）剖视图

剖视图是在厂房建筑的适当位置上，垂直剖切后绘出的立面剖视图，以表达在高度方向上设备安装布置的情况。在保证充分表达的前提下，剖视图的数量应尽可能少。

当设备在平面图上表达不够清楚时，应绘制必要的剖视图，绘制的剖视图选择能清楚表达设备特征的视图，剖视方向如有几排设备，为使主要设备表达清楚，可按需要不绘出后排设备。

剖视图上应标注出轴线号，但不需要注轴线总、分尺寸。

剖视图上的设备外形要求线条简单，表达清楚。如夹套设备只需要绘出夹套外形，但应绘出设备的支架、底座和传动装置等附件。

剖视图还不能表达清楚的设备，可加画局部剖视图。

剖视图上的尺寸标注。各层楼面和平台的标高用细实线引至图面的一侧标注。设备不注明平面定位尺寸，需要注设备特征高度，其尺寸标注基准线以地坪或楼面为基准。卧式设备、立式设备的特征高度一般以支撑点标高表示。

剖视图名用"剖切号＋剖视"表示，大剖视图用罗马数字表示，如Ⅰ-Ⅰ剖视、Ⅱ-Ⅱ剖视；局部小剖视图用英文字母表示，如 A-A 剖视、B-B 剖视。

5.4.3　建筑构件的表达

① 在设备布置图中厂房建筑的空间大小、内部分隔以及与设备安装定位有关的基本结构在平面图及剖面图上均应按比例用规定的图例画出。包括门、窗、墙、柱、楼梯、操作台、吊轨、栏杆、安装孔、管廊架、管沟、散水坡、围堰、道路、通道以及设备基础等均用中实线画出。

② 在设备布置图上还需按相应建筑图纸，对承重墙、柱子等结构按建筑图要求用细点划线画出其相同的建筑定位轴线。标注室内外的地坪标高。

③ 与设备安装定位关系不大的门、窗等构件，一般要在平面图上画出它们的位置、门的开启方向等，而在其他视图上则可不予表示。

④ 在装置所在的建构筑物内如有控制室、配电室、操作室、分析室、生活及辅助间，均应标注各自的名称。

常用构造配件图例见图 5-10。

5.4.4　设备的表示方法

① 定型设备一般用粗实线按比例画出其外形轮廓，被遮盖的设备轮廓一般不予画出。设备的中心线用细点划线画出。

在平面布置图上，动设备（如泵、压缩机、风机、过滤机等）可适当简化，只画出其基础所在位置，标注特征管口和驱动机的位置，并在设备中心线的上方标注设备位号，下方标注标高。如"POS EL×.×××"。见图 5-11。

② 非定型设备一般用粗实线，按比例采用简化画法画出其外形轮廓（根据设备总装图），包括操作台、梯子和支架（应注出支架图号）。非定型设备若没有绘管口方位图的设备，应用中实线画出其特征管口（如人孔、手孔、主要接管等），详细注明其相应的方位角。

③ 动设备平面图的简化画法：画出基础，机器的中心线、驱动机的位置和特征管口。见图 5-12。

④ 当设备穿过楼板被剖切时，每层平面图上均需画出设备的平面位置。当剖视图中设备的钢筋混凝土基础与设备的外形轮廓组合在一起时，可将其与设备一起画成粗实线。位于室外而又与厂房不连接的设备和支架、平台等，一般只需在底层平面图上予以表示。见图 5-13。

⑤ 在设备平面布置图上，还应根据检修需要，用虚线表示预留的检修场地（如换热器管束用地），按比例画出，不标尺寸。如图 5-14 所示。

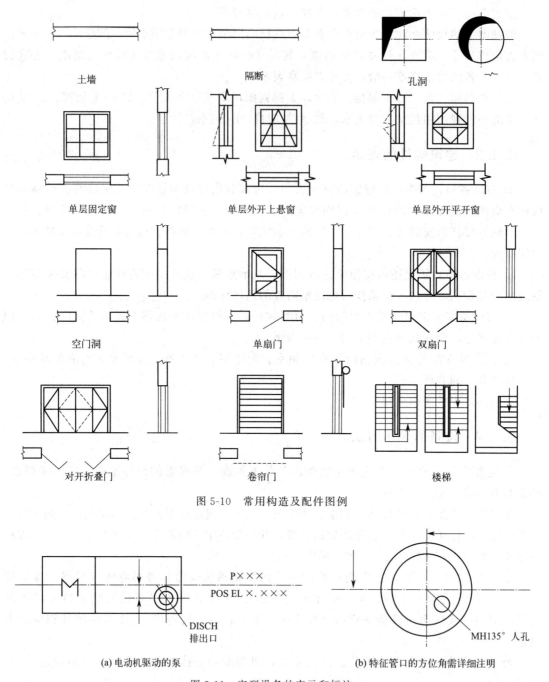

图 5-10　常用构造及配件图例

（a）电动机驱动的泵　　　　　　　　　（b）特征管口的方位角需详细注明

图 5-11　定型设备的表示和标注

⑥ 剖面图中如沿剖视方向有几排设备，为使设备表达清楚可按需要不画后排设备。图样绘有两个以上剖面时，设备在各剖面图上一般只应出现一次，无特殊需要不必重复画出。

⑦ 在设备布置图中还需要表示出管廊、埋地管道、埋地电缆、排水沟和进出界区管线等。

⑧ 预留位置或第二期工程安装的设备，可在图中用细双点划线绘制。

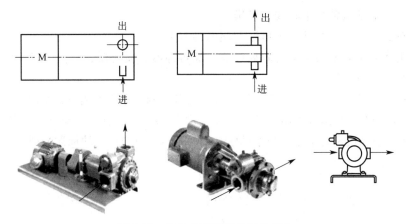

图 5-12　动设备平面图的简化画法

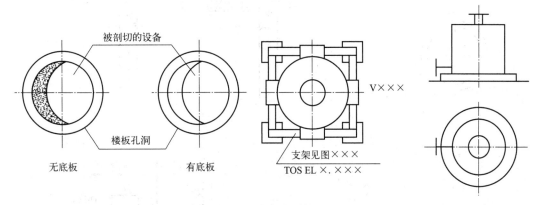

图 5-13　有穿孔时的画法

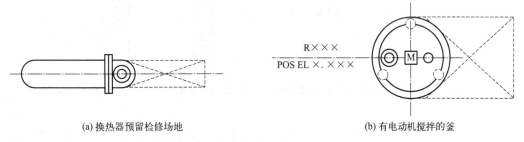

(a) 换热器预留检修场地　　　　　　　　(b) 有电动机搅拌的釜

图 5-14　需要有预留地的画法

5.4.5　设备的标注

（1）平面布置图设备的尺寸标注

布置图中不标注设备的定型尺寸，只标注安装定位尺寸。通常以建构筑物定位轴线为基准，注出与设备中心线或设备支座中心线的距离。当某一设备定位后，可依此设备中心线为基准来标注邻近设备的定位尺寸。

卧式容器和换热器以设备中心线和靠近柱轴线一端的支座为基准；

立式反应器、塔、槽、罐和换热器以设备中心线为基准；

离心式泵、压缩机等以中心线和出口管中心线为基准，往复式泵、活塞式压缩机以缸中心线和曲轴（或电动机轴）中心线为基准；

板式换热器以中心线和某一出口法兰端面为基准；

直接与主要设备有密切关系的附属设备，如再沸器、喷射器、冷凝器等，应以主要设备的中心线为基准进行标注；

对于没有中心线或不宜用中心线表示位置的设备。例如箱式加热炉、水箱冷却器及其他长方形容器等，可由其外形边线引出一条尺寸线，并注明尺寸。当设备中心线与基础中心线不一致时，布置图中应注明设备中心线与基础中心线的距离。典型设备的标注如图 5-15 所示。

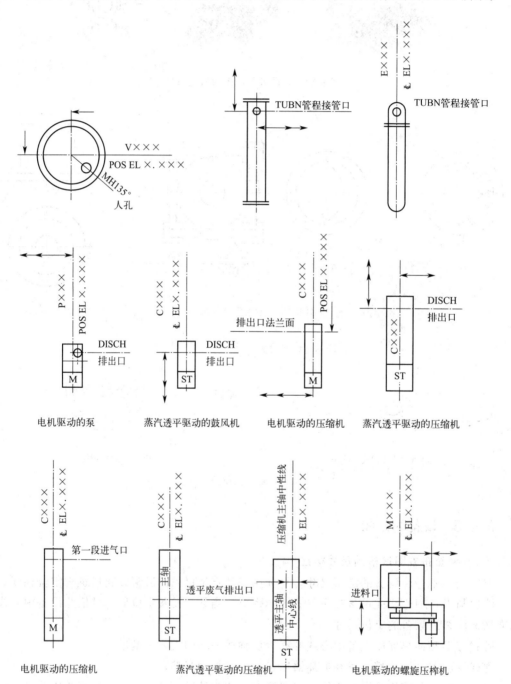

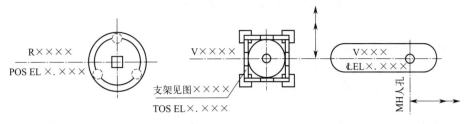

图 5-15　典型设备的标注

（2）设备的标高

标高基准一般选择首层室内地面。

① 卧式换热器、槽、罐一般以中心线标高表示，如 ₵EL×.×××，₵符号是 center line 的缩写，有的书写成 C.L，还有的书写成 Φ。

② 立式、板式换热器以支承点标高表示，如 POS EL×.×××。

③ 反应器、塔和立式槽、罐一般以支承点标高表示，如 POS EL×.×××。

④ 泵、压缩机以主轴中心线标高（₵EL×.×××），也可以以底盘面标高（即基础顶面标高）表示（POS EL×.×××）。

⑤ 管廊、管架标注出架顶的标高，如 TOS EL×.×××。

同一位号的设备多于 3 台时，在平面图上可以表示首末。

（3）位号的标注

在设备中心线的上方标注设备位号，该位号与管道及仪表流程图的应一致，下方标注支承点的标高（POS EL×.×××）或主轴中心线标高（₵EL×.×××）。

（4）安装方位标

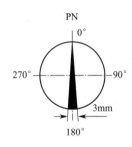

图 5-16　方位标

方位标为细实线圆、直径 20mm。北向作为方位基准，符号 PN，注以 0°、90°、180°、270°等字样。在图上方向针通常应向上或向左。该方位标应与总图的设计方向一致。见图 5-16。

（5）其他标注

① 设备一览表。设备布置图可将设备的位号、名称、规格及设备图号（或标准号）等，在图纸上列表注明。也可不在图上列表，而在设计文件中附设备一览表。

② 绘制填写标题栏、修改栏。绘制标题栏、修改栏，填写工程名称、比例、图号、版次、修改说明等项目，有关设计人员签字。

5.4.6　布置图的绘制一般步骤

1）考虑布置图的视图配置

2）选定绘图比例

3）确定图纸幅面

4）绘制平面图，从底层平面起逐层绘制

① 画出建筑定位轴线。

② 画出与设备安装布置有关的厂房建筑基本结构。

③ 画出设备中心线。

④ 画出设备、支架、基础、操作平台等的轮廓形状。

⑤ 标注尺寸。

⑥ 标注定位轴线编号及设备位号、名称。

⑦ 图上如有分区，还需要画分区界线并标注。

5）绘制剖视图，绘制步骤同平面图

6）绘制方位标

7）编制设备一览表，注写有关说明，填写标题栏

8）检查、校核，最后完成图样，附：土建设计条件

① 结合工艺流程图简要叙述车间或工段的工艺流程。

② 结合设备布置图简要说明设备在厂房内的布置情况。如厂房的高度、层数、跨度、地面或楼面的材料、坡度、负荷、门窗的位置及其他要求等。

③ 提出设备一览表。

④ 劳动保护情况。说明厂房的防火、防爆、防毒、防尘和防腐条件，以及其他特殊条件。

⑤ 提出车间人员表。其中包括人员总数、最大班人数、男女比例。

⑥ 提出楼面、墙面的预留孔和预埋条件，地面的地沟、落地设备的基础条件。

⑦ 提出安装运输要求。如考虑安装门、安装孔、安装吊点、安装荷重及安装场地等。

 思考题

1. 车间布置设计目的是什么？主要任务有哪些？

2. 车间布置设计的原则有哪些？

3. 车间布置设计的基本依据有哪些？

4. 各设计阶段中，车间布置设计分别要完成哪些内容？

5. 建构筑物有哪些构件？

6. 建构筑物的结构有哪些？

7. 常见的车间的布置类型有哪些？

8. 何为建筑的模数制？对柱网有哪些要求？

9. 厂房的宽度、高度及厂房的出入口有哪些规定？

10. 生产工艺、操作条件和设备安装对设备布置有哪些要求？

11. 设备布置有哪些安全卫生和防腐方面的要求？

12. 车间布置图要展示哪些内容？

13. 怎样进行设备的定位及尺寸标注？

14. 建筑物至少要标注哪些尺寸？

15. 厂房宽度小于9m的车间如何进行设备布置？

16. 设备布置对生产工艺、操作条件有什么要求？

17. POS EL、₵EL 和 TOS EL 所代表的意义是什么？

18. 定型设备和非定型设备在车间布置图中，即使采用简单画法也必须要表达的内容有哪些？

19. 绘制车间布置图的图线线形及主要用途有什么？

20. 车间布置图中必须要标注的尺寸有哪些？

第6章

管道设计

　　管道是由管子、管件、阀门以及管道上的小型设备等连接而成的输送流体或传递压力的通道。一套装置之所以能进行生产，是工艺过程所必需的机械设备用管道按流程加以连接的结果。工艺生产装置的管道犹如人体的血管，没有血管人就不能生存。同样，工艺生产装置如果没有管道也就不能生产。所以，管道设计是工厂工艺设计中一个十分重要的内容。

　　管道设计可以分成两大部分：管道计算与管道布置设计。管道计算包括管径计算、管道压降计算、管道保温工程、管道应力分析、热补偿计算、管件选择、管道支吊架计算等内容。管道布置设计不仅要满足工艺流程的要求，也必须满足施工安装的要求。

6.1　管道设计基础

6.1.1　概述

（1）设计依据

在进行管道设计时，应备有下列资料。

① 生产工艺流程图和公用工程系统流程图。

② 设备平面布置图、立面布置图和管口方位图等。

③ 设备施工图和设备一览表。

④ 物料计算和热量计算资料。

⑤ 厂房建筑平面图、剖面图。

⑥ 配管工程设计规范、管道等级表。

⑦ 当地气象资料等。

（2）设计原则

① 依据管道设计规定，收集设计资料及有关的标准规范。

② 根据工艺管道及仪表流程图进行管道设计。

③ 根据装置的特点，考虑操作、安装、生产及维修的需要，合理布置管道，做到整齐美观。

④ 根据介质性质及工艺操作条件，经济合理地选择管材。

⑤ 配置的管道要有一定的挠性，以降低管道的应力，对直径大于 DN150、温度大于177℃的管道应进行柔性核算。

⑥ 管道布置中要考虑安全通道及检修通道。

⑦ 输送易燃易爆介质的管道不能通过生活区。

⑧ 废气放空管应设置在操作区的下风向，并符合国家排放标准。

（3）管道设计的内容

① 管道布置图，包括管道平面布置图、剖面布置图和管段图。

② 管架、特殊管件等制造图。

③ 管道安装材料明细表，包括油漆、保温材料等。

④ 编写管道施工说明书。

（4）管道设计的步骤

① 选择管材。

② 确定管径和管壁厚度。

③ 选用阀件和管件。

④ 进行管道布置。

⑤ 完成管道设计的其他工作，如管道支架、补偿器和保温防腐等设计。

⑥ 绘制管道布置图。

⑦ 编制管道安装材料明细表。

⑧ 编制管道施工说明书。

6.1.2　管道的分类与等级

（1）管道的分类

① 按照设计压力可将工业管道分为四级，见表 6-1。

表 6-1　管道分级

级别名称	设计压力 p/MPa	级别名称	设计压力 p/MPa
真空管道	$p<0$	中压管道	$1.6<p\leqslant10$
低压管道	$0\leqslant p\leqslant1.6$	高压管道	$p>10$

注：工作压力≥9.0MPa，且工作温度≥500℃的蒸气管道可升级为高压管道。

此种管道分级方法仅以管道设计压力为依据，虽然对蒸气管道工作温度≥500℃时考虑了温度的影响，但对其他介质则未考虑温度影响，更未考虑不同介质的性质差别，所以这种分级方法是粗略的，而且按此种办法分级的管道也无对应的设计施工规范。

② 按照管道中输送介质的温度、闪点、爆炸下限、毒性以及管道的设计压力可将管道分为三级，见表 6-2。

表 6-2　管道级别

管道级别	适用范围
SHA	①毒性程度为极度危害介质的管道 ②设计压力≥10MPa 的介质管道

续表

管道级别		适用范围
SHB	SHB1	①毒性程度为高度危害介质的管道 ②设计压力＜10MPa 的甲乙类可燃气体和甲 A 类液化烃,甲 B 类可燃液体介质管道 ③乙 A 类可燃液体介质管道
	SHB2	①乙 B 类可燃液体介质管道 ②丙类可燃液体介质管道

注:1. 剧毒介质是指被人吸入或与人体接触时,进入人体的量≤4g 即会引起肌体严重损伤或致死,即使迅速采取治疗措施也不能恢复健康的物质,如氟、氢氟酸、光气、氟化氢、碳酰氟、丙烯腈、四乙铅等,以及设计规定为剧毒介质的物质。

2. 易燃介质是指其闪点≤45℃的液体。可燃介质是指闪点＞45℃的液体。

3. 同一物料按其特性（如闪点或爆炸下限）分列不同管道级别时,以较高级别为准。

4. 混合物料应由设计确定其管道级别,当设计未规定时,以其中的主导物料为分级依据。

按此种办法分级的管道的施工应按《石油化工有毒、可燃介质钢制管道工程施工及验收规范》（SH/T 3501—2021）的规定进行。

（2）管道及管件的公称压力及公称直径

1）公称压力

管道及管件的公称压力（PN）是指与其机械强度有关的设计给定压力,它一般表示管道及管件在规定温度下的最大许用工作压力。公称压力单位：MPa。

2）公称直径

为了简化管道直径规格和统一管道器材元件连接尺寸,对管道直径分级进行了标准化,并以公称直径（DN）表示。公称直径表示管子、管件等管道器材元件的名义内径。一般情况下,元件的实际内径不一定等于公称直径。对于同一标准、公称压力和公称直径相同的管法兰应具有相同的连接尺寸。公称直径单位：mm。

（3）管道等级

为了简化管道及管件规格,有利于管道组件的标准化,在管道设计中将各种管道组件按管道的材质、压力和直径三个参数进行适当分级。管道等级的编制工作是管道设计中的一个环节。管道等级的编制一般由项目负责人担任,因为这是一项技术统一工作。它规定项目中各种工艺介质所用管道及管件的材料、规格、型号。

管道等级号由管道公称压力、管道顺序号、管道材质类别组成。如管道等级 L2B,其首位英文字母 L 表示管道公称压力为 1.0MPa,中间数字 2 表示管道顺序号,末尾英文字母 B 表示管道材质为碳钢。管道材质代号和公称压力代号见表 6-3、表 6-4。

表 6-3　管道材质代号

管道材质代号	管道材质	管道材质代号	管道材质
A	铸铁	E	不锈钢
B	碳钢	F	有色金属
C	普通低合金钢	G	非金属
D	合金钢	H	衬里及内防腐

表6-4　管道公称压力等级代号

压力等级代号	管道压力/MPa	压力等级代号	管道压力/MPa
K	0.6	P	4.0
L	1.0		
M	1.6	Q	6.4
N	2.5	R	10

根据工艺介质、管道内的操作压力、操作温度，确定管道的压力等级，进行管道材质的选用。然后将所选用的管道、阀门、垫片等材料及其规格编写成管道材料等级索引表，见表6-5。

表6-5　管道材料等级索引表

序号	管道材料等级代号	介质	温度范围/℃	公称压力/MPa	管道名称	管道材料	法兰形式	垫片形式
1	L1A	循环水、空气、一般工艺物料	−15～80	1.0	无缝钢管	20	对焊法兰RF型 HG 20595—2009	聚四氟乙烯包覆垫片RF型

设计单位名称		工程名称			年　月
		设计项目		专　业	
编　制				设计阶段	
校　核				图　号	
审　核				第　页　共　页	

（4）材料统计

施工图管道布置完成后，要进行材料统计，并编写管道综合材料一览表，见表6-6。管道的材料统计是管道布置设计的最后一项工作，这项工作是非常重要的，因为施工单位要按照设计单位所做的材料统计一览表去采购、备料。

管道综合材料一览表是工艺专业的各种材料的总汇，包括管段、阀门、法兰、管件、螺栓螺母、管道支吊架材料、油漆、保温材料、设备地脚螺栓、其他特殊材料等。每种材料都要清楚地写明材料的名称、规格、数量及标准号，以方便施工单位采购，避免引起差错。

表6-6　管道综合材料一览表

序号	名称	规格	标准编号或图号	材料或性能等级	单位	数量	质量/kg 单重	质量/kg 总重	备注
一	管子								
1	焊接不锈钢管	φ57×3.5	HG 20537.3—1992	E2	m	20			
2	无缝钢管	φ57×3.5	GB/T 8163—2018	20#	m	10			

单位名称	编制		管道综合材料表	工程名称		
	校核			设计项目	图　号	
年　月　日	审核			设计阶段	第　页　共　页	

（5）管道系统试验

管道安装完毕后，按设计规定应对系统进行强度及气密性试验，检查管道安装的工程质量。一般采用液压试验，如果液压强度试验确有困难，也可用气压试验代替，试验中应采取有效的安全措施。

1）液压试验

液压试验采用洁净水。承受内压的地上钢管道及有色金属管道的试验压力应为设计压力的1.5倍，埋地钢管道的试验压力应为设计压力的1.5倍，且不得低于0.4MPa。对承受外压的管道，其试验压力应为设计内、外压力之差的1.5倍，且不低于0.2MPa。

液压试验应缓慢升压，待达到试验压力后，稳压 10min，再将试验压力降至设计压力，稳压 30min，以压力不降、无渗漏为合格。

2）气压试验

气压试验又称气密性试验。为安全起见，气压试验应在液压试验合格之后进行，一般使用空气或惰性气体。对承受内压、设计压力不大于 0.6MPa 的钢管及有色金属管道，其气压试验压力为设计压力的 1.15 倍；真空管道的试验压力应为 0.2MPa。

在进行气压强度试验时，应采用压力逐级升高的方法。首先升至试验压力的 50%，进行泄漏及有无变形等情况的检查，如无异常现象，再继续按试验压力的 10% 逐级升压，直至达到试验压力。每一级应稳压 3min，达到试验压力后稳压 10min，以无泄漏、目测无变形等为合格。

强度试验合格后，降低至设计压力，用涂刷肥皂水的方法进行检查，如无泄漏，稳压 30min 压力也不降，则设备气密性试验为合格。

（6）管道连接形式

① 焊接：所有压力管道，如煤气、蒸汽、空气、真空等管道尽量采用焊接。

② 承插焊：密封性要求高的管子连接，应尽量采用承插焊连接。

③ 法兰连接：适用于大管径、密封性要求高的管子连接，如真空管等。

④ 螺纹连接：一般用于管径≤50mm 低压钢管或硬聚氯乙烯塑料管的连接。

⑤ 承插连接：适用于埋地或沿墙敷设的给排水管，如铸铁管、陶瓷管、石棉水泥管工作压力≤0.3MPa、介质温度≤60℃。

⑥ 承插粘接：适用于各种塑料管，如 ABS 管、玻璃钢管等。

⑦ 卡套连接：适用于管径≤40mm 的金属管与金属管件或与非金属管件、阀件的连接，一般用于仪表、控制系统等处。

⑧ 卡箍连接：适用于洁净物料管道的连接，具有装拆方便、安全可靠、经济耐用等优点。

6.2　管道及其组件的材料与规格

6.2.1　管道的材料与规格

（1）管道的分类

1）按形状分类

按形状分类，可分为光滑管、套管、翅片管、各种衬里管等。

2）按用途分类

① 输送和传热用途，在我国可分为流体输送用、长输（输油气）管道用、石油裂化用、化工用、锅炉用、换热器用。在日本可分为普通配管用、压力配管用，高压用、高温用、高温耐热用、低温用、耐腐蚀用等。

② 结构用途，通常分为普通结构用、高强度结构用、机械结构用等。

③ 特殊用途，例如钻井用、试验用、高压气体容器用等。

3）按材质分类

按材质分类见表 6-7 所示。

表 6-7 管道按材质分类表

大类	中类	小类	管道名称举例
金属管	铁管	铸铁管	承压铸铁管（砂型离心铸铁管、连续铸铁管）
	钢管	碳素管	B3F 焊接钢管，10、20 号无缝钢管，优质碳素钢无缝钢管
		低合金钢管	16Mn 无缝钢管、低温钢无缝钢管
		合金钢管	奥氏体不锈钢管、耐热无缝钢管
	有色金属管	铜及合金管	拉制及挤制黄铜管、紫铜管、铜镍合金管
		铅管	铅管、铅锑合金管
		铝管	冷拉铝及铝合金圆管、热挤铝及铝合金圆管
		钛管	钛管及钛合金管
非金属管	非金属管	橡胶管	输气胶管，输水吸水胶管，输油、吸油胶管，蒸气胶管
		塑料管	聚丙烯管、硬聚氯乙烯管、聚四氟乙烯管、酚醛塑料管
		石棉水泥管	石棉水泥管
		石墨管	不透性石墨管
		玻璃管陶瓷管	化工陶瓷管（耐酸陶瓷管、耐酸耐温陶瓷管、工业瓷管）
		玻璃钢管	环氧玻璃钢管、酚醛玻璃钢管、呋喃玻璃钢管
	衬里管	衬里管	橡胶衬里管、钢塑复合管、涂氟钢管

（2）各类管道的基本用途

1）铸铁管

铸铁管常用于埋于地下的给水总管及污水管等，也可用来输送油品和腐蚀性介质，如碱液及浓硫酸。铸铁管的工作压力使用范围为低压直管≤0.45MPa，高压直管 PN≤0.75MPa。铸铁管多数采用承插式连接。

2）焊接钢管

焊接钢管分镀锌和不镀锌两种，镀锌的称为白铁管，不镀锌的称为黑铁管。焊接钢管常用作给水、煤气、暖气、压缩空气、真空、低压蒸汽和凝液以及无腐蚀性物料的管道。

3）无缝钢管

无缝钢管应用广泛，可用于输送有压力的物料、蒸汽、高压水、过热水以及输送燃烧性、爆炸性和有毒性的物料，极限工作温度为 435℃。输送强腐蚀性或高温介质（可达 900～950℃）则用合金钢或耐热钢制成的无缝钢管，如镍铬钢能耐 HNO_3 与 H_3PO_4 等，但具有还原性的介质不宜采用。无缝钢管又可用作各种设备的换热管。

4）有色金属管

① 铜管、黄铜管、压挤铜管（紫铜管） 铜管与黄铜管多用来制造换热设备，也用作低温管道、仪表的测压管线或传送有压力的流体（如油压系统、润滑系统）。当温度大于250℃时不宜在压力下使用。铜管与黄铜管的连接可用法兰连接、钎焊连接和活管连接，个别的厚壁管也可用螺纹连接。

② 铝管 铝管常用来输送浓硝酸、醋酸、蚁酸、硫化氢及二氧化碳等物料，或用作换热管，但铝管不抗碱。在温度大于 160℃时不宜在压力下操作，极限工作温度为 200℃。

③ 铅管 铅管可用对焊或套焊连接。

5）有衬里的钢管

由于有色金属较稀有、贵重，故尽可能找代用材料，或用作衬里，以减少有色金属的消耗。衬里的金属材料有铝、铅等，也可用非金属材料，如玻璃钢、搪瓷、橡胶、聚四氟乙烯或其他的塑料等。

6）非金属管

① 陶瓷管 陶瓷管内径为 25～400mm。陶瓷管耐腐蚀性能很好，耐酸陶瓷管可用以输送

0.1MPa 的内压或真空度 26.7kPa 及温度不大于 90℃ 的腐蚀性介质，氢氟酸除外。它的缺点是脆性、机械强度低和不耐温度剧变。陶瓷管的连接有活塞法兰连接和插套法兰连接两种。

② 玻璃管　玻璃管的特点是耐腐蚀、清洁、透明、易于清洗、流体阻力小和价格较低。缺点是耐压低、易碎。玻璃管可用于温度为 -20～120℃ 的场合，温度骤变不得超过 70℃。

③ 塑料管　有硬聚氯乙烯管、聚丙烯管和聚乙烯管，硬聚氯乙烯管对于任何浓度的各种酸、碱和盐类浓度都是稳定的，但对强氧化剂、芳香族碳氢化合物、氯化物及碳氧化物是不稳定的。可用来输送 60℃ 以下的介质，也可用于输送 0℃ 以下的液体。

聚丙烯管具有良好的耐腐蚀性能，因无毒，可用于化工、食品及制药工业，使用温度为 100℃ 以下。

聚乙烯管有高密度聚乙烯管和低密度聚乙烯管，使用温度最高为 60～70℃。

④ 玻璃钢管　主要有环氧玻璃钢、酚醛玻璃钢、呋喃玻璃钢、不饱和树脂玻璃钢和乙烯基树脂玻璃钢。玻璃钢管耐腐蚀性良好，使用温度小于 80℃，使用压力小于 0.6MPa。

⑤ 橡胶管　橡胶管能耐酸碱，抗腐蚀性好，且有弹性可任意弯曲。橡胶管一般用作临时管道及某些管道的挠性件，不作为永久管道。输送气体用橡胶夹布耐压胶管工作压力为 0.6～1MPa，输送液体用橡胶夹布耐压胶管工作压力为 0.5～0.7MPa，管径越大，耐压越低。

6.2.2　管道组件的材料与规格

（1）常用阀门的结构及其应用

阀门是管道系统的重要组成部件，在生产过程中起着重要作用。其主要功能是：接通和截断介质；防止介质倒流；调节介质压力、流量；分离、混合或分配介质；防止介质压力超过规定数值，以保证管道或设备安全运行等。阀门投资占装置配管费用的 30%～50%。选用阀门主要从装置无故障操作和经济两方面考虑。

阀门种类很多，即使同一结构的阀门，由于使用场所不同，可有高温阀、低温阀、高压阀和低压阀之分；按材料的不同有铸钢阀、铸铁阀等，根据用途可分为截断阀类、调节阀类、止回阀类、分流阀类、安全阀类。常用的阀门的结构特点及其用途如下。

1）闸阀

闸阀靠阀板的上下移动，控制阀门开度。阀板像是一道闸门。

闸阀的优点是流动阻力小，启闭时较省力，形体简单，结构紧凑，易于安装。

缺点是密封面之间易引起冲蚀和擦伤，维修比较困难；外形尺寸较大时，开启需要一定的空间，开闭时间长。

闸阀适用于蒸汽、高温油品及油气等介质及开关频繁的部位，普通闸阀不宜用于易结焦的介质。楔式单闸板闸阀适用于易结焦的高温介质。楔式中双闸板闸阀密封性好，适用于蒸汽、油品和对密封面磨损较大的介质，或开关频繁部位，但不宜用于易结焦的介质。

2）截止阀

截止阀靠圆形阀芯上下移动，控制阀门开度。截止阀又称截门阀，是使用最广泛的一种阀门之一，属于强制密封式阀门，所以在阀门关闭时，必须向阀瓣施加压力，以强制密封面不泄漏。当介质由阀瓣下方进入阀门时，操作力所需要克服的阻力，是阀杆与填料的摩擦力和由介质压力所产生的推力，关阀门的力比开阀门的力大，所以阀杆的直径要大，否则会发生阀杆顶弯的故障。

截止阀的优点是没有流体损失，可降低能源损失，提高设备安全；截止阀结构比闸阀简单，制造与维修都较方便；启闭时阀瓣与阀体密封面之间无相对滑动，因而密封面磨损与擦伤均不严重，密封性能好，使用寿命长。

缺点是流体阻力大，动力消耗大；不适用于带颗粒、黏度较大、易结焦的介质；调节性能较差；全开时阀瓣经常受冲蚀；启闭力矩大，启闭较费力，启闭时间较长。

截止阀适用于蒸汽等介质，不宜用于黏度大、含有颗粒、易结焦、易沉淀的介质，也不宜作放空阀及低真空系统的阀门。

3）球阀

球阀在管道中主要用来做切断、分配和改变介质的流动方向，它只需要用旋转 90°的操作和很小的转动力矩就能关闭严密。

球阀的优点：流体阻力小；结构简单、体积小、重量轻；它有两个密封面，密封面材料使用各种塑料，密封性好，在真空系统中也已广泛使用；操作方便，开闭迅速，从全开到全关只要旋转 90°，便于远距离的控制；维修方便，球阀结构简单，密封圈一般都是活动的，拆卸更换都比较方便；在全开或全闭时，球体和阀座的密封面与介质隔离，介质通过时，不会引起阀门密封面的侵蚀；适用范围广，直径从小到几毫米，大到几米，从高真空至高压力都可应用；由于球阀在启闭过程中有擦拭性，所以可用于带悬浮固体颗粒的介质。

缺点是加工精度高，造价昂贵；如管道内有杂质，容易被杂质堵塞，导致阀门无法打开；它的调节性能相对于截止阀要差一些，尤其是气动阀（或电动阀）。

因为球阀最主要的阀座密封圈材料是聚四氟乙烯，它几乎对所有的化学物质都是惰性的，且具有摩擦系数小、性能稳定、不易老化、温度适用范围广和密封性能优良的综合性特点。但聚四氟乙烯的物理特性，包括较高的膨胀系数，对冷流的敏感性和不良的热传导性，要求阀座密封的设计必须围绕这些特性进行。所以，当密封材料变硬时，密封的可靠性就受到破坏。而且，聚四氟乙烯的耐温等级较低，只能在低于 180℃情况下使用。超过此温度，密封材料就会老化。考虑长期使用的情况下，一般只在 120℃下使用。

球阀适用于低温、高压及黏度大的介质，不能作调节流量用。

4）隔膜阀

隔膜阀的结构形式与一般阀门大不相同，是一种新型的阀门，是一种特殊形式的截断阀，它的启闭件是一块用软质材料制成的隔膜，把阀体内腔与阀盖内腔及驱动部件隔开，现广泛使用在各个领域。常用的隔膜阀有衬胶隔膜阀、衬氟隔膜阀、无衬里隔膜阀、塑料隔膜阀。

隔膜阀的优点是流体阻力小、流通能力较同规格的其他类型阀大；适用于有腐蚀性、黏性、浆液介质；易于快速拆卸和维修，更换隔膜可以在现场及短时间内完成；无泄漏，能用于高黏度及有悬浮颗粒介质的调节；适应自控、程控或调节流量的需要。

缺点是由于隔膜和衬里材料的限制，耐压性、耐温性较差，一般只适用于公称压力 <1.6MPa，温度<150℃的油品、水、酸性介质和含悬浮物的介质，不适用于有机溶剂和强氧化剂的介质。

5）蝶阀

蝶阀又称翻板阀，是一种结构简单的调节阀，在管道上主要起切断和节流作用。蝶阀启闭件是一个圆盘形的蝶板，在阀体内绕其自身的轴线旋转，从而达到启闭或调节的目的。蝶板由阀杆带动，转过 90°，便能完成一次启闭。改变蝶板的偏转角度，即可控制介质的流量。

蝶阀的优点是启闭方便迅速、省力、流体阻力小，可以经常操作；结构简单，结构长度短，适用于大口径的阀门；可以运送泥浆，在管道口积存液体最少；安装方便，操作灵活省力，可选择手动、电动、气动、液压方式。

缺点是使用压力和工作温度范围小，密封性较差。

蝶阀适合制成较大口径阀门，用于温度低于 80℃、压力小于 1.0MPa 的空气、水、蒸汽、各种腐蚀性介质、泥浆、油品、液态金属和放射性介质。

6）节流阀

节流阀的外形结构与截止阀并无区别，只是它们启闭件的形状有所不同。节流阀的启闭件大多为圆锥流线型，通过它改变通道截面积而达到调节流量和压力的目的。节流阀可在压力降极大的情况下作降低介质压力之用。

节流阀的优点是构造较简单，便于制造和维修，成本低。

缺点是调节精度不高，不能作调节使用；密封面易冲蚀，不能作切断介质用；密封性较差。

节流阀适用于温度较低、压力较高的介质，以及需要调节流量和压力的部位，不适用于黏度大和含有固体颗粒的介质。不宜作隔断阀。

7）止回阀

止回阀是指依靠介质本身流动而自动开、闭阀瓣，用来防止介质倒流的阀门，又称逆止阀、单向阀、逆流阀和背压阀。止回阀属于一种自动阀门，其主要作用是防止介质倒流，防止泵及驱动电动机反转，以及容器介质的泄放。

止回阀是用来防止管道中的介质倒流的阀门，在介质顺流时开启，介质逆流时自动关闭。一般使用在不允许介质朝反方向流动的管道中，以阻止逆流的介质损坏设备和机件。在泵停止运转时，不致使旋转式泵反转。在管道上，常把止回阀和截止阀串在一起使用。这是由于止回阀的密封性较差，当介质压力较小时，会有一小部分介质泄漏，需要截止阀来保证管道的关闭。底阀也是一种止回阀，它必须潜入水中，专门安装在不能自吸或没有真空抽气引水的水泵的吸水管前端。

止回阀不宜用于含固体颗粒和黏度较大的介质。

8）疏水阀

疏水阀也称阻汽排水阀，其作用是自动排泄蒸汽管道和设备中不断产生的凝结水、空气及其他不可凝性气体，又同时阻止蒸汽的逸出。它是保证各种加热工艺设备所需温度和热量并能正常工作的一种节能产品。疏水阀有热动力型、热静力型和机械型等。

疏水阀适应于任何热能蒸汽管道上凝结水排泄和回收。

9）减压阀

减压阀是通过启闭件的节流，将进口的高压介质降低至某个需要的出口压力，在进口压力及流量变动时，能自动保持出口压力基本不变的自动阀门。减压阀有活塞和膜片结构，输出压力作用在活塞或膜片上，克服可调弹簧力使之平衡。

活塞式减压阀的减压范围分三种：0.1~0.3MPa、0.2~0.8MPa、0.7~1.0MPa，其公称直径 DN20~200mm，适用于温度低于 70℃ 的空气、水的管道和温度低于 400℃ 的蒸汽管道。

减压阀与溢流阀的区别如下。

① 静止状态，减压阀阀口常开，溢流阀阀口常闭；

② 减压阀控制出口压力稳定，而溢流阀控制进口压力稳定；

③ 减压阀阀口随出口压力的升高而关小，溢流阀阀口随进口压力的升高而开大；

④ 减压阀进出油口都是压力油路，经先导阀的回油必须单独引回油箱，而溢流阀则和出口合并，一同流回油箱。

10）安全阀

安全阀是启闭件受外力作用处于常闭状态，当设备或管道内的介质压力升高超过规定值时，通过向系统外排放介质来防止管道或设备内介质压力超过规定数值的特殊阀门。安全阀属于自动阀类，主要用于锅炉、压力容器和管道上，控制压力不超过规定值，对人身安全和设备运行起重要保护作用。必须注意，安全阀必须经过压力试验才能使用。

根据结构不同，有重锤杠杆式安全阀、弹簧式安全阀和脉冲式安全阀三种形式，用得比较普遍的是弹簧式安全阀。

（2）阀门型号的表示方法

阀门型号的表示方法见图 6-1。

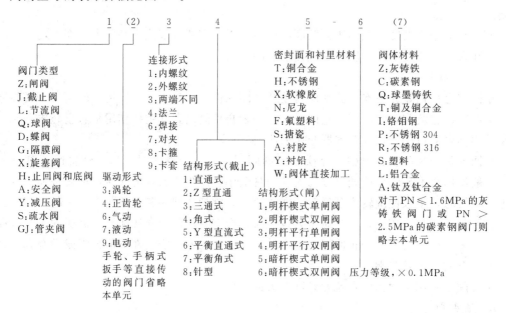

图 6-1　阀门的表示方法

例：Z942W-1，表示闸阀、电动、法兰连接、明杆楔式双闸板，阀体密封面材料由阀体直接加工，公称压力 PN0.1MPa、阀体材料为灰铸铁。

例：J24F-16C DN80，表示截止阀、手动、外螺纹连接、角式，阀座密封材料为氟塑料，公称压力 PN1.6MPa，阀体材料为碳钢，公称直径 80mm。

（3）法兰、法兰盖、紧固件及垫片

1）法兰

法兰是管道与管道之间的连接元件。管道法兰按与管子的连接方式分为五种基本类型：平焊、对焊、螺纹、承插焊和松套法兰。法兰密封面有突面、光面、凹凸面、榫槽面和梯形槽面等。

管道法兰均按公称压力选用，法兰的压力-温度等级表示公称压力与在工作温度下最大允许工作压力的关系。

管道法兰是管道系统中最广泛使用的一种可拆连接件，常用的管法兰除螺纹法兰外，其余均为焊接法兰。

2）法兰盖

法兰盖又称盲法兰，设备、机泵上不需接出管道的管嘴，一般用法兰盖封住，在管道上则用在管道端部与管道上的法兰相配合作封盖用。法兰盖的公称压力和密封面形式应与该管道所选用的法兰完全一致。

3）法兰紧固件——螺栓、螺母

法兰用螺栓螺母的直径、长度和数量应符合法兰的要求，螺栓螺母的种类和材质由管道等级确定。

4）垫片

常用法兰垫片有非金属垫片、半金属垫片和金属垫片。

（4）管件

在管道改变走向、标高或改变管径以及由主管上引出支管等均需用管件。管件的种类较多，有弯头、同心异径管、偏心异径管、三通、四通、管箍、活接头、管嘴、螺纹短接、管帽（封头）、堵头（丝堵）、内外丝等。

管件的选择，主要是根据操作介质的性质、操作条件以及用途来确定管件的种类。一般以公称压力表示其等级，并按照其所在的管道的设计压力、温度来确定其压力-温度等级。

（5）管道用小型设备

管道上用的小型设备有蒸汽分水器、乏气分油器、过滤器、阻火器、视镜、漏斗、软管接头、压缩空气净化设施、排气帽、防雨帽、取样冷却器、事故洗眼器、消声器、静态混合器等。

6.3　管道计算

6.3.1　管径确定

（1）一般要求

① 管道直径的设计应满足工艺对管道的要求，其流通能力应按正常生产条件下介质的最大流量考虑，其最大压力降应不超过工艺允许值，其流速应位于根据介质的特性所确定的安全流速的范围内。

② 综合权衡建设投资和操作费用。一套合成装置的管道投资一般占装置投资的 20% 左右。因此，在确定管径时，应综合权衡投资和操作费用两种因素，取其最佳值。

③ 根据操作情况不同、流体性质和状态不同、操作要求不同，应选用不同的流速。黏度较高的液体，摩擦阻力较大，应选流速较低和允许压力降较小的管道。

为了防止因介质流速过高而引起管道冲蚀、磨损、振动和噪声等现象，液体流速一般不宜超过 $4m \cdot s^{-1}$，气体流速一般不超过临界速度的 85%，真空下最大不超过 $100m \cdot s^{-1}$；含有固体物质的流体，其流速不应过低，以免固体沉积在管内而堵塞管道，但也不宜太高，以免加速管道的磨损或冲蚀。

④ 同一介质在不同管径的情况下，虽然流速和管长相同，但管道的压力降却可能相差较大，因此，在设计管道时，如允许压力降相同，小流率介质应选用较小流速，大流率介质可选用较高流速。

⑤ 确定管径后，应选用符合的标准规格，对工艺用管道，不推荐选用 DN32、DN65 和 DN125 管子。

（2）不可压缩流体的管径计算

本节介绍的方法，只适用于牛顿型单相流体。

1）流体常用流速范围

在流体的输送中，流速的选择直接影响到管径的确定和流体输送设备的选择。管径小，流速大，压力降大，动力消耗增大；反之，则管道建设费用增加。因此必须合理选择流速使管道设计优化。常用的流体流速范围见表6-8。

表 6-8　常用管道中流体的流速

流体名称		流速范围 /(m·s⁻¹)	流体名称		流速范围 /(m·s⁻¹)
饱和蒸汽	主管	30~40	水及黏度相似液体		
	支管	20~30		0.10~0.29MPa(表压)	0.5~2.0
低压蒸汽	<0.98MPa(绝压)	15~20		≤0.98MPa(表压)	0.5~3.0
中压蒸汽	0.98~3.92MPa(绝压)	20~40		≤7.84MPa(表压)	2.0~3.0
高压蒸汽	3.92~11.77MPa(绝压)	40~60		19.6~29.4MPa(表压)	2.0~3.5
过热蒸汽	主管	40~60	冷凝水	自流	0.2~0.5
支管		35~60	过热水		2.0
一般气体		10~20	油及黏度大的液体		0.5~0.9
高压气体		80~100	黏度 50mPa·s(管道 Φ25mm 以下)		0.5~0.9
氮气	4.9~9.8MPa(表压)	2~5	黏度 50mPa·s(管道 Φ25~50mm)		0.7~1.0
氢气		≤8.0	黏度 50mPa·s(管道 Φ50~100mm)		1.0~1.6
压缩空气	0.10~0.20MPa(表压)	10~15	黏度 100mPa·s(管道 Φ25mm 以下)		0.3~0.6
压缩气体	(真空)	5~10	黏度 100mPa·s(管道 Φ25~50mm)		0.5~0.7
	0.10~0.20MPa(表压)	8~12	黏度 100mPa·s(管道 Φ50~100mm)		0.7~1.0
	0.10~0.59MPa(表压)	10~20	黏度 1000mPa·s(管道 Φ25mm 以下)		0.1~0.2
	0.59~0.98MPa(表压)	10~15	黏度 1000mPa·s(管道 Φ25~50mm)		0.16~0.25
	0.98~1.96MPa(表压)	8~10	黏度 1000mPa·s(管道 Φ50~100mm)		0.25~0.35
	1.96~2.94MPa(表压)	3~6	黏度 1000mPa·s(管道 Φ100~200mm)		0.35~0.55
	2.94~24.5MPa(表压)	0.5~3.0	离心泵	吸入口	1.0~2.0
煤气		8~10		排出口	1.5~2.5
烟道气	烟道内	3.0~6.0	往复式真空泵	吸入口	13~16
	管道内	3.0~4.0	油封式真空泵	吸入口	10~13
工业烟筒(自然通风)		2.0~8.0	空气压缩机	吸入口	<10~15
车间通风换气	主管	4.5~15		排出口	15~20
	支管	2.0~8.0	通风机	吸入口	10~15
风管排风机	最远处	1.0~4.0		排出口	15~20
	最近处	8~12	齿轮泵	吸入口	<1.0
废气	低压	20~30		排出口	1.0~2.0
	高压	80~100	往复泵(水类液体)	吸入口	0.7~1.0
化工设备排气管		20~25		排出口	1.0~2.0
自来水	主管 0.29MPa(表压)	1.5~3.5	旋风分离器	入气口	15~25
	支管 0.29MPa(表压)	1.0~1.5		出气口	4.0~15
易燃易爆液体		<1	工业供水	0.78MPa(表压)	1.5~3.5

注：数据摘自《化工管路手册》。

2）管径确定的依据

管径的确定主要根据输送流体的种类和工艺要求，选定流体流速后，通过计算或算图来确定。

对距离较短，直径较小的管道，其管径在流速选定后，由下式计算。

$$d = \sqrt{\frac{V_s}{(\pi/4)u}} \tag{6-1}$$

式中　d——管道直径，m；

　　　V_s——管道流体的流量，$m^3 \cdot s^{-1}$；

　　　u——流体选用的流速，$m \cdot s^{-1}$。

在已知流体流量 V_s 和流速 u 后，也可由算图求出管径，见图 6-2。

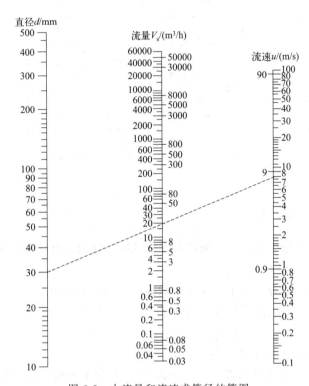

图 6-2　由流量和流速求管径的算图

（3）最经济管径的选定

管径的选择是管道设计中的一项重要内容，管道的投资与克服管道阻力而提供的动力消耗费用密切相关，因此对于长距离大直径管道应选择最经济的管径。最经济的管径应使下述关系式的 M 为最小值。

$$M = E + AP \tag{6-2}$$

式中　M——每年生产费用与原始投资费用之和；

　　　E——每年消耗于克服管道阻力的能量费用（生产费用）；

　　　A——管道设备材料、安装和检修费用的总和（设备费用）；

　　　P——管道设备每年消耗部分，以占设备费用的百分比表示。

用图解法可以找出 M 的最小值，将任意假定的直径求得的 M 为纵坐标，管径 d 为横坐标，作出 $M\text{-}d$ 图，即可求得管道的最经济直径。

（4）管壁厚度

一般低压管道的壁厚，可凭经验选用；较高压力管道，可按表 6-9 选择常用的壁厚，另外还要考虑材质的因素。

表 6-9　常用公称压力下的管壁厚度

公称直径 /mm	管子外径 /mm	管壁厚度/mm						
		PN=1.6	PN=2.5	PN=4	PN=6.4	PN=10	PN=16	PN=20
15	18	2.5	2.5	2.5	2.5	3	3	3
20	25	2.5	2.5	2.5	2.5	3	3	4
25	32	2.5	2.5	2.5	3	3.5	3.5	5
32	38	2.5	2.5	3	3	3.5	3.5	6
40	45	2.5	3	3	3.5	3.5	4.5	6
50	57	2.5	3	3.5	3.5	4.5	5	7
70	76	3	3.5	3.5	4.5	6	6	9
80	89	3.5	4	4	5	6	7	11
100	108	4	4	4	6	7	12	13
125	133	4	4	4.5	6	9	13	17
150	159	4.5	4.5	5	7	10	17	—
200	219	6	6	7	10	13	21	—
250	273	8	8	8	11	16	—	—
300	325	8	8	9	12	—	—	—
350	377	9	9	10	13	—	—	—
400	426	9	10	12	15	—	—	—

注：表中 PN 为公称压力，单位为 MPa。

6.3.2　管道压降计算

在工程设计中，根据工艺要求，为将系统的总压降控制在合理及经济的范围内，必须计算或校核管道系统的流体阻力。

在一般的压力下，压力对液体密度的影响很小，即使在高达 35MPa 的压力下，密度的减小值仍然很小。因此，液体可视为不可压缩流体。气体密度随压力的变化而有很大变化。流体在管道中的压降与下列因素有关。

① 管道形式　即简单管道还是复杂管道。

② 管壁的粗糙度　管壁粗糙度有绝对粗糙度（ε）和相对粗糙度。粗糙度数据可由有关手册查到。例如石油气流过无缝钢管，$\varepsilon=0.2mm$；冷凝液流过时，$\varepsilon=0.5mm$；纯水流过时，取 $\varepsilon=0.2mm$；酸性或碱性介质流过时，$\varepsilon=1mm$ 或更大。

③ 流体流动形态　流体在管内流动可分为滞流或湍流，可由 Re 数确定，然后选择不同的压降公式进行计算。

（1）压降计算式

总压降可由下式表示

$$\Delta p = \Delta p_s + \Delta p_N + \Delta p_f \tag{6-3}$$

式中　Δp——管道系统总压力降，kPa；

Δp_s——静压力降，kPa；

Δp_N——速度压力降，kPa；

Δp_f——摩擦压力降，kPa。

（2）静压力降

由管道出口端与进口端标高差而产生的压力降称为静压力降 Δp_s，由下式计算

$$\Delta p_s = (Z_2 - Z_1)\rho g \times 10^{-3} \tag{6-4}$$

式中　Z_1，Z_2——分别为管道进口端、出口端的标高，m；

　　　　ρ——液体密度，kg·m^{-3}；

　　　　g——重力加速度，9.8m·s^{-2}。

（3）速度压力降

由于管道截面积变化而使流体流速变化，由此产生的压差称为速度压力降 Δp_N，其计算公式为

$$\Delta p_N = \frac{u_2^2 - u_1^2}{2} \times \rho \times 10^{-3} \tag{6-5}$$

式中　u_1，u_2——管道进出口端的流体流速，m·s^{-1}；

　　　　ρ——液体密度，kg·m^{-3}。

（4）摩擦压力降

由流体与管子及管件内壁摩擦产生的压力降，称为摩擦压力降 Δp_f，可应用范宁方程计算

$$\Delta p_f = \left(\lambda \frac{L}{d} + \sum \zeta\right) \frac{u^2 \rho}{2} \times 10^{-3} \tag{6-6}$$

式中　λ——摩擦系数，无因次；

　　　L——管道长度，m；

　　　d——管道内径，m；

　　　$\sum\zeta$——管件、阀门等阻力系数之和，无因次；

　　　u——流体平均流速，m·s^{-1}；

　　　ρ——液体密度，kg·m^{-3}。

式(6-6)表示摩擦压力降由直管阻力和局部阻力两部分组成，直管阻力主要可由手册查出摩擦系数 λ 后再计算，局部阻力可按当量长度法和阻力系数法进行计算。

1）当量长度法

当量长度法是将管件和阀门等折算成相当的管道直管长度，然后将直管长度与当量长度 L_e 一并计算摩擦压力降，常见的当量长度见表 6-10。

表 6-10　各种管件、阀门等以管径计的当量长度

名称	$\dfrac{L_e}{d}$	名称	$\dfrac{L_e}{d}$	名称	$\dfrac{L_e}{d}$
45°标准弯头	15	90°标准弯头	30~40	90°方形弯头	60
180°标准弯头	50~75	截止阀(全开)	300	角阀(全开)	145
闸阀(全开)	7	闸阀($\frac{3}{4}$开)	40	闸阀($\frac{1}{2}$开)	200
闸阀($\frac{1}{4}$开)	800	止回阀(旋启式)全开	135	蝶阀(6″以上)全开	20
三通(标准型) 流向：	40	三通(标准型) 流向：	60	三通(标准型) 流向：	90
盘式流量计(水表)	400	文氏流量计	12	转子流量计	200~300

2）阻力系数法

阻力系数法按下式计算

$$\Delta p_\zeta = \zeta \frac{u^2}{2}\rho \times 10^{-3} \tag{6-7}$$

式中　Δp_ζ——流体流经管件或阀门压力降，kPa；

ζ——阻力系数，无因次，见表 6-11。

应用式(6-7)计算由管道进入容器的压力降时，ζ 改为 $(\zeta-1)$；反之，计算由容器进入管道的压力降时，ζ 改为 $(\zeta+1)$。

表 6-11　管件和阀件的局部阻力系数 ζ 值

管件及阀门名称	ζ 值										
标准弯头	45°,0.35					90°,0.75					
90°方形弯头	1.3										
180°回弯头	1.5										
活接头	0.04										
突然增大 $\frac{A_1}{A_2}$	0	0.1	0.2	0.3	0.4	0.5	0.6	0.7	0.8	0.9	1.0
ζ	1	0.81	0.64	0.49	0.36	0.25	0.16	0.09	0.04	0.01	0
突然缩小 $\frac{A_1}{A_2}$	0	0.1	0.2	0.3	0.4	0.5	0.6	0.7	0.8	0.9	1.0
ζ	0.5	0.47	0.45	0.38	0.34	0.30	0.25	0.20	0.15	0.09	0
入口管（管→容器）	1										
出口管（容器→管）	0.5	0.25	0.04	0.56	3～1.3	$0.5+0.5\cos\theta-0.2\cos^2\theta$					
标准三通管	0.4	1.5 当弯头用	1.3 当弯头用	1							
闸阀	全开 0.17	3/4 开 0.9	1/2 开 4.5	1/4 开 24							
标准截止阀（球心阀）	全开,6.4					1/2 开,9.5					
蝶阀 α	5°	10°	20°	30°	40°	45°	50°	60°	70°		
ζ	0.24	0.52	1.54	3.91	10.8	18.7	30.6	118	751		
旋塞阀 α	5°		10°		20°		40°		60°		
ζ	0.05		0.29		1.56		17.3		206		
角阀(90°)	5										
止回阀	旋启式,2					球形式,70					
底阀	1.5										
滤水器（或滤水阀）	2										
水表（盘形）	7										

【例 6-1】　某液体反应系统，反应后液体由反应器经孔板流量计和控制阀，排液至贮罐（贮罐为常压）。反应器压力为 560kPa，温度 32℃，液体质量流量为 4700 kg·h^{-1}，密度为 890 kg·m^{-3}，黏度为 0.91mPa·s。管道材质为碳钢，直管长 176mm、90°弯头 15 个、三通 5 个、闸阀 4 个，求控制阀的允许压力降。

解：选取流速为 1.8m·s^{-1}，则管径为

$$d=\sqrt{\frac{4700}{890\times3600\times0.785\times1.8}}=0.0322(\mathrm{m})$$

选取内径为 33mm（$\Phi38\times2.5$），则实际流速为

$$u=\frac{4700}{890\times3600\times0.785\times0.033^2}=1.72(\mathrm{m\cdot s^{-1}})$$

$$Re=\frac{du\rho}{\mu}=\frac{0.033\times1.72\times890}{0.91\times10^{-3}}=5.55\times10^4$$

根据管壁绝对粗糙度 $\varepsilon=0.2\mathrm{mm}$，则 $\varepsilon/d=0.2/33=0.0061$。由图 6-3，$\lambda$ 与 Re 及 ε/d 图，查得 $\lambda=0.034$。

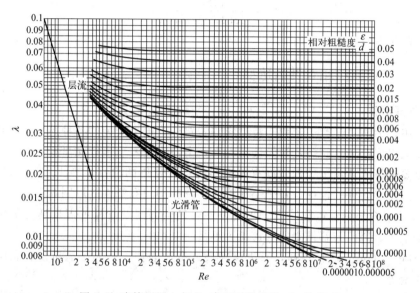

图 6-3　摩擦因子 λ 与 Re 及相对粗糙度 ε/d 的关系

① 管道总长度。

已知管道中直管长 176mm，90°弯头 15 个，三通 5 个，闸阀 4 个，由表 6-7 查出当量长度：

90°弯头：$L_{e1}=15(L_{e1}/d)d=15\times30\times0.033=14.85(\mathrm{m})$
三通：$L_{e2}=5(L_{e2}/d)d=5\times60\times0.033=9.9(\mathrm{m})$
闸阀：$L_{e3}=4(L_{e3}/d)d=4\times7\times0.033=0.92(\mathrm{m})$
总长度：$L=176+14.85+9.9+0.92=201.67(\mathrm{m})$

② 摩擦总压降 Δp_f。

$$\Delta p_f=\lambda\frac{L}{d}\frac{u^2\rho}{2}\times10^{-3}=0.034\times\frac{201.67}{0.033}\times\frac{1.72^2\times890}{2}\times10^{-3}=273.54(\mathrm{kPa})$$

③ 局部阻力。

计算反应器出口（如管口）局部阻力，由表 6-10 查得，$\zeta=0.5$

$$\Delta p_\zeta=(0.5+1)\times\frac{1.72^2}{2}\times890\times10^{-3}=1.97(\mathrm{kPa})$$

贮罐出口（如管口）局部阻力，由表 6-10 查得，$\zeta=1$，则

$$\Delta p_\zeta = (\zeta-1)\frac{u^2}{2}\rho \times 10^{-3} = 0$$

取孔板流量计允许压力降为 35kPa。

④ 管道总压降。

$$\Delta p = 273.54 + 1.97 + 35 = 310.51 (\text{kPa})$$

⑤ 控制阀允许压力降。

反应器与贮罐的压差为　560−101.33＝458.67(kPa)

因此，控制阀允许压力降为

$$\Delta p_v = 458.67 - 310.51 = 148.16 (\text{kPa})$$

$$\frac{\Delta p_v}{\Delta p_v + \Delta p} \times 100\% = \frac{148.16}{148.16+310.51} \times 100\% = 32.30\%$$

通常控制阀占管道总阻力的 25%～60%。

6.3.3　管道阀门和管件的选择

（1）选择原则

在管道中，为满足生产工艺和安装检修的需要，管道上安装的各种阀门、管件都是管道中必不可少的组成部分。阀门及管件选择不当，会使管道发生损坏和泄漏，给生产造成严重影响，甚至要进行紧急停车处理。据有关资料统计，管道的检修 70% 以上是阀门及管件的维修。因此阀门和管件的选择与管子一样重要。选择阀门和管件的原则如下。

① 根据输送介质的温度和压力等工艺条件，确定阀门及管件的温度压力等级。一般为了确保安全生产，阀门与管件要比管道高一等级。

② 根据介质的特点进行选择，有无腐蚀性、有无固体、有无结晶析出、黏度高低以及是否产生相变等。

③ 在选择阀门时，要考虑阀门整体的适应性，即要求构成阀门的各部件都要满足工艺要求。

④ 选用阀门及管件时，应尽量采用标准件，避免非标准件，以保证质量及供货来源充足。

⑤ 根据工艺要求选择阀门，一般调节流量可选用截止阀；闸阀密封性较好，流体阻力较小，也广泛用于调节流量，尤其是大口径管道更为适用；对含悬浮固体或有结晶析出的、用于一次投料和卸料的，旋塞阀比较合适；针形阀用于仪表和分析仪器的场合。

⑥ 根据介质的温度、压力及流量选择减压阀及安全阀。

⑦ 合理选择疏水器，主要根据冷凝水排放情况进行选择。

⑧ 管道所用的法兰及垫片材质根据介质特性及操作温度、压力选择。

（2）减压阀的选择

1）选用减压阀的要素

① 在给定的弹簧压力级范围内，使出口压力在最大值与最小值之间能连续调整，不得有卡阻和异常振动；减压阀的每一档弹簧只在一定的出口压力范围内适用，超出范围应更换弹簧。

② 减压阀进口压力的波动应控制在进口压力给定值的 80%～105%，若超过该范围，减压阀的性能会受影响。

③ 通常，减压阀的阀后压力应小于阀前压力的 0.5 倍。

④ 出口流量变化时，直接作用式的出口压力偏差值不大于 20%，先导式不大于 10%；

进口压力变化时，直接作用式的出口压力偏差不大于 10%，先导式的不大于 5%。

⑤ 波纹管直接作用式减压阀适用于低压、中小口径的蒸汽介质；薄膜直接作用式减压阀适用于中低压、中小口径的空气和水介质。

⑥ 先导活塞式减压阀，适用于各种压力、各种口径、各种温度的蒸汽、空气和水等介质，若用不锈耐酸钢制造，可适用于各种腐蚀性介质；先导波纹管式减压阀，适用于低压、中小口径的蒸汽和空气等介质；先导薄膜式减压阀，适用于低压、中压、中小口径的蒸汽和水等介质；

⑦ 介质工作温度比较高的场合，一般选用先导活塞式减压阀或先导波纹管式减压阀；介质为空气或水（液体）的场合，一般宜选用直接作用薄膜式减压阀或先导薄膜式减压阀；介质为蒸汽的场合，宜选用先导活塞式或先导波纹管式减压阀。

2）蒸汽减压阀直径的确定

蒸汽管道选用加压阀时，减压阀的直径根据介质的温度、减压前后的压力和流量求得。

由算图 6-4 求出减压阀单位截面积的实际流量，然后由下式计算阀孔必需的截面积：

$$F = \frac{Q}{q} \tag{6-8}$$

式中　F——阀孔必需的截面积，cm^2；

Q——已知管道输送的蒸汽量，$kg \cdot h^{-1}$；

q——单位截面积的实际流量，$kg \cdot cm^{-2} \cdot h^{-1}$。

式（6-8）中 q 的求法如例 6-2 所示。

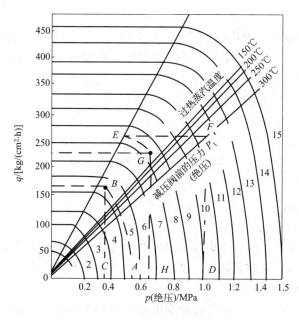

图 6-4　减压阀选择算图

【例 6-2】 已知过热蒸汽温度为 300℃，减压前后的蒸汽压力分别为 1.0MPa、0.65MPa，蒸汽流量为 1200 kg·h⁻¹，求阀孔截面积。

解： 在图 6-4 中取 1.0MPa 作为 D 点，0.65MPa 为 H 点，由 D 点作向上垂直线与 300℃ 的斜线相交于 F 点。由 F 点作与横轴平行的水平线，此平行线与最上面的斜线相交与 E 点，再由 E 点出发画出与其他曲线等距离的虚线，与由 H 点作向上垂直线相交与 G 点，并由 G 点向左引水平线与纵轴相交得 $q = 230 \text{kg} \cdot \text{cm}^{-2} \cdot \text{h}^{-1}$，则：

$$F = \frac{Q}{q} = \frac{1200}{230} = 5.22 (\text{cm}^2)$$

根据查图法计算结果，应选 Y43H-16Q 活塞式减压阀 DN65，$F_{阀} = 6.9 (\text{cm}^2)$。

（3）安全阀的选择

安全阀是一种安装在设备或管道上，作为超压保护的自动阀门，它不借助任何外力而是利用介质本身的力来排出一定数量的流体，以防止系统内压力超过预定的安全值。当压力恢复正常后，阀门再自行关闭阻止介质继续流出。

1）安全阀的分类主要有以下三种

① 按国家标准分类　直接载荷式、带动力辅助装置式、带补充载荷式和先导式。

② 按阀瓣开启高度分类　全启式和微启式。

③ 按结构不同分类　封闭弹簧式和不封闭弹簧式、带扳手和不带扳手、带散热片和不带散热片、有波纹管和没有波纹管。

④ 按平衡内压的方式不同分　弹簧式、杠杆式和先导式。

2）安全阀排放量的确定

在选择安全阀时，应先确定工艺所需的排放量。造成设备超压的原因有火灾、操作故障、动力故障。确定安全阀的排放量应视工艺过程的具体情况确定，并按可能发生危险情况中的最大一种考虑，但不应机械地将各种不利情况考虑在同一时间发生。确定安全阀排放量时可参考下列情况。

① 当设备的出口阀因误操作而关闭时，安全阀的排放量应考虑为进入设备的物料总量。

② 冷凝器给水中断时，分馏塔顶安全阀的排放量应考虑为塔顶馏出物总量（包括回流），如果汽提蒸汽的压力高于安全阀的定压时，还应包括正常使用的蒸汽量。

③ 塔的回流中断时，热源仅由原料带进塔时，安全阀的排放量可考虑为原料进塔气体量。如有其他热源（如重沸器）时，还要考虑传入热能所产生的气体量。

④ 塔顶空气冷却器电机发生故障时，塔顶安全阀的排放量可按给水中断的情况考虑。事实上当电机发生故障时，空冷器靠空气自然对流仍能担负一部分负荷。因此，选用时可适当考虑此因素。

⑤ 容器出口发生故障时，容器上安全阀的排放量为在容器进口压力和安全阀排放压力下，可能进入容器的介质流量。

确定安全阀排放量时，除了考虑以上因素外，还要考虑设备类型和介质特性，故安全阀排放量计算式形式较多，也较复杂，大家应用时可查阅有关资料。

3）安全阀操作条件的确定

① 安全阀定压 p_s 的确定　安全阀的定压必须等于或稍小于设备和管道的设计压力，一般可根据设备或管道的最高操作压力 p 来确定其安全阀的定压。

当 $p \leqslant 1.8 \text{MPa}$ 时，$p_s = p + 0.18$

当 $1.8 < p \leqslant 4 \text{MPa}$ 时，$p_s = 1.1p$

当 $4 \text{MPa} < p \leqslant 8 \text{MPa}$ 时，$p_s = p + 0.4$

当 $p > 8$ MPa 时，$p_s = 1.05p$

② 安全阀排放压力 P_d 的确定 安全阀排放压力，等于安全阀的定压加上超过压力 ΔP，即

$$p_d = p_s + \Delta p$$

超过压力 ΔP，非火灾时取定压的 10%；火灾时，容器取定压的 21%，管道可取定压的 33%。

4）安全阀的设置位置

安全阀应设置在适当的位置，泄压口要朝空旷处，不致冲击设备和操作人员。若介质为高温及有害介质，应考虑配置相应安全设施及设备。

6.3.4 管道绝热设计

（1）绝热的功能

绝热是保温与保冷的统称，是为了防止生产过程中设备和管道向周围环境散发或吸收热量而进行的绝热工程，已成为生产和建设过程中不可缺少的一项工程。

① 用绝热减少设备、管道及其附件的热（冷）量损失。

② 保证操作人员安全，改善劳动条件，防止烫伤和减少热量散发到操作区。

③ 在长距离输送介质时，用绝热来控制热量损失，以满足生产上所需要的温度。

④ 冬季，用保温来延续或防止设备、管道内液体的冻结。

⑤ 当设备、管道内的介质温度低于周围空气露点温度时，采用绝热可防止设备、管道的表面结露。

⑥ 用耐火材料绝热可提高设备的防火等级。

⑦ 对工艺设备或炉窑采取绝热措施，不但可减少热量损失，而且可以提高生产能力。

（2）绝热范围

1）具有下列情况之一的设备、管道及组成件（以下简称管道）应予以绝热

① 外表面温度大于 50℃以及外表面温度小于或等于 50℃，但工艺需要保温的设备和管道。例如日光照射下的泵入口的液化石油气管道，精馏塔塔顶馏出线（塔至冷凝器的管道），塔顶回流管道以及经分液后的燃料气管道等应保温。

② 介质凝固点或冰点高于环境温度（系指年平均温度）的设备和管道。例如凝固点约 30℃的原油，在年平均温度低于 30℃的地区的设备和管道；在寒冷或严寒地区，介质凝固点虽然不高，但介质内含水的设备和管道；在寒冷地区，可能不经常流动的水管道等。

③ 制冷系统中的冷设备、冷管道及其附件，需要减少冷介质及载冷介质的冷损失，以及需防止低温管道外壁表面结露。

④ 因外界温度影响而产生冷凝液使管道腐蚀者。

2）具有下列情况之一的设备和管道可不保温

要求散热或必须裸露的设备和管道；要求及时发现泄漏的设备和管道法兰；内部有隔热，耐磨衬里的设备和管道；需经常监视或测量以防止发生损坏的部位，工艺生产中的排气、放空等不需要保温的设备和管道。

（3）绝热结构

绝热结构是保温结构和保冷结构的统称。在设备或管道表面上覆盖的绝热材料，以绝热

层和保护层为主体，与其支承、固定的附件构成统一体，这个统一体就称为绝热结构。

1）绝热层

绝热层是利用保温材料的优良绝热性能，增加热阻，从而达到减少散热的目的，是绝热结构的主要组成部分。

2）防潮层

防潮层的作用是抗蒸汽渗透性好，防潮、防水力强。

3）保护层

保护层是利用保护层材料的强度、韧性和致密性等以保护保温层免受外力和雨水的侵蚀，从而延长保温层的使用年限，并使保温结构外形整洁、美观。

（4）绝热材料的性能和种类

对绝热材料性能的基本要求，应是密度小、机械强度大、热导率小、化学性能稳定、对设备及管道没有腐蚀性以及能长期在工作温度下运行等。常用绝热材料及其性能见表 6-12。

表 6-12 常用绝热材料性能

序号	材料名称	使用密度 /(kg·m^{-3})	极限使用温度/℃	最高使用温度/℃	常温导热系数 λ_0 /(W·m^{-1}·℃$^{-1}$)	导热系数 参考方程
1	硅酸钙	170 220 240	T_a～650	550	0.055 0.062 0.064	$\lambda=\lambda_0+0.00011\times(T_m-70)$
2	膨胀珍珠岩	200 250 300	T_a～650	550	0.060 0.068 0.072	$\lambda=\lambda_0+0.00013\times(T_m-25)$
3	硬质聚氨酯泡沫	30～60	-180～100	-65～80	0.0275	保温时 $\lambda=\lambda_0+0.00014\times(T_m-25)$ 保冷时 $\lambda=\lambda_0+0.00009T_m$
4	聚苯乙烯泡沫	>30	-65～70		0.041	$\lambda=\lambda_0+0.000093\times(T_m-20)$
5	酚醛泡沫	30～50	-100～150		0.035	

注：T_a 为周围环境温度；T_m 为保温层平均温度。

1）绝热层材料

保温材料在平均温度低于 350℃时，导热系数不得大于 0.12W·m^{-1}·℃$^{-1}$，保冷材料在平均温度低于 27℃时，导热系数应不大于 0.064W·m^{-1}·℃$^{-1}$。

保温硬质材料密度一般不得大于 300kg·m^{-3}；软质材料及半硬质制品密度不得大于 220kg·m^{-3}；吸水率要小。

绝热层材料及其制品允许使用的最高或最低温度要高于或低于流体温度。

2）防潮层材料

防潮层材料应具有的主要技术性能：吸水率不大于 1%，应具有阻燃性、自熄性；黏结及密封性能好，20℃时黏结强度不低于 0.15MPa；安全使用温度范围大，有一定的耐温性，软化温度不低于 65℃，夏季不软化、不起泡、不流淌，有一定的抗冻性，冬季不脆化、不开裂、不脱落、化学稳定性好，挥发物不大于 30%，干燥时间短，在常温下能使用，施工方便。

防潮层材料应具有规定的技术性能，同时还应不腐蚀隔热层和保护层，也不应与隔热层产生化学反应。一般可选择下述材料。

① 石油沥青或改质沥青玻璃布。

② 石油沥青玛蹄脂玻璃布。

③ 油毡玻璃布。

④ 聚乙烯薄膜。

⑤ 复合铝箔。

⑥ CPU 新型防水防腐敷面材料。CPU 是一种聚氨酯橡胶体，可用作设备和管道的防潮层或保护层、埋地管道的防腐层。

3）保护层材料

保护层的主要作用是：防止外力损坏绝热层；防止雨、雪水的侵蚀；对保冷结构尚有防潮隔汽的作用；美化隔热结构的外观。

保护层应具有严密的防水防湿性能、良好的化学稳定性和不燃性、强度高、不易开裂、不易老化等性能。保护层材料除了符合保护绝热层的要求外，还应考虑其经济性，推荐采用下述的材料。

① 为保持被绝热的设备或管道的外形美观和易于施工，对软质、半硬质绝热层材料的保护层宜选用 0.5mm 镀锌或不镀锌薄钢板；对硬质隔热层材料宜选用 0.5~0.8mm 铝或合金铝板，也可选用 0.5mm 镀锌或不镀锌薄钢板。

② 用于火灾危险性不属于甲、乙、丙类生产装置或设备和不划为爆炸危险区域的非燃性介质的公用工程管道的保护层材料，可用 0.5~0.8mm 阻燃型、带铝箔玻璃钢板等材料。

（5）管道保温计算

管道保温的计算方法有多种，根据不同的要求有经济厚度计算法，允许热损失下的保温厚度计算法，防结露、防烫伤保温厚度计算法，延迟介质冷冻保温厚度计算法，在液体允许的温度降下保温厚度计算法等。下面仅介绍经济厚度计算法。

保温层经济厚度是指设备、管道采用保温结构后，年热损失值与保温工程投资费的年分摊率价值之和为最小值时的保温厚度。

外径 $D_0 \leqslant 1\mathrm{m}$ 的管道、圆筒型设备按管道绝热层厚度计算

$$D_1 \ln \frac{D_1}{D_0} = 3.795 \times 10^{-3} \sqrt{\frac{P_\mathrm{R} \lambda t (T_0 - T_\mathrm{a})}{P_\mathrm{T} S}} - \frac{2\lambda}{\alpha_\mathrm{s}} \tag{6-9}$$

$$\delta = \frac{1}{2}(D_1 - D_0) \tag{6-10}$$

式中　D_0——管道或设备外径，m；

　　　D_1——绝热层外径，m；

　　　P_R——能价，元·10^{-6}·kJ^{-1}，保温中，$P_\mathrm{R} = P_\mathrm{H}$，$P_\mathrm{H}$ 称"热价"；

　　　P_T——绝热材料造价，元·m^{-3}；

　　　λ——绝热材料在平均温度下的导热系数，$\mathrm{W} \cdot \mathrm{m}^{-1} \cdot {}^{\circ}\!\mathrm{C}^{-1}$；

　　　α_s——绝热层（最）外表面向周围空气的散热系数，$\mathrm{W} \cdot \mathrm{m}^{-2} \cdot {}^{\circ}\!\mathrm{C}^{-1}$；

　　　t——年运行时间，h，常年运行的按 8000h 计；

　　　T_0——管道或设备的外表面温度，℃；

　　　δ——管道保温的经济厚度，mm；

　　　T_a——环境温度，运行期间平均气温，℃；

S——绝热投资年分摊率，%。

$$S=\frac{i(1+i)^n}{(1+i)^n-1} \tag{6-11}$$

式中　S——绝热投资年分摊率，%；

　　　i——年利率（复利率），%；

　　　n——计息年数，年。

【**例 6-3**】　设计一架空蒸汽管道，外径 $D_0=108\text{mm}$，蒸汽温度 $T_0=200℃$，当地环境温度 $T_a=20℃$，室外风速 $u=3\text{m}\cdot\text{s}^{-1}$，能价 $P_R=3.6$ 元 $\cdot 10^{-6}\cdot\text{kJ}^{-1}$，投资计息年限数 $n=5$ 年，年利息 $i=10\%$（复利率），绝热材料造价 $P_T=640$ 元 $\cdot\text{m}^{-3}$，选用岩棉管壳为保温材料。计算管道需要的保温层厚度、热损失以及表面温度。

解：1）导热系数 λ

$$T_m=\frac{(200+20)}{2}=110(℃)$$

岩棉管壳密度 $<200\text{kg}\cdot\text{m}^{-3}$，故：

$$\lambda=0.044+0.00018(T_m-70)=0.0512(\text{W}\cdot\text{m}^{-1}\cdot℃^{-1})$$

2）总的表面散热系数 α_s

取 $\alpha_0=7$，$\alpha_s=(\alpha_0+6u^{0.5})\times1.163=20.23(\text{W}\cdot\text{m}^{-1}\cdot℃^{-1})$

3）保温工程投资偿还年分摊率

$$S=\frac{i(1+i)^n}{(1+i)^n-1}=\frac{0.1\times(1+0.1)^5}{(1+0.1)^5-1}=0.264$$

4）保温层厚度

$$
\begin{aligned}
D_1\ln\frac{D_1}{D_0} &=3.795\times10^{-3}\sqrt{\frac{P_R\lambda t(T_0-T_a)}{P_TS}-\frac{2\lambda}{\alpha_s}}\\
&=3.795\times10^{-3}\sqrt{\frac{3.6\times0.0512\times8000\times(200-20)}{640\times0.264}-\frac{2\times0.0512}{20.23}}=0.1454
\end{aligned}
$$

$$\delta=\frac{1}{2}(D_1-D_0)$$

由此得到，$D_1=214\text{mm}$，$D_0=108\text{mm}$，保温层厚度为 53mm，取 60mm。

6.3.5　管道应力分析与热补偿

在工程设计中，管道应力计算用以解决管道的强度、刚度、振动等问题，为管道布置、安装及配置等提供科学依据。因其影响因素较多，要对一管系作出完整的应力分析是相当困难的。目前，已在工程上采用的各种管道应力计算方法，均是不同程度的近似算法。

（1）管道承受的荷载及其应力状态

1）压力荷载

管道多承受内压，也有少数管道在负压状态下运行，承受外压，例如减压装置中与减压塔相连接的一些管道。在各种不同压力、温度组合条件下运行的管道，应根据最不利的压力温度组合确定管道的设计压力。

外压管道的设计压力应取内外最大压差。与减压装置减压塔相接的负压管道其设计压力可取 0.1MPa。

内压在管壁上产生环向拉应力和纵向拉应力。其纵向拉应力约为环向拉应力的一半。外压管道则产生环向压应力和纵向压应力。在确定外压管道壁厚时，主要是考虑管壁承受外压的稳定性和加强筋的设置情况。

2）持续外荷载

包括管道基本荷载、支吊架的反作用力，以及其他集中和均布的持续荷载。持续外荷载可使管道产生弯曲应力、扭转应力、纵向应力和剪应力。

压力荷载和持续外荷载在管道上产生的应力属于一次应力，其特征是非自限性的。即应力随着荷载的增加而增加；当管道产生塑性变形时，荷载并不减少。

3）热胀和端点位移

管道由安装状态过渡到运行状态，由于管内介质的温度变化，管道产生热胀或冷缩使之变形。与设备相连接的管道，由于设备的温度变化而出现端点位移，端点位移也使管道变形。这些变形使管道承受弯曲、扭转、拉伸和剪切等应力。这些应力属于二次应力，其特征是自限性的。当局部超过屈服极限而产生少量塑性变形时，可使应力不再成比例地增加，而限定在某个范围内；当温度恢复到原始状态时，则产生反方向的应力。

4）偶然性荷载

包括风雷荷载、地震荷载、水冲击以及安全阀动作而产生的冲击荷载。这些荷载都是偶然发生的临时性荷载，而且不致同时发生。在一般静力分析中，不考虑这些荷载。对于大直径高温、高压剧毒、易燃易爆介质的管道应加以核算。偶然性荷载与压力荷载、持续外荷载组合后，允许达到许用应力的 1.33 倍。

（2）管道的许用应力

管道的许用应力是管材的基本强度特性除以安全系数。不同的标准有不同的安全系数，但其差别不大。目前国内尚无管道设计的国家标准。在《钢制压力容器设计技术规定》（YB 9073—2014）中列有钢管及螺栓的安全系数，可以参考。

（3）管道的热补偿

为了防止管道热膨胀而产生的破坏作用，在管道设计中需考虑自然补偿或设置各种形式的补偿器以吸收管道的热膨胀或端点位移。除了少数管道采用波形补偿器等专业补偿器外，大多数管道的热补偿是靠自然补偿来实现的。

1）自然补偿

管道的走向是根据具体情况呈各种弯曲形状的。利用这种自然的弯曲形状所具有的柔性以补偿其自身的热膨胀或端点位移称为自然补偿。有时为了提高补偿能力而增加管道的弯曲，例如设置 U 形补偿器（属于自然补偿的范围）。自然补偿构造简单、运行可靠、投资少，被广泛应用。自然补偿的计算较为复杂，可以用简化的计算图表，也可以用计算机进行复杂的计算。

2）波形补偿器

随着大直径管道的增多和波形补偿器制造技术的提高，近年来在许多情况下得到采用。波形补偿器适用于低压大直径管道。但制造较为复杂，价格高。波形补偿器一般用 0.5～3mm 不锈钢薄板制造，耐压低，是管道中的薄弱环节，与自然补偿相比其可靠性较差。波形补偿有几种形式。

① 单式波形补偿器，这是简单的波形补偿器，由一组波形管构成，一般用来吸收轴向位移。

② 复式波形补偿器，这是由两个单式波形补偿器组成，可用来吸收轴向位移和横向位移。

③ 压力平衡式波形补偿器，这种补偿器可避免内压推力作用于固定支架、机泵或工艺设备上。虽然两侧波形管的弹力有所增加，但与内压推力相比是很小的。这种补偿器可吸收轴向位移和横向位移以及二者的组合。

④ 铰链式波形补偿器，是由一单式波形补偿器和在两侧加一对铰链组合而成，它可以在一个平面内承受角位移。

⑤ 万向接头式波形补偿器，这是由一单式波形补偿器和在相互垂直的方向加两组连接在同一个浮动平衡环上的铰链组合而成，它可以承受任何方向的角位移。

3）套管式补偿器

又称填料函式补偿器，有三种形式：弹性套管式补偿器——利用弹簧维持对填料的压紧力以防止填料松弛泄漏；注填套管式补偿器——补偿器的外壳上要注填密封剂；无推力套管式补偿器——补偿器使作用于固定支架上的内压推力自身平衡。

4）球形补偿器

球形补偿器多用于热力管网，其补偿能力是 U 形补偿器的 5～10 倍，变形应力是 U 形补偿器的 1/3～1/2，流体阻力是 U 形补偿器的 60%～70%。球形补偿器的关键部件为密封环，一般用聚四氟乙烯制造，并以铜粉为添加剂，可耐温 250℃。球形补偿器可使管段的连接处呈铰接状态，利用两球形补偿器之间的直管段的角变位来吸收管道的变形。

6.4 管道布置设计

管道布置设计是相当重要的，正确的设计管道和敷设管道，可以减少基建投资，节约金属材料以及保证正常生产。管道的正确安装，不单是车间布置的整齐、美观的问题。它对操作的方便、检修的难易、经济的合理性，甚至对生产的安全都起着极大的作用。

6.4.1 管道布置设计的内容和要求

（1）管道布置设计的基本任务

① 确定车间中各个设备的管口方位和与之相连接的管段的接口位置。

② 确定管道的安装连接和铺设、支承方式。

③ 确定各管段（包括管道、管件、阀门及控制仪表）在空间的位置。

④ 画出管道布置图，表示出车间中所有管道在平面、立面的空间位置，作为管道安装的依据。

⑤ 编制管道综合材料表，包括管子、管件、阀门、型钢等的材质、规格和数量。

（2）管道布置设计的基本要求

车间管道布置应符合下列要求。

① 符合生产工艺流程，进出装置的管道应与界区外管道连接相吻合。

② 确定管道与自控仪表及变送器等的位置，并不与仪表电缆碰撞；管道要与设备电缆、照明电缆分区行走。

③ 管道布置要不影响设备的安装、维修及安全生产。

④ 管道布置要便于管道的安装和维护，便于操作管理，利于人、货道路畅通。

⑤ 管道布置应避开门、窗和梁。

⑥ 管道布置要整齐美观，并尽量节约材料和投资。

车间管道布置除了符合上述要求外，还应仔细考虑下列问题。

1）从管道中物料因素考虑

① 输送易燃、易爆、有毒及有腐蚀性的物料管道不得铺设在生活间、楼梯、走廊和门等处，这些管道上还应设置安全阀、防爆膜、阻火器和水封等防火防爆装置，并应将放空管引至指定地点或高过屋顶 2m 以上。

② 有腐蚀性物料的管道，不得铺设在通道上空和并列管线的上方或内侧。

③ 管道铺设时应有一定的坡度，坡度方向一般是沿物流的方向，坡度一般为 5/1000 ～ 1/100。黏度小的液体物料管道可取 5/1000 左右，含固体的物料管道可取 1/100 左右。

④ 真空管线应尽量短，尽量减少弯头和阀门，以降低阻力，达到更高的真空度。

2）从施工、操作及维修考虑

① 管道应尽量集中布置在公用管架上，平行走直线，少拐弯，少交叉，不妨碍门窗开启和设备、阀门及管件的安装维修，并列管道的阀门应尽量错开排列。

② 支管多的管道应布置在并行管线的外侧，引出支管时，气体管道应从上方引出，液体管道应从下方引出，管道应尽量避免出现"气袋""口袋"和"盲肠"。

③ 管道应尽量沿墙面铺设，或布置在固定在墙上的管架上，管道与墙面之间的距离以能容纳管件、阀门及方便安装维修为原则。

④ 管道穿过墙壁和楼板时，应在墙面和楼板上预埋一个直径大的套管。让管线穿过套管，防止管道移动或振动时对墙面或楼板造成损坏。套管应高出楼板、平台表面 50mm。

⑤ 为了安装和操作方便，管道上的阀门和仪表的布置高度（高出地面、楼板、平台表面高度）可参考以下数据：

阀门（包括球阀、截止阀、闸阀）	1.2～1.6m
安全阀	2.2m
温度计、压力计	1.4～1.6m
取样阀	1m 左右

⑥ 为了方便管道的安装、检修及防止变形后碰撞，管道间应保持一定的间距，阀门、法兰应尽量错开，以减小间距。

3）从安全生产考虑

① 架空管道与地面的距离除符合工艺要求外，还应便于操作和检修。管道跨越通道时，最低点离地：通过人行道时不小于 2m；通过公路时不小于 4.5m；通过铁路时不小于 6m；通过厂区主要交通干线时离地 5m。

② 直接埋地或管沟中铺设的管道通过道路时应加套管等加以保护。

③ 为了防止介质在管内流动产生静电聚集而发生危险，易燃、易爆介质的管道应采取接地措施，以保证安全生产。

④ 长距离输送蒸汽或其他热物料的管道，应考虑热补偿问题，如在两个固定支架之间设置补偿器和滑动支架。

⑤ 玻璃管等脆性材料管道的外面最好用塑料薄膜包裹，避免管道破裂时溅出液体，发生意外。

⑥ 为了避免发生电化学腐蚀，不锈钢管道不宜与碳钢管道直接接触，要采用胶垫隔离等措施。

4）其他因素

① 管道与阀门一般不宜直接支承在设备上。

② 距离较近的两设备间的连接管道，不应直连，应用45°或90°弯接。

③ 管道布置时应兼顾电缆、照明、仪表及采暖通风等其他非工艺管道的布置。

（3）管道间距及坡度

1）管道间距

管道间距如表6-13所示。表中A为不保温管，B为保温管，d为管子轴线离墙面的距离。

表 6-13　管道并排、法兰错排时的管道间距　　　　　　单位：mm

DN	40		50		70		80		100		125		150		200		250		d	
	A	B	A	B	A	B	A	B	A	B	A	B	A	B	A	B	A	B	A	B
40	150	230																	120	140
50	150	230	160	240															130	150
70	160	240	170	250	180	260													140	170
80	170	250	180	260	190	270	200	280											150	170
100	180	260	190	270	200	280	210	310	220	300									160	190
125	200	280	210	290	220	300	230	310	240	320	250	330							170	210
150	210	300	220	300	230	300	240	320	250	330	260	340	280	360					190	230
200	240	320	250	330	260	340	270	340	280	360	290	370	300	390	300	420			220	260
250	270	350	280	360	290	370	300	380	310	390	320	410	340	420	360	450	390	480	250	290
300	300	380	310	390	320	400	330	410	340	420	350	440	360	450	390	480	410	510	280	320
350	330	410	340	420	350	430	360	440	370	450	380	470	390	480	420	510	450	540	310	350

注：1. 不保温管与保温管相邻排列时，间距＝（不保温管间距＋保温管间距）/2；

2. 若系螺纹连接的管子，间距可按上表减去20mm；

3. 管沟中管壁与管壁之间的净距为160~180mm，壁管与沟壁之间为200mm左右；

4. 表中A为不保温管，B为保温管；

5. 本表适用于室内管道安装，不适用于室外长距离管道安装。

2）管道敷设坡度

管道敷设应有坡度，坡度方向一般均沿着介质流动方向，但也有与介质流动方向相反的。坡度一般为3/1000~1/100。输送流体黏度大的介质的管道，坡度要求大一些，可达1/100。埋地管道及敷设在地沟中的管道，如在停止生产时其积存介质不考虑排尽，则不考虑敷设坡度。对一般蒸汽、冷凝水、清水、冷冻水及压缩空气氮气的坡度为1/1000~5/1000。

（4）管道敷设的种类

管道敷设方式可以分为地面以上架空敷设和地下敷设两大类。

1）架空敷设

架空敷设是管道敷设的主要方式，它具有便于施工、操作、检查、维修以及较为经济的特点。架空敷设大致有下列几种类型。

① 管道成排地集中敷设在管廊、管架或管墩上。这些管道主要是连接两个或多个距离较远的设备之间的管道,进出装置的工艺管道以及公用工程管道。管廊规模大,联系的设备数量多,管架则较小和较少。因管廊宽度可以达到 10m 甚至 10m 以上,故可以在管廊下方布置泵和其他设备,上方布置空气冷却器。管廊可以有各种平面形状及分支。

管墩敷设实际上是一种低的管架敷设,其特点是在管道的下方不考虑通行。这种低管架可以是混凝土构架或混凝土和钢的混合构架,也可以是枕式的混凝土墩,但应用较少。

② 管道敷设在支吊架上,这些支吊架通常生根于建筑物、构筑物、设备外壁和设备平台上。所以这些管道总是沿着建筑物和构筑物的墙、柱、梁、基础、楼板、平台,以及设备(如各种容器)外壁敷设。沿地面敷设的管道,其支架则生根于小混凝土墩子上或放置在铺砌面上。

③ 某些特殊管道,如有色金属、玻璃、搪瓷、塑料等管道,由于其低的强度和高的脆性,因此在支承上要给予特别的考虑。例如将其敷设在以型钢组合成的槽架上,必要时应加以软质材料衬垫等。

2) 地下敷设

地下敷设可以分为直接埋地敷设和管沟敷设两种。

① 埋地敷设　埋地敷设的优点是利用了地下的空间,但是也有缺点,易腐蚀,检查和维修困难,在车行道处有时需特别处理以承受大的载荷,低点排液不便以及易凝物料凝固在管内时处理困难等。因此只有在不可能架空敷设时,才予以采用。直接埋地敷设的管道最好是输送无腐蚀性或腐蚀性轻微的介质,常温或温度不高的、不易凝固的、不含固体的、不易自聚的介质。无隔热层的液体和气体介质管道,例如设备或管道的低点自流排液管或排液汇集管;无法架空的泵吸入管;安装在地面的冷却器的冷却水管;泵的冷却水、封油、冲洗油管等架空敷设困难时,也可埋地敷设。

② 管沟敷设　管沟可以分为地下式和半地下式两种,前者整个沟体包括沟盖都在地面以下,后者的沟壁和沟盖有一部分露出在地面以上。管沟内通常设有支架和排水地漏。除阀井外,一般管沟不考虑人的通行。与埋地敷设相比,管沟敷设提供了较方便的检查维修条件,同时可以敷设有隔热层的、温度高的、输送易凝介质或有腐蚀性介质的管道,这是比埋地敷设更优越的地方。

6.4.2　管道布置图绘制方法

管道布置图又称为管道安装图或配管图(见图 6-5)。它是车间内部管道安装施工的依据。管道布置图包括:一组平立面剖视图,有关尺寸及方位等内容。一般的管道布置图要在平面图上画出全部管道、设备、建筑物或构筑物的简单轮廓,标出管件阀门、仪表控制点及有关的定位尺寸。只有在平面图上不能清楚地表达管道情况时,才酌情绘制部分立面图、剖视图或向视图。

(1)一般规定

管道布置图要表达出所有管道、管件、阀门、仪表和管架等的安装位置,以及管道与设备、厂房的关系。安装单位根据管道布置图进行管道安装。

1) 管道布置图的主要内容

① 厂房、建构筑物外形,标注建构筑物标高及厂房方位;

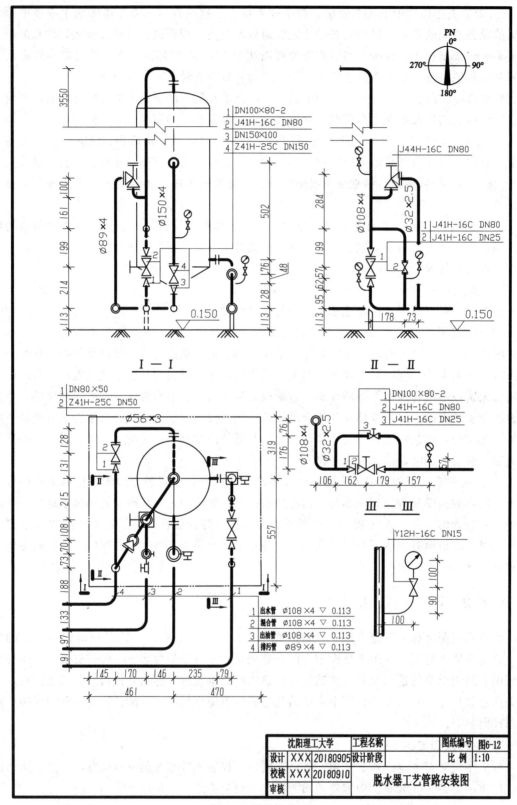

图 6-5 管路安装图

② 全部设备的外形，标注设备位号及设备名称；

③ 操作平台的位置及标高；

④ 当管道平面布置图表达不清楚时，应绘制必要的剖视图；

⑤ 表达所有管道、管件及仪表的位置、尺寸和管道的标高、管架位置及管架编号等；

⑥ 标高均以±0.000 为基准，单位为 m。

2）绘制要求

① 比例　在图面饱满、表达清楚的原则下取用 1∶50 或 1∶25 两种，一般用 1 号或 2 号图纸，有时也用 0 号图纸。

② 线条要求　直径小于 400mm 管道用粗实线单线绘制，直径为 400mm 及 400mm 以上的管道用中粗实线双线绘制，管道中心线用细实线绘制。

建筑物、设备基础、设备外形、管件、阀门、仪表接头、尺寸线以及剖视符号的箭头方向线等均用细实线绘制，中心线用点划线。

③ 与外管道相连接的管道应画至厂房轴线外 1m 处，或按项目要求接至界区界线处。地下管道及平台下的管道用虚线表示。

④ 管道的安装高度以标高形式注出，管道标高均指管底标高。

⑤ 管道水平方向转弯，对于单线管道的弯头可简化为直角表示，双线管道应按比例画出圆弧。

⑥ 有的局部管道比较复杂，因受比例限制不能表达清楚时，应画出局部放大图。

3）平面图

① 按设备布置图要求绘制各层厂房及有关构筑物外形，设备可不注定位尺寸，不绘出设备支架及设备上的传动装置，但要绘出设备上所有安装的管道接口。

② 穿过楼板的设备应在下一层的平面图上用双点划线表示设备投影，与该设备有关的管道用粗实线表示。

③ 同一位号两套以上的设备，如果接管方式完全相同，可以只画其中一套的全部接管，其余几套可画出与总管连接的支管接头和位置。

④ 平面图上应画出管架位置，并编管架号。

⑤ 管道间距尺寸均指两管中心尺寸，以 mm 为单位，当管道转弯时如无定位基准，应注明转弯处的定位尺寸。有特殊安装要求的阀门高度及管件定位尺寸必须注出。

4）剖视图

① 当管道平面布置图表达不够清楚时应绘制必要的剖视图。剖视图应选择能清楚表达管道为宜。如有几排设备的管道，为使主要设备管道表达清楚，都可选择剖视图表达。

② 剖视图应根据剖切的位置和方向（如剖切到建筑轴线则应正确表达建筑轴线），标出轴线编号，但不必注总尺寸。

③ 剖切面可以是全厂房剖面，也可以是每层楼面的局部剖面。

5）管段图

管段图是按正等轴测投影原理绘制，表示出一个设备到另一设备（或另一管段）间的一段管道及其管件、阀门、附件等空间位置的图样，称为管段轴测图，简称管段图。这也是管道设计中提供的一种图样。管段图立体感强、便于阅读，对管段预制、施工有利。

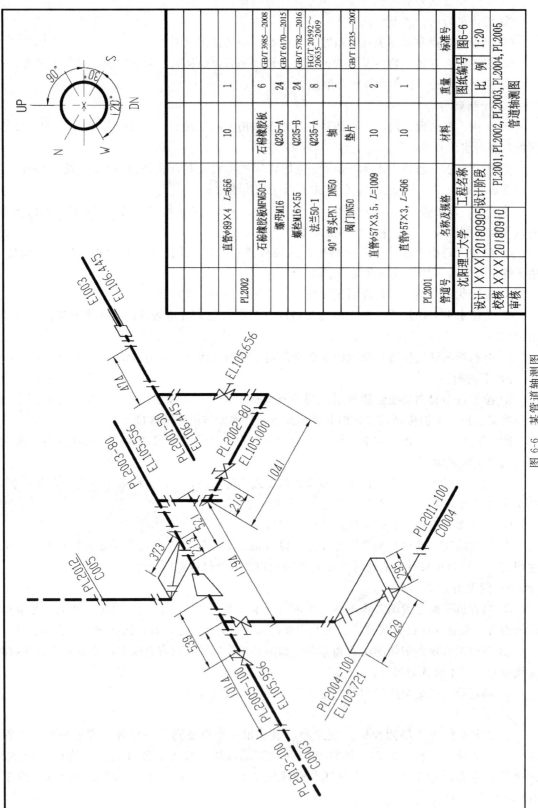

管道号	名称及规格		材料		标准号
	直管φ89×4 L=656	10	直管φ57×3, L=506	1	图6-6
PL2002	石棉橡胶板MFM50-1	石棉橡胶板		6	GB/T 3985—2008
	螺母M16	Q235-A		24	GB/T 6170—2015
	螺栓M16×55	Q235-B		24	GB/T 5782—2016
	法兰50-1	Q235-A		8	HG/T 20592~20635—2009
	90°弯头PN1 DN50	轴		1	
	阀门DN50	垫片			GB/T 12235—2007
PL2001	直管φ57×3.5, L=1009	10		2	
	直管φ57×3, L=506	10		1	
管道号	名称及规格		材料	重量	标准号
工程名称		沈阳理工大学			
设计阶段					
设计	×××20180905		PL2001, PL2002, PL2003, PL2004, PL2005		
校核	×××20180910		管道轴测图		
审核			比 例	1:20	

图 6-6　某管道轴测图

表 6-14　管段材料表

管段号	起止点		管段等级	设计压力/MPa	设计温度/℃	压力 管道级别	管子			法兰						垫片(PN,DN同法兰)				螺柱、螺母					
	起点	终点					名称及规格	材料	数量	PN	DN	密封形式	材料	数量	标准号或图号	代号	厚度	密封代号	数量	螺柱规格	螺柱材料	螺柱个数	螺柱标准号	螺母材料	螺母标准号
1	2	3	4	5	6	7	8	9	10	11	12	13	14	15	16	17	18	19	20	21	22	23	24	25	26

管段号	阀门				管件				特殊件					施工技术条件				绝热及防腐		试压介质	所在管道布置图图号
	名称及规格	材料	数量	标准号或图号	名称及规格	材料	数量	标准号或图号	件号	名称及规格	材料	数量	标准号或图号	应力消除	清洗	坡口形式	检验等级	绝热代号	防腐代号		
1	27	28	29	30	31	32	33	34	35	36	37	38	39	40	41	42	43	44	45	46	47

管段材料表

单位名称		工程名称		版次
设计		设计项目		第　页　共　页
校核		设计阶段		
审核				
年　月　日				

图 6-6 所示即为某管道轴测图。由此图可知，管段图应包括的内容有：图形，按正等轴测投影原理绘制的管道及管件阀门等图形符号；标注，标出管道号、管段所连接设备位号、管口号和预制安装所需要的全部尺寸；方向标，指出安装方位的基准，常常画在图纸右上角；材料表，列出预制和安装管段所需的材料、规格、数量等，所选用的标准件的材料应符合管道等级和材料的规定；标题栏，注明图名、设计单位等。

小于和等于 DN50 的中低压碳钢管、小于和等于 DN20 的中低压不锈钢管、小于和等于 DN6 的高压管道，一般可以不绘制轴测图。但同一管道有两种管径的，如控制阀组、排液管、防空管等例外。

对于允许不绘制轴测图的管道，如果因管道布置图中对螺纹或承插焊管件或其他管件位置表达不清楚需要用轴测图表达时，则这小部分也应该绘制轴测图。另外，对上述允许不绘制管段图的管道，如带有扩大的孔板直管段，则应绘制管道轴测图。

对于允许不绘制轴测图的管道，则应编写管段材料表，见表 6-14。

（2）管道布置图图例

HG 20519—2009《化工工艺设计施工图内容和深度统一规定》中的关于管道布置图例有如下画法。

1）管道的图示方法

管道布置图中的主要物料管道一般用粗实线单线画出，其他管道用中粗实线画出。直径小于 400mm 的可用单线法表示，大于等于 400mm 的可用双线法表示。管道弯折、管道三通的画法见表 6-15。管道变径的表示方法见图 6-7。

表 6-15　管道布置图中管道图例（摘录）

项目	名称	螺纹与焊接	法兰	
			双线	单线
90°弯头	俯视图			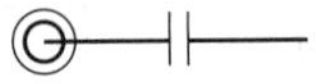
	主视图	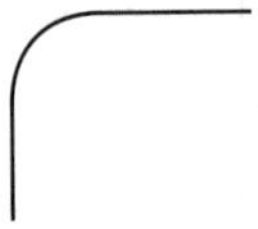	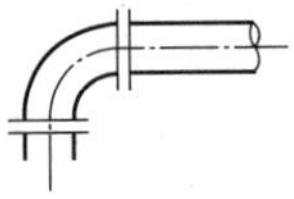	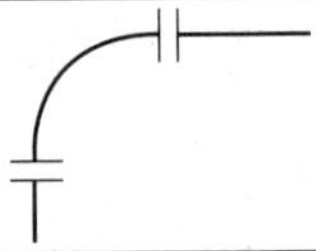
	仰视图		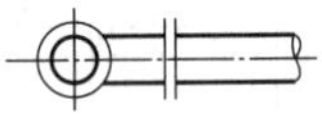	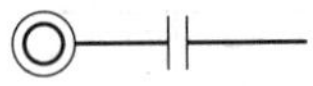
	轴测图		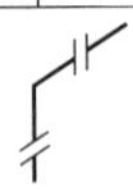	
三通	俯视图	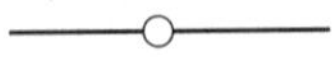		
	主视图	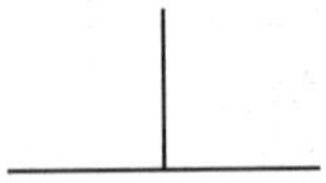	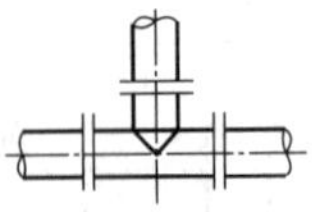	
	仰视图	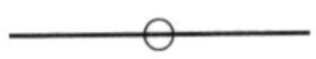		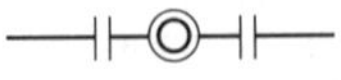
	轴测图	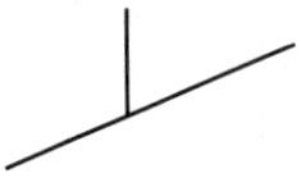		

　　若许多管道处在同一平面上，则其垂直面上这些管道的投影将会重叠。此时，为了清楚表达每一条管道，可以依次将前方（或上方）的管道投影断裂，并画出断裂符号，而将后方（或下方）的管道投影在断裂符号处断开，参见图 6-8(a)。对于多根平行管道的重叠投影，一般可在各自投影的断开或断裂处注写字母，以便识别，参见图 6-8(b)。

　　管道交叉时，一种是将下方（或后方）被遮住的管道投影在交叉处断开，见图 6-9(a)；另一种方法是将上方（或前方）的管道投影在交叉处断裂，并画出断裂符号，见图 6-9(b)。管道连接的表示方法见图 6-10。

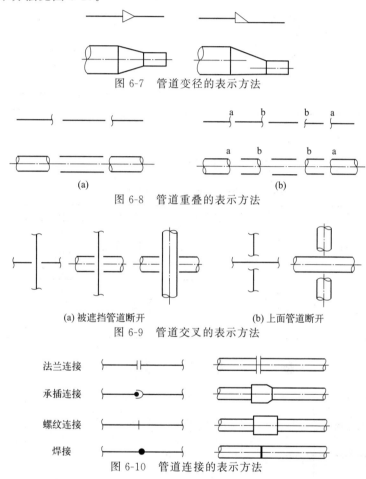

图 6-7　管道变径的表示方法

(a) 　　　　　　　　　　　(b)

图 6-8　管道重叠的表示方法

(a) 被遮挡管道断开　　　　　　(b) 上面管道断开

图 6-9　管道交叉的表示方法

法兰连接

承插连接

螺纹连接

焊接

图 6-10　管道连接的表示方法

2）管道阀门的图示方法

　　管道布置图中截止阀的表示方法见图 6-11，其他阀门图例可见表 6-16。

　　所有管道上方或左方都应标注与带控制点工艺流程图一致的管段编号中的前三项内容：公称直径、物料代号、管段序号，如图 6-12、图 6-13 所示。

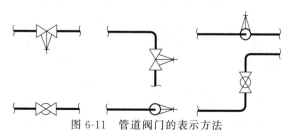

图 6-11　管道阀门的表示方法

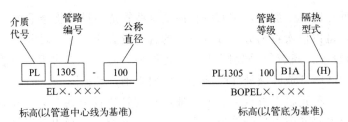

图 6-12　管道标注表示方法

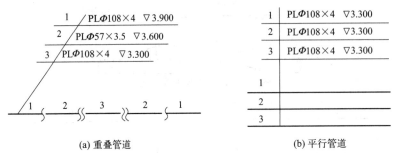

(a) 重叠管道　　　　　　　　　　　(b) 平行管道

图 6-13　重叠管道标注表示方法

表 6-16　管道布置图中阀门图例（摘录）

序号	名称	主视图	俯视图	仰视图	左（右）图	轴测图
1	闸阀					
2	截止阀					
3	止逆阀					
4	旋塞阀					
5	隔膜阀					
6	蝶阀					
7	角阀					
8	球阀					

续表

序号	名称	主视图	俯视图	仰视图	左(右)图	轴测图
9	节流阀					
10	安全阀					
11	三通旋塞阀					
12	阻火阀					
13	节流阀					

【例 6-4】 根据下图，绘制管段轴测图（尺寸从图中量取）。

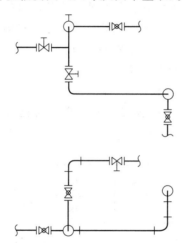

解：先确定方向标，再根据已知视图及其尺寸在适当的位置绘制管道，然后绘制管件、阀门等。

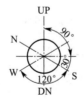

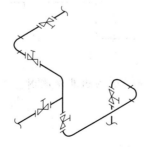

思考题

1. 简述管道设计的原则和注意事项。

2. 管道设计包括哪些内容？

3. 选择管道材料与哪些因素有关？

4. 管道布置有哪些要求，设计中要注意哪些问题？

5. 什么是公称直径？管道管径确定的原则是什么？

6. 什么是管件？选择管件的依据有哪些？

7. 法兰的作用是什么？法兰与管子连接的方式有哪些？

8. 阀门的主要作用是什么？构成阀门型号的主要内容有哪些？

9. 为什么要进行管道压力降的计算？计算时要考虑哪些因素？

10. 减压阀和安全阀的选择原则有哪些？

11. 管道保护层的作用有哪些？选择保护材料时应注意哪些问题？

12. 什么是许用应力？为什么要进行管道应力分析？

13. 管道热补偿的方法有哪些？这些热补偿方法的适用范围是什么？

14. 管道布置设计有什么重要意义？设计的基本任务有哪些？

15. 进行车间管道布置设计时应注意哪些问题？

16. 下列部件在管道布置图中如何绘制？

管子，弯管，三通，四通，变径管，闸阀

17. 已知管道的平面图和 Ⅰ-Ⅰ 剖视图，补画其 B 向视图，并画出其轴测图（尺寸从图中量取）。

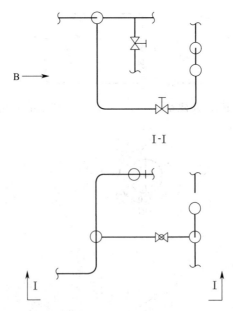

18. 阅读图 6-5 管道布置图图例，试画出其轴测图。

第7章

非工艺项目的设计条件

　　工程设计是一项十分复杂而细致的工作，要依靠各专业的通力协作，密切配合来完成。设计中，工艺设计起主导作用，与其他专业的关系非常密切，特别在施工图设计阶段，工艺专业与各专业的密切配合对设计质量和进程都有着重要作用。工艺设计人员在设计过程中，一要全面出色地完成工艺设计任务；二要组织和协调设计工作（主要解决好工艺专业与其他专业的关系，以及其他专业之间的关系）；三要为其他专业设计提供比较完整而确切的设计依据和条件。设计中的非工艺专业一般有建筑专业、设备专业、电气专业、仪表控制专业、采暖通风专业、热工专业、给排水专业等。

　　工艺设计人员在进行工程设计时，一开始就要有步骤地向其他专业交代设计任务，提供设计条件，以便相互配合。在设计过程中，又要及时联系，交换意见，不断补充和完善设计条件。最后还要进行汇总、核实和汇签等工作。所以，工艺设计工作开始最早而结束最晚。需要特别指出的是，工艺人员为其他专业提供的设计条件要力求全面确切。如果提供的条件不确切，不全面，会使其他专业设计返工，或是难以进行。而其他专业设计当发现问题或疑点时要及时返回，以便及时纠正、补充和完善，确保设计进度和质量。

　　一般来说，工艺专业向其他专业提供设计条件是分几次提供的。第一次提供的条件是使其他各专业对工程项目有总体了解，明确自己在工程设计中所承担的设计任务，并能开始本专业的方案设计以及进行必要的计算。第二次提供的条件要使其他专业能确定设计方案，开始全面设计工作，直到全面完成设计任务。而第三次提供的条件只是一些较小的补充和完善条件。

　　一般来说，对多数其他专业，工艺专业分两次提供条件即能满足要求，只有个别专业在设计较为复杂的工程时才需要提供第三次条件，作为第二次提供条件的补充和完善。

　　例如在建设一个中型化工企业时，工艺专业向土建专业提供设计条件一般分三次提供。第一次，要提出工艺流程图、车间或工段厂房平面布置图、剖面布置图、设备一览表。其中应说明对厂房的要求，如：设备位置和重量、楼面的荷重、设备基础、操作检修面、吊车的吨位和标高，以及吊装孔位置和大小；对防火、防爆、防腐的要求；人员情况、安全卫生情况、振动情况以及是否考虑扩建等条件。第二次提供的条件，应包括楼面300mm以上、墙面400mm以上的开孔，地沟和落地设备的基础条件等。第三次提供的条件，一般为楼面300mm以下，墙面400mm以下的预留孔，楼面、墙面和管路支架的预埋件等条件。

以上所说是指提供条件的一般原则。对于简单的成熟项目，工艺人员设计经验丰富，也可以一次提供设计条件就能满足其他专业设计的要求。本章将分别叙述工艺专业为其他专业提供的设计条件，供设计时参考。

7.1 土建设计条件

土建设计在设计院中一般分为建筑设计与结构设计。

建筑设计主要是根据建筑标准对工厂的各类建筑物进行设计。建筑设计应将新建的建筑物的立面处理和内外装修的标准，与建设单位原有的环境进行协调；对墙体、门、窗、地坪、楼面和屋面等主要工程做法加以说明；对防腐、防爆、防尘、高温、恒温、恒湿、有毒物和粉尘污染等特殊要求，在车间建筑结构上有相应的处理措施。

结构设计主要包括地基处理方案，厂房的结构形式确定及主要结构件如基础、柱、楼层梁等的设计，对地区性特殊问题（如地震等）的说明，在设计中采取的措施，以及对施工的特殊要求等。

7.1.1 土建设计依据

（1）气象、地质、地震等自然条件资料

① 气象资料 对建于新区的工程项目，需列出完整的气象资料；对建于熟悉地区的一般工程项目，可只选列设计直接需用的气象资料。

② 地质资料 厂区地质土层分布的规律性和均匀性，地基土的工程性质及物理力学指标，软弱土的特性，对有湿陷性、液化可能性、盐渍性、胀缩性的土地的判定和评价，地下水的性质、水位及变幅。这些资料在设计时只应以地质勘探报告为依据。

③ 地震资料 建厂地区历史上的地震情况及特点，场地地震基本烈度及其划定依据，以及专门机关的指令性文件。

（2）地方材料

简要说明可供选用的当地大众建材以及特殊建材（如隔热、防水、耐腐蚀材料）的来源、生产能力、规格质量、供应情况和运输条件及单价等。

（3）施工安装条件

当地建筑施工、运输、吊装的能力，以及生产预制构件的类型、规格和质量情况。

（4）当地建筑结构标准图和技术规定

7.1.2 土建设计条件及内容

（1）土建设计条件

设计中工艺专业应提出建构筑物特征条件表，如表 7-1 所示，同时还要提供如下的设计条件。

① 生产工艺流程简图。

② 厂房布置图，主要是工艺设备平面、立面布置图，并在图中说明对土建的各项要求且附图。

③ 设备情况，主要内容见表 7-2。

表 7-1　建构筑物特征表

序号	车间名称	范围		人员情况		安全生产			操作环境					腐蚀特征	防雷等级
		标高	建筑轴线	生产班数	定员人数	火险分类	毒性等级	爆炸	卫生等级	有害介质或粉尘	噪声情况	温度	湿度		
1	2	3	4	5	6	7	8	9	10	11	12	13	14	15	16

表 7-2　设备条件表

序号	位号	设备名称	规格	设备质量/kg			装卸方法	支承形式	备注
				设备质量	物料质量	保温、填料			
1	2	3	4	5	6	7	8	9	10

④ 安全生产和劳动保护条件，防火、防爆、防毒、防尘和防腐条件，以及其他特殊条件，如放射性工作区应与其他区域隔离，并设专用通道。

⑤ 楼面的承重情况。

⑥ 楼面、墙面的预留孔和预埋件的条件，地面的地沟，落地设备的基础条件。

⑦ 安装运输条件，应提出安装门、安装孔、安装吊点、安装载荷、安装场地等的要求，同时考虑设备维修或更换时对土建的要求。

⑧ 人员一览表，包括人员总数、最大班人数、男女工人比例等，见表 7-3。

⑨ 在土建专业设计基础上，工艺专业进一步进行管道布置设计，并将管道在厂房建筑上穿孔的预埋件及预留孔条件提交土建专业。

表 7-3　人员一览表

工种	生产一线人员								管理人员		合计
	一班		二班		三班		备员				
	男	女	男	女	男	女	男	女	男	女	
1	2	3	4	5	6	7	8	9	10	11	12
共计											

（2）土建专业的设计内容

绘出各个建构筑物的平面图、剖面图、立面图，写出新建的建构筑物一览表和建筑材料估算表，说明决定采用天然地基或人工地基的根据，说明结构选型的原则，说明混合结构、框架和排架结构、钢结构、预制、现浇和预应力结构等的选用范围及其所考虑的因素。此外，还要附上基础、柱、楼层梁、板、屋架等主要结构件设计及选型的说明。

土建专业技术人员还要协助解决施工过程中的各种施工技术问题，参与建筑规划和设计方案的审查等工作。

7.2　电气设计条件

7.2.1　概述

高分子材料生产中应用的电气部分包括动力、照明、避雷、弱电、变电、配电等。

（1）供电

生产用电电压一般最高为 6000V，中小型电机通常为 380V，而输电网中都是高压电（有 10～330kV 范围内七个高压等级），所以从输电网引入的电源必须经变压后方能使用。由工厂变电所供电时，小型或用电量小的车间，可直接引入低压线；用电量较大的车间，为减少输电损耗和节约电缆、电线，通常用较高的电压将电流送到车间变电室，经降压后再使用。一般车间高压为 6000V 或 3000V，低压为 380V。当高压为 6000V 时，150kW 以上电机选用 6000V，150kW 及以下电机选用 380V。高压为 3000V 时，100kW 以上电机选用 3000V，100kW 及以下电机选用 380V。

高分子材料生产中常用易燃、易爆物料，多数为连续化生产，中途不允许突然停电。为此，根据高分子生产工艺特点及物料危险程度的不同，对供电的可靠性有不同的要求。按照电力设计规范，将电力负荷分成三级，按照用电要求从高到低分为一级、二级、三级。其中一级负荷要求最高，即用电设备要求连续运转，突然停电将造成着火、爆炸、机械损坏，或造成巨大经济损失。

（2）供电中的防火防爆

按照 GB 50058—2014《爆炸危险环境电力装置设计规范》中的爆炸性气体环境危险区域划分规定，根据爆炸性气体混合物出现的频繁程度与持续时间进行分区。

对于连续出现或长时期出现爆炸性气体混合物的环境定为 0 区，对于在正常运行时可能出现爆炸性气体混合物的环境定为 1 区，对于在正常运行时不可能出现爆炸性气体混合物的环境，或即使出现也仅是短时存在的情况定为 2 区。

在设计中如遇到下列情况则危险区域等级要作相应变动：离开危险介质设备在 7.5m 之内的立体空间，对于通风良好的敞开式、半敞开式厂房或露天装置区可降低一级；封闭式厂房中爆炸和火灾危险场所范围按以上条件将建筑空间分隔划分，并在与其相邻的场所隔一道有门的墙，可降低一级；如果通过走廊或套间隔开两道有门的墙，则可作为无爆炸及火灾危险区。而对地坑、地沟因通风不良及易积聚可燃介质区要比所在场所提高一级。

区域爆炸危险等级确定以后，根据不同情况选择相应的防爆电器。属于 0 区、1 区和 2 区的场所都应选用防爆电器，线路应按防爆要求敷设。电气设备的防爆标志是由类型、级别和组别组成。类型是指防爆电器的防爆结构，共分 6 类：防爆安全型（标志 A）、隔爆型（标志 B）、防爆充油型（标志 C）、防爆通风（或充气）型（标志 F）、防爆安全火花型（标志 H）、防爆特殊型（标志 T）。

级别和组别是指爆炸及火灾危险物质的分类，按传爆能力分为四级，以 1、2、3、4 表示；按自燃温度分为五组，以 a、b、c、d、e 表示。类别、级别和组别按主体和部件顺序标出。如主体隔爆型 3 级 b 组、部件 II 级，则标志为 BH3 II b。

7.2.2　电气设计内容

电气设计首先必须了解建设单位的电源状况，弄清与厂区有关的电力系统的发电厂及区域变电站的位置、距离、装机设备容量、系统主结线构成的电源数量，评估出增加用户的条件及远近期电容量等情况。如属老厂改造还需说明厂内供电系统现状。有自备电站也要加以说明。

然后，明确装置中最大用电容量，其中一、二、三级负荷各多少，高压用电设备台数及单台容量范围；对全厂高压供电系统及各级电压的选择，阐述选定的总变电所或自备发电站的容量及主结线的特点，说明厂区的输入电压以及各级配电电压等级的选定理由。

最后，计算全厂车间变电所负荷及选择变压器，设计全厂供电外线及道路照明，说明全厂供电线路采用的敷设方式及原则，设计全厂接地、接零和防静电。

7.2.3　电气设计条件

电气设计条件一般分为三个方面，一是设备用电部分；二是照明、避雷部分；三是弱电部分。

（1）设备用电部分

① 生产特点，用电要求。车间的防爆等级，特殊大功率电机等。

② 按设备平面布置图标明用电设备的名称和位置。

③ 提供用电设备条件表，如表 7-4 所示。

④ 用电设备的自控要求，如根据料位高度控制泵电机的启闭。

⑤ 其他用电量，如机修间、化验室等。

（2）照明、避雷部分

① 在工艺设备布置图上标明照明位置及照明度。

② 照明地区的面积和容积及照明强度。

③ 防爆等级、避雷等级要求。

④ 特殊要求，如事故照明、检修照明、接地等。

（3）弱电部分

① 在工艺设备布置图上标明弱电设备位置。

② 设置火警信号、警卫信号要求。

③ 电话种类和数目，行政电话、调度电话、扬声器、电视监视器等。

表 7-4　用电设备条件表

序号	用电设备位号	用电设备名称	负荷等级	用电设备台数 常用	用电设备台数 备用	是否需要正反转	控制联锁要求	计算轴功率/kW	控制方法	开关控制点	电流表装置地点	电力设备 型号	电力设备 容量/kW	电力设备 电压/V	电力设备 相数	控制设备是否成套供应	工作制	运行制	年运转时间/h
1	2	3	4	5	6	7	8	9	10	11	12	13	14	15	16	17	18	19	20

注：1. 初步设计阶段，如条件不具备，表中 7、8 栏可以不提，第 14 栏可提估计数；

2. 第 13 栏，电力设备如为防爆的，应注明防爆标志（类型、级别、组别），并与电气专业共同确定进线方式（钢管进线、电缆进线）；

3. 第 17 栏，当控制设备与电动机所带机械成套时，要提供详细资料；

4. 用电设备位号应与工艺流程的位号相符；

5. 工作制是指每天工作班次，即，一班、二班或三班操作；

6. 运行制是指每班操作制度是连续还是间歇运行。

7.3 自动控制条件

7.3.1 概述

仪表、自动控制是生产装置的监控设备，是确保连续安全运行的重要手段。自控设计不仅要有合理的控制方案和正确的测量方法，还需根据工艺数据正确选择自动化仪表。

（1）单元组合仪表的选择

单元组合仪表根据使用动力情况及功能组件组合方式，一般可分为气动单元组合仪表、电动单元组合仪表和电子组装式仪表。

在工程设计中，究竟采用气动仪表还是电动仪表，应该根据装置的具体条件进行综合考虑和分析。一般来说，下列条件以选用气动仪表为宜。

① 变送器至显示调节仪表间的距离较短，通常以不超过150m较为合适。

② 工艺物料是易燃易爆介质及相对湿度很大的场合。

③ 要求仪表投资少。

④ 一般中小型企业要求易维修，经济可靠。

在以电动仪表为主的大型装置里，有些现场就地调节回路而不要求引入中央控制室集中操作时，可采用气动仪表。

下列条件以选用电动仪表为宜。

① 变送器至显示调节仪表间的距离超过150m时。

② 大型企业要求高度集中管理的中央控制时。

③ 设置有计算机进行控制及管理的对象。

④ 要求响应速度快，信息处理及运算复杂的场合。

国内目前电动单元组合仪表有DDZ-Ⅱ型和DDZ-Ⅲ型两种，DDZ-Ⅱ型是早期产品，DDZ-Ⅲ型电动单元组合仪表和电子式组装仪表都是以集成电路为主的组件，这两种仪表在选用上没有很显著的区别，所不同的只是结构形式及安装上的差异。

（2）常用仪表

1）温度测量仪表

温度测量仪表有双金属温度计、玻璃液体温度计、压力式温度计、热电偶等接触式仪表，也有光学、光电和辐射高温计之类的非接触式仪表。

2）压力测量仪表

压力测量仪表有液柱式压力表、普通弹簧管式压力表、专用弹簧管式压力表（氨、氧气、氮气、乙炔等气体用）、膜片式压力表、特种压力表（耐酸、耐高温等）。

3）流量测量仪表

流量测量仪表有转子式（经常使用的是玻璃转子流量计）和容积式等。

（3）控制系统

1）简单控制系统

简单控制系统是由被控对象、测量变送单元、调节器和执行器组成的单回路控制系统。按被控制的工艺变量来划分，最常见的是温度、压力、流量、液位和成分五种控制系统。

2）复杂控制系统

复杂控制系统有串级控制、均匀控制、分程控制、采用模拟计算单元的控制系统、自动选择性控制系统、前馈控制系统、非线性控制系统等。

3）程序控制系统

可编程序逻辑控制器 PLC。最初是为适应机器制造业以顺序控制为主的各种控制任务而设计的，用以解决工业生产中大量的开关控制问题。与继电器组成的逻辑控制系统相比，PLC 的最大特点在于通过重新编程即可改变控制方式和逻辑规律，使其成为灵活的控制工具，在报警、联锁、马达自动开停、定时、计数、安全保护、事故切断、顺序操作、配料、批量控制、根据约束条件进行工况的选定和切断等逻辑控制领域得到广泛的应用。

集散控制系统 DCS。以微处理机为核心，综合了控制、计算机、通信三大技术，是一种组件化、积木化、数模结合的自动化技术工具。一般由现场控制站、操作站、通信总线三大部分组成。各个部分均采用微处理机，都具有记忆、逻辑、判断和数据运算等功能。DCS 以分散的控制适应分散的控制对象，以集中的监视、操作和管理来达到掌管全局的目的。

7.3.2　自控设计条件

① 明确控制方法，采用集中控制还是分散控制或两者结合。
② 按照工艺流程图标明控制点、控制对象。
③ 提供设备平面布置图。
④ 提出压力、温度、流量、液位等控制要求；产品成分的控制指标，以及特殊要求的控制指标，如 pH 值等。
⑤ 提出控制信号数、要求及安装位置等。
⑥ 提出仪表、自控条件表，如表 7-5 所示；提出调节阀条件表，如表 7-6 所示。

表 7-5　仪表、自控条件表

序号	仪表位号	仪表用途	工艺参数				流量 /(m³·h⁻¹)			液位 /m			I-指示 R-记录 Q-累计 C-调节 K-遥控 A-报警 S-联锁	P-集中 L-就地 PL-集中、就地	所在管道设备的规格及材质	仪表插入深度 /m
			密度 /(kg·m⁻³)	温度 /℃	表压 /MPa	pH	最大	正常	最小	最大	正常	最小				
1	2	3	4	5	6	7	8	9	10	11	12	13	14	15	16	17

表 7-6　调节阀条件表

序号	控制点用途	数量	介质及成分	流量/(m³·h⁻¹)			流量调节阀前后绝压/MPa			密度/(kg·m⁻³)	工作温度 /℃	介质黏度	管道材质与规格
				最大	正常	最小	最大	正常	最小				
1	2	3	4	5	6	7	8	9	10	11	12	13	14

7.4　设备机械设计条件

设备一般分为标准设备和非标设备。标准设备的选型、订货一般都由工艺设计人员完成，如第 4 章所述。而非标设备则由设备专业进行设计，交付设备制造厂进行制造，非标设备条件表如表 7-7 所示。

设备设计的任务是根据工艺要求，选择设备的结构材料，进行强度计算，确定腐蚀余量，确定零部件的结构和外形尺寸；确定设备的施工要求；最后得到设计文件——设备施工图。

一般分两次向设备设计师提交设计条件。当工艺路线确定，工艺计算完成之后，首先提出设备结构条件表和条件图，有时合为一体，称为设备结构条件单，见图 4-7。管道布置图完成以后，再提出管口方位条件，或直接由工艺专业绘制管口方位图，作为设备设计文件的一部分。

工艺专业提供给设备设计的条件如下。

1）生产工艺流程图

2）设备一览表

3）非标设备条件表及附图

如表 7-7 所示，内容包括以下条例。

① 设备内的物料及物性，如设备的生产能力或处理量，物料的密度、黏度、腐蚀性、易燃易爆、毒性等。

② 工艺操作条件，温度、压力、溶液组成、搅拌桨转速等。

③ 设备的尺寸，直径、高度、主要部件尺寸等。

④ 管口方位图，同时说明管口密封要求和选用法兰型式。

管口方位图是表达设备上各管口以及支座等安装位置的图样。该图由工艺专业在管道布置设计时提出，也可由设备专业提出，如图 7-1 所示。

表 7-7　非标设备条件表

项目		设备内	夹套内	管内	管间
操作压力（表压）					
操作温度/℃					
物料	名称				
	特性				
设备材料及成立					
全容积/m³			换热面积/m²		
装料系数			过滤面积/m²		
搅拌形式			保温材料及厚度		
搅拌转速/(r/min)			塔板数或填料高度		
密封要求			板间距		
电动机型号及功率					
安装方式及环境					
检修要求					
设备选用参考资料					
其他要求					

符号	公称直径	连接方式	用途

编制	（签字）	（日期）	（设计单位）	工程名称	
校核	（签字）	（日期）	×××设备条件表	项目名称	
审核	（签字）	（日期）		流程图位号	

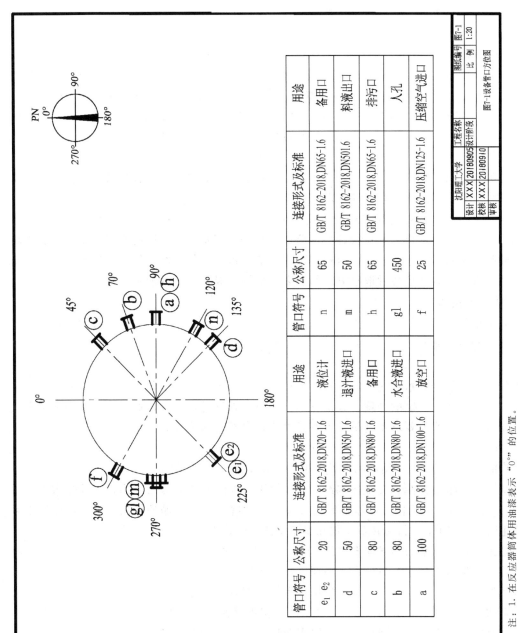

管口符号	公称尺寸	连接形式及标准	用途
e_1 e_2	20	GB/T 8162-2018,DN20-1.6	
d	50	GB/T 8162-2018,DN50-1.6	退汁液进口
c	80	GB/T 8162-2018,DN80-1.6	备用口
b	80	GB/T 8162-2018,DN80-1.6	水合液进口
a	100	GB/T 8162-2018,DN100-1.6	放空口

管口符号	公称尺寸	连接形式及标准	用途
n	65	GB/T 8162-2018,DN65-1.6	备用口
m	50	GB/T 8162-2018,DN50I.6	料液出口
h	65	GB/T 8162-2018,DN65-1.6	排污口
g1	450		人孔
f	25	GB/T 8162-2018,DN125-1.6	压缩空气进口

注：1. 在反应器筒体用油漆表示 "0°" 的位置。
　　2. 铭牌方位为 270°，铭牌高度距支脚 1.7m。

图 7-1　设备管口方位图

7.5　给排水设计条件

7.5.1　概况

（1）水源

要对建厂地区水源情况进行调查，包括水文地质资料、年平均降雨量（mm）、年平均蒸发量（mm）、地下水埋藏条件、地下水位及其升降幅度、地下水的浸蚀性，可提供的地下水（井水、深井水等）和地表水（河水、江水、溪水、湖水、塘水、水库水以及城市市政供水管网等）形式以及它们的水质、水温和可提供的水量等，这些水源的上游或上风向有无污染源，下游或下风向对排污有何要求。

经过调查、实地勘察测量工作，取得可靠材料后，再根据建设工程项目对给排水的要求及提出的生产及生活给排水量，确定取水方案。

这是一个综合比较和选择的过程，按照可供采用的水源具体情况，从生产、生活对水质、水温、水量的要求出发，比较各种水源从取水处到用水处，其所需取水、水处理、水输送等基建投资总费用（包括设备、建构筑物、管道、占地、仪表阀门等）和运行操作维修费用的关系，进行综合考虑各种取水方案的利弊，最终选择确定一种取水方案。

（2）工业用水

水是重要的建厂条件之一。工业用水可分为：生产用水、循环冷却水、锅炉给水、生活用水、海水和消防水等。

1）生产用水

有的工艺过程需要水作为反应物料、稀释剂以及冷却介质。因此生产用水一般都有一定的水质要求，需经过一定的处理，分别按不同水质用管道送至装置，如软化水、去离子水或蒸汽凝结水等。对水质要求不高时，也可以直接接自新鲜水系统。

2）循环冷却水

生产时需要大量的工业用水，为了降低工业用水量，一般应尽量将水循环使用，因此设置循环冷却塔（又称凉水塔）。工业用水经过一次使用后水温上升至40℃左右，将此热水送至凉水塔与空气换热或部分蒸发后可降温到28℃左右，此冷却水即可循环使用。为防止循环水系统中产生腐蚀、结垢，而降低传热系数和损坏设备，在循环水中需要投入水质稳定剂。

一般来说，凉水塔的蒸发损失约为2%。凉水塔内水与空气直接接触，大气中的污染物质、尘埃等会进入循环水。另外由于循环水在凉水塔中的蒸发，使盐类等物质不断浓缩。因此，为了维持循环水水质，采用了不断排污和补加新鲜水的方法。

循环水的供水压力一般为0.34~0.5MPa，根据系统压力和装置间的水平高差而定。装置内的循环热水一般分压力回水、自流回水两种方式送回循环水场。

另外，循环冷却水在周而复始的循环使用过程中，会对管道产生腐蚀并在管壁上结垢。碳酸钙是循环水结垢中的主要成分，水中的钙离子和重碳酸根在一定的温度、压力等条件下发生可逆反应，其结果是导致传热系数下降，水流动阻力上升和流量降低。因此须进行水质稳定处理。

① 排污　由于循环水的浓缩，故需排出部分含盐高的循环水，同时补充适量的新鲜水，使其含盐浓度维持在极限值以下。

② 防垢处理　防止或减少水垢的形成，可对补充新鲜水进行软化处理，以减少带入的盐量；或对循环水进行酸处理，以增加盐的溶解度；也可添加阻垢剂，以阻止水垢的生成。通常酸处理是采用硫酸；阻垢剂是添加聚磷酸盐等。

③ 防腐蚀处理　循环冷却水的腐蚀主要以电化学腐蚀形式存在，所以防腐的主要措施是在水中添加一些能生成难溶性阳极产物保护膜的盐（如磷酸盐），或能生成难溶性阴极产物保护膜的盐（如锌盐等）。

④ 防止微生物生长　定期向循环水投加氯以抑制微生物生长。

⑤ 除机械杂质　使少部分循环水经过旁滤器以滤去砂及微生物。

3）锅炉给水

锅炉给水有一定的水质要求。一般用新鲜水经沉淀软化、离子交换、除氧等处理过程，使处理过的水符合锅炉给水的水质要求。不含油的蒸汽凝结水水质良好，应作为锅炉给水循环使用。生产装置上的取热器、蒸汽发生器等设备应按锅炉给水标准供水。

4）生活用水

除了生产用水外，还需要饮用水、淋浴和洗眼器用水，这些统称为生活用水。生活用水必须符合国家规定的卫生标准，要与生产用水分别供应。生活用水可以在厂内自设净化设备供给，也可用市政部门供应的自来水。

5）海水

对于建设在海边的工厂，可用海水作为冷却器等的冷却用水。海水资源可取之不尽。但海水的缺点是对设备和管道有腐蚀，所以要适当地考虑防腐措施，同时也增加维修时的工程量，这将增加投资和运行费用。

6）消防用水

灭火用消防用水，在短时间内用水量很大，一般设置独立系统，包括消防水池、消防水泵和消防水管道系统。对于临海的工厂可用海水。当工厂附近有大的水库、河流和湖泊时，可不设消防水塔。消防水系统的压力一般为 0.5～1.0MPa。

7.5.2　给排水设计条件

（1）供水条件（条件表如表 7-8 所示）

1）生产用水

① 提出工艺设备布置图，并标明用水设备名称。

② 指出用水条件，如：最大和正常用水量、需要的水温、水压。

③ 说明用水情况（连续或间断）。

④ 标出用水处的进口标高及位置。

2）生活、消防用水

① 提出用水设施布置图，标明厕所、淋浴室、洗涤间位置。

② 指明工作室温。

③ 注明总人数和最大班人数。

④ 根据生产特性提供消防要求，如采用何种灭火剂等。

3）化验室用水

① 按平面布置图标明化验室位置。

② 说明用水种类及用水要求。

表 7-8　供水条件表

序号	车间（工段）名称	用水设备		水的用途	用水设备性能		用水量及其要求											
		位号	名称				用水量/(m³·h⁻¹)				水温/℃		水压/MPa		水质要求			
					用水阻力降/MPa	用水承压/MPa	正常		最大		进口	出口	进口	出口	浊度	化学成分	腐蚀率/(mm·a⁻¹)	
							Ⅰ期	Ⅱ期	Ⅲ期	Ⅳ期								
1	2	3	4	5	6	7	8	9	10	11	12	13	14	15	16	17	18	

	需水情况													
序号	每日给水负荷/(t·h⁻¹)												进水口位置及标高/m	备注
	0	2	4	6	8	10	12	14	16	18	20	22	24		
1	19													20	21

注：1. 本表应按工艺生产用水，循环冷却水，直流冷却水等不同用途归类填写；

2. 第 12、13 栏，指最高计算温度；

3. 第 14 栏是指进水在±0.000 点的压力；

4. 在初步设计阶段，第 20 栏可填写大概方位；

5. 第 17 栏可填写特殊要求，如氯离子、电导率、含氧量等；

6. 季节性用水应在备注栏指出。

（2）排水条件

1）生产排水

提出工艺设备布置图，并标明排水设备名称；提出排水条件，如：水量、水管直径、水温、排水成分、排水压力；明确排水方法是间断还是连续；标出出口标高及位置。见表 7-9。

2）生活排水

提出用水设施布置图，标明厕所、淋浴室、洗涤间位置；注明总人数、使用淋浴总人数、最大班人数、最大班使用淋浴人数；说明排水情况等。

表 7-9　排水条件表

序号	车间（工段）名称	位号	设备名称	排水量及特征											pH	排水余压/MPa	排水口位置及标高
				排水量/(m³·h⁻¹)				是否污染	污染成分								
				正常		最大			水温/℃	主要化学成分		物理成分					
				Ⅰ期	Ⅱ期	Ⅲ期	Ⅳ期			名称	含量	悬浮物/(mg·L⁻¹)	色度				
1	2	3	4	5	6	7	8	9	10	11	12	13	14	15	16	17

	每日排水负荷/(t·h⁻¹)													备注
序号	0	2	4	6	8	10	12	14	16	18	20	22	24	
1	18													19

注：1. 第 4 栏及第 5~8 栏可只填写主要设备及主要用途；

2. 第 10 栏，是指最高计算温度；

3. "污染成分"也可以填写 COD 和 BOD 的总含量及含固量，单位为 mg·L⁻¹；

4. 第 10~17 栏，在初步设计阶段提出困难时可填写大概情况；

5. 第 16 栏的排水余压以±0.000 标高为准；

6. 车间排出废水，需按给排水作厂区管网设计时，应在本表提出；

7. 季节性用水应在备注栏指出。

7.6 采暖通风条件

7.6.1 概况

（1）采暖

采暖是指在冬季调节生产车间及生活场所的室内温度，从而达到生产工艺及人体生理的要求，实现生产的正常进行。工业上采暖系统常用蒸汽和热风两种形式。蒸汽采暖系统按蒸汽压力分为低压和高压两种，界限是 0.07MPa，通常采用 0.05～0.07MPa 的低压蒸汽采暖系统。热风采暖系统，是将空气加热至一定的温度（70℃）送入车间，它除采暖外还兼有通风作用。

（2）通风

车间为排除余热、余湿、有害气体及粉尘，需要通风。

1）自然通风

设计中指的是有组织的自然通风，是可以调节和管理的自然通风，可利用室内外空气温差引起的相对密度差和风压进行自然换气。

2）机械通风

机械通风有三种形式。

① 局部通风　若车间内局部区域产生有害气体或粉尘，为防止气体及粉尘的散发，可用局部通风办法（比如局部吸风罩），在不妨碍操作与检修情况下，最好采用密封式吸（排）风罩。对需局部采暖（或降温），或需要考虑必要的事故排风的场所，均应采用局部通风方式。

② 全面通风　只有当整个车间都充满有害气体（或粉尘）时，才用全面通风。

③ 有毒气体的净化和高空排放　为保护周围大气环境，对浓度较高的有害废气，应先经过净化，然后通过排毒筒排入高空并利用风力使其分散稀释。对浓度较低的有害废气，可不经净化直接排放，但必须由一定高度的排毒筒排放，以免未经大气稀释沉降到地面危害人体和生物。

7.6.2 采暖通风设计条件

① 工艺流程图，标明设置采暖通风的设备及其位置。

② 提出采暖方式，集中还是分散采暖。

③ 采暖、通风、空调条件，如表 7-10 所示。

④ 采暖通风方式、设备的散热量、产生有害气体或粉尘的情况。

表 7-10　采暖、通风、空调条件表

房间名称	防爆等级	生产类别	工作班数	每班人数	要求温度/℃	要求湿度/%	发热设备情况			有害气体粉尘		散湿量/(kg·h⁻¹)	事故排风位置	事故排风量	洁净等级
							表面积/m²	表面温度/℃	运转电机功率/kW	名称	数量/(kg·h⁻¹)				
1	2	3	4	5	6	7	8	9	10	11	12	13	14	15	16

思考题

1. 土建设计的依据有哪些？工艺人员需要提供哪些设计条件？
2. 电气设计的工作内容有哪些？需要哪些设计条件？
3. 车间供电设计应注意哪些问题？
4. 简述自动控制设计的原则。
5. 简述自动控制设计对其他专业提出的设计条件。
6. 设备设计师需要完成的设计文件有哪些？
7. 高分子合成工厂用水可以分为哪些类型？用于哪些部门？
8. 初步设计阶段给排水设计有哪些工作内容？
9. 污水处理设计要求有哪些基础资料？
10. 工艺人员在整个设计过程中的工作内容有哪些？

第8章

劳动定员及企业组织管理制度

在项目建议书、可行性研究报告以及工艺设计中，要根据项目规模、项目组成和工艺流程，研究提出相应的企业组织机构、劳动定员总数和劳动力来源及相应的人员培训计划。所以工艺人员也要了解企业的运行机制及管理制度。

8.1　企业组织形式与组织机构

8.1.1　企业组织形式

企业组织形式是指企业进行生产经营活动所采取的组织方式或结构形态。它体现着一定的生产力水平及其发展变化，也体现着不同的生产关系及产权关系。在社会经济运行过程中，企业组织形式有极为丰富的内容，并有客观的变化趋势。企业组织形式可以从不同的角度去考察和分类。见图 8-1。

图 8-1　企业的组织形式构成

（1）根据企业资产的所有制性质分类

1）国有企业

国有企业也称全民所有制企业。它的全部生产资料和劳动成果归全体劳动者所有，或归代表全体劳动者利益的国家所有。在计划经济体制下，我国的国有企业全部由国家直接经营。由国家直接经营的国有企业称国营企业。

2）集体所有制企业

简称集体企业。在集体企业里，企业的全部生产资料和劳动成果归一定范围内的劳动者共同所有。

3）私营企业

这是指企业的全部资产属私人所有的企业。《中华人民共和国私营企业暂行条例》规定："私营企业是指企业资产属于私人所有，雇工 8 人以上的营利性经济组织。"

4）混合所有制企业

这是指具有两种或两种以上所有制经济成分的企业，如中外合资经营企业、中外合作经营企业、国内具有多种经济成分的股份制企业等。

中外合资经营企业是由外国企业、个人或其他经济组织与我国企业共同投资开办、共同管理、共担风险、共负盈亏的企业。它在法律上表现为股权式企业，即合资各方的各种投资或提供的合作条件必须以货币形式进行估价，按股本多少分配企业收益和承担责任。它的法人必须是中国法人。

中外合作经营企业是由外国企业、个人或其他经济组织与我国企业或其他经济组织共同投资或提供合作条件在中国境内共同开办，以合同形式规定双方权利和义务关系的企业。它可以具备中国法人资格，也可不具备。合作各方依照合同的约定进行收益或产品的分配，承担风险和亏损，并可依合同规定收回投资。

（2）根据企业制度的形态构成分类

这是国际上对企业进行分类的一种常用方法。按此方法可将企业分成业主制企业、合伙制企业和公司制企业。

1）业主制企业

它是由一个人出资设立的企业，又称个人企业。出资者就是企业主，企业主对企业的财务、业务、人事等重大问题有决定性的控制权。他独享企业的利润，独自承担企业风险，对企业债务负无限责任。从法律上看，业主制企业不是法人企业，是一个自然人企业。

2）合伙制企业

合伙制企业是指由各合伙人订立合伙协议，共同出资，共同经营，共享有收益，共担风险，并对企业债务承担无限连带责任的营利性组织。合伙企业的合伙人之间是一种契约关系，不具备法人的基本条件，不是法人。但也有些国家的法典中，明确允许合伙企业采取法人的形式。根据合伙人在合伙企业中享有的权利和承担的责任不同，可将其分为普通合伙人和有限合伙人。普通合伙人拥有参与管理和控制合伙企业的全部权利，对企业债务负无限连带责任，其收益是不固定的。有限合伙人无参与企业管理和控制合伙企业的权利，对企业债务和民事侵权行为仅以出资额为限负有限责任，根据合伙契约中的规定分享企业收益。由普通合伙人组成的合伙企业为普通合伙企业，由普通合伙人与有限合伙人共同组成的企业为有限合伙企业。

业主制企业和合伙制企业统称为古典企业。

3）公司制企业

公司是指依公司法设立，具有资本联合属性的企业。国际上有关公司的概念，一般认为："公司是依法定程序设立，以营利为目的的社团法人。"因此，公司具有反映其特殊性的两个基本特征：公司具有法人资格，公司资本具有联合属性。这是公司区别于其他非公司企业的本质特征。根据《中华人民共和国公司法》规定，我国将存在国有独资公司，这是一种特殊的公司形式。

对公司企业可进一步按照其股东的责任范围进行分类，将公司分为以下四类。

① 无限公司，是由两个以上的股东出资设立，股东对公司债务负无限连带责任的公司。

② 有限责任公司，是由一定数量（我国公司法规定为 2～50 个）的股东出资设立，各股东仅以出资额为限对公司债务负清偿责任的公司。有限责任公司不能对外发行股票，股东只有一份表示股份份额的股权证书，股份的转让受严格限制。

③ 两合公司，是由一名以上的无限责任股东和一名以上的有限责任股东共同出资设立，无限责任股东对公司债务负无限连带责任，而有限责任股东仅以出资额为限承担有限责任的公司。

④ 股份有限公司，是由一定数量（我国公司法规定为 5 个）以上的股东出资设立，全部资本分为均等股份，股东以其所持股份为限对公司债务承担责任的公司。股份有限公司的财务公开，股份在法律和公司章程规定的范围内可以自由转让。

8.1.2 企业组织机构的形式

组织机构是指把人力、物力和财力等按一定的形式和结构，为实现共同的目标、任务或利益，有秩序地、依法有成效地组合起来而开展活动的社会单位。常有行政组织机构和企业组织机构。

一个组织只有通过分工协作才能发挥群体力量，实现靠个人力量无法实现或难以实现的目标。而要进行分工协作，就必须明确各个部门和各个岗位的职责，建立相应的权力和责任体系以保障分工与协作。因为，光有职责，没有权力，难以尽责；光有权力，没有职责，就会导致权力滥用。因此要做到职权责利对等。

企业组织机构有生产系统、管理系统和生活服务系统的划分，其设置主要取决于项目设计方案和企业生产规模（产品范围和产量、车间多少、职工人数等）。

企业组织机构设置要符合现代化大生产管理的要求，保证多个部门、多个环节以及全体成员之间能协调一致地配合，以完成企业的生产经营目标。行业不同，生产规模不同，企业组织机构可采用不同的形式。

（1）直线式结构

这是最简单的集权式组织结构形式，又称军队式结构。其领导关系按垂直系统设立，不设立专门的职能机构，自上而下形同直线，见图 8-2。

主要优点：结构简单，指挥系统清晰、统一；权责关系明确，横向联系少，内部协调容易；信息沟通迅速，解决问题及时，管理效率比较高。

主要缺点：直线指挥，横向信息沟通较困难，缺乏专业化管理分工；要求企业领导人必须是经营管理全才。

适用条件：规模较小、业务活动简单、稳定的企业，人员较少的新办企业、专卖店、便利店等。

（2）直线职能式结构

它是以直线式结构为基础，在厂长（经理）领导下设置相应的职能部门，实行厂长（经理）统一指挥与职能部门参谋、指导相结合的组织结构，见图 8-3。

图 8-2 直线式组织结构图

主要优点：在保留直线式统一指挥优点的基础上，引入管理工作专业化的做法，弥补领导人员在专业管理知识和能力方面的不足，协助领导人员决策。既能统一指挥，又可发挥职能部门在作用分工上明确集权指挥，效率较高，组织稳定性高。

主要缺点：企业规模太大时，职能部门增多，部门间横向联系和协作变得更加复杂和困难，下级权力小，厂长（经理）往往无暇顾及企业面临的重大问题。

适用条件：规模不太大，产品品种不太多，工艺较稳定，市场信息易掌握的企业。

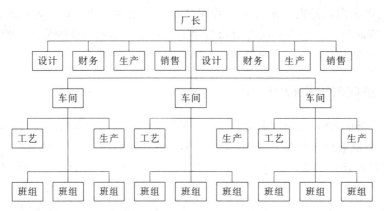

图 8-3　直线职能式组织结构图

（3）事业部式组织结构

也称分权制结构，是一种在直线职能式基础上演变而成的现代组织结构形式。事业部制结构遵循"集中决策，分散经营"的原则，各事业部在经营管理方面拥有较大的自主权，实行独立核算、自负盈亏，并根据经营需要设置相应的职能部门，见图8-4。

主要优点：权力下放，有利于高层摆脱日常经营管理事物，集中精力发展战略性问题；有助于事业部主管自主处理日常工作，提高企业经营者适应能力；有利于高度专业化；各事业部经营责任和权限明确。

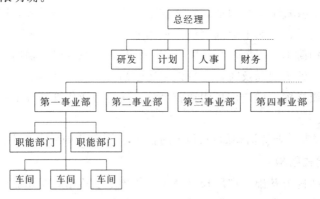

图 8-4　事业部式组织结构图

主要缺点：各事业部独立性强，容易忽视整体利益；两级管理机构，因管理人员膨胀而管理成本较大；对总部和事业部两级主要管理者的素质要求高。

适用条件：经营规模大、生产经营业务多样化、市场环境差异大、要求具有较强适应性的企业。

（4）矩阵式组织结构

由职能部门系列和为完成某一临时任务而组建的项目小组系列组成，它的最大特点在于具有双道命令系统。见图 8-5。

主要优点：适合团队式运作，能克服直线职能部门分割的缺点，有利于部门之间的协作和配合，提高人员利用率，横纵结合较好；组建方便，在不增加机构和人员编制情况下，将不同部门专业人员集合在一起；既能保持组织结构的稳定性，又适应管理任务多变的要求；将综合管理与专业管理结合起来。

主要缺点：组织关系比较复杂，双重指挥。

适用条件：适用于创新任务较多，生产经营复杂多变，以科研开发为主的企业。

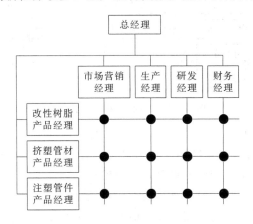

图 8-5　矩阵式组织结构图

（5）企业集团的组织结构

企业集团是现代企业的高级组织形式，是以一个或多个实力强大、具有投资中心功能的大型企业为核心，以若干个在资产、资本、技术上有密切联系的企业、单位为外围层，通过产权安排、人事控制、商务协作等纽带所形成的一个稳定的多层次经济组织；是按照总部经营方针和统一管理进行重大业务活动的经济实体，或是虽无产权控制与被控制关系，但在经济上有一定联系的企业群体。

企业集团的整体权益主要是通过明确的产权关系和集团内部的契约关系来维系，核心是实力雄厚的大企业。

企业集团的特点：在结构形式上，表现为以大企业为核心、诸多企业为外围、多层次的组织结构；在联合的纽带上，表现为以经济技术或经营联系为基础，实行资产联合的高级的、深层的、相对稳定的企业联合组织；在联合体内部的管理体制上，表现为企业集团中各成员企业，既保持相对独立的地位，又实行统一领导和分层管理的制度，建立了集权与分权相结合的领导体制；在联合体的规模和经营方式上，表现为规模巨大、实力雄厚，是跨部门、跨地区，甚至跨国度多角化经营的企业联合体。

企业集团内部的结构形式：企业集团内部主要采取"金字塔型"和"围绕型"结构。金字塔型结构又称持股型结构，是标准的产权控制模式。围绕型结构是若干个"金字塔型"集团重组后的形式，整体呈现群星环月的形状。两种结构均包含核心层、紧密层、半紧密层与协作层四个基本层次。

企业集团的组织结构因企业规模、市场覆盖程度、投资领域，甚至因老总的秉性等不同而不同。图 8-6 是一种比较简单的企业集团的组织结构。

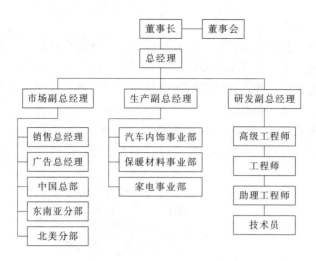

图 8-6　某企业集团组织结构图

（6）分公司与子公司

① 分公司，是母公司的分支机构或附属机构。它在业务、资金、人事等方面受总公司管理；没有独立财产，其全部资产是母公司资产的一部分；不具有法人资格，不独立承担民事责任；没有自己的公司章程，没有董事会等公司经营决策机构。分公司名称为总公司名称后加分公司字样，其名称中虽有公司字样，但不是真正意义上的公司。

② 子公司，是受集团或母公司控制但在法律上有独立法人的企业，是指一定比例以上的股份被另一个公司持有或通过协议方式受到另一个公司实际控制的公司。子公司有自己的公司名称和公司章程，有董事会等公司经营决策机构，可以以自己的名义从事各种业务活动和民事诉讼活动，独立承担民事责任。

（7）多维立体组织结构

多维立体组织结构是矩阵型和事业部制机构形式的综合发展，又称为多维组织。它在矩阵制结构（即二维平面）基础上构建产品利润中心、地区利润中心和专业成本中心的三维立体结构，若再加时间维可构成四维立体结构。虽然多维立体组织结构的细分结构比较复杂，但每个结构层面仍然是二维制结构，而且多维制结构未改变矩阵制结构的基本特征，多重领导和各部门配合，只是增加了组织系统的多重性。因而，多维立体组织结构基础结构形式仍然是矩阵制，或者说它只是矩阵制结构的扩展形式，多维立体组织结构图如图 8-7 所示。

（8）模拟分权组织结构

模拟分权组织结构又称"模拟分散管理组织结构"，是指为了改善经营管理，人为地把企业划分成若干单位，实行模拟独立经营、单独核算的一种管理组织模式。它不是真正的分权管理，而是一种介于直线职能式和事业部式之间的结构形式。许多大型企业，如连续生产的钢铁、化工企业由于产品品种或生产工艺过程所限，难以分解成几个独立的事业部。又由于企业的规模庞大，以致高层管理者感到采用其他组织形态都不容易管理，这时就出现了模拟分权组织结构形式。所谓模拟，就是要模拟事业部式的独立经营、单独核算，而不是真正的事业部，实际上是一个个"生产单位"。这些生产单位有自己的职能机构，享有尽可能大的自主权，负有"模拟性"的盈亏责任，目的是要调动他们的生产经营积极性，达到改善企业生产经营管理的目的。需要指出的是，各生产单位由于生产上的连续性，很难将它们截然分开，就以连续生产的石油化工为例，甲单位生产出来的"产品"直接就成为乙生产单位的

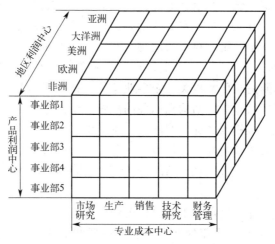

图 8-7　多维立体组织结构图

原料，这当中无需停顿和中转。因此，它们之间的经济核算，只能依据企业内部的价格，而不是市场价格，也就是说这些生产单位没有自己独立的外部市场，这也是与事业部的差别所在。

模拟分权制的优点除了调动各生产单位的积极性外，就是解决企业规模过大不易管理的问题。高层管理人员将部分权力分给生产单位，减少了自己的行政事务，从而把精力集中到战略问题上来。其缺点是，不易为模拟的生产单位明确任务，造成考核上的困难；各生产单位领导人不易了解企业的全貌，在信息沟通和决策权力方面也存在明显的缺陷。

8.2　劳动定员

劳动定员是企业编制劳动需要量计划、配备各类人员的，以及是节约使用人力资源、提高劳动效率的有效措施，是改善劳动组织、明确岗位责任制、实施内部经济责任制的前提条件之一。劳动组织管理是现代企业管理的重要组成部分。加强劳动管理，搞好劳动组织，加强职工管理，对于充分开发企业人力资源，充分发挥劳动者的技能，调动职工劳动积极性，提高劳动生产率，具有十分重要的意义。

8.2.1　劳动定员的基本概念

劳动定员是指根据既定的产品方案和生产规模，在一定的生产技术组织条件下，为保证企业生产经营活动正常进行，按一定素质要求，对企业配备各类人员所预先规定的限额。其目的在于合理配备和使用各类人员，以尽量少的人力创造尽可能多的产品。

人力资源作为生产力的基本要素，是任何劳动组织从事经济活动赖以进行的必要条件。劳动组织从设计组建时起，就要考虑需要多少人，各种人应具备什么样的条件，如何将这些人合理组合起来，既能满足生产和工作的需要，又使各人都能发挥其应有的作用。这就需要制定企业的用人标准，即需要加强企业定编、定岗、定员、定额工作，促进企业劳动组织的科学化。

劳动定员是以企业劳动组织常年性生产、工作岗位为对象，即凡是企业进行正常生产经营所需要的各类人员，都应包括在定员的范围之内。具体既包括从事各类活动的一般员工，也包括各类初、中级经营管理人员、专业技术人员，乃至高层领导者。定员范围与用工形式无关，其员工人数应根据企业生产经营活动特点和实际的可能来确定。

在人力资源管理中，"定员"与"编制"这两个术语存在着非常密切的关系。

从广义上理解，编制是指国家机关、企事业单位、社会团体及其他工作单位中，各类组织机构的设置以及人员数量定额、结构和职务的配置。编制包括机构编制和人员编制两部分内容。机构编制是对组织机构的名称、职能（职责范围和分工）、规模、结构，以及总机构、分支机构设置的限定。人员编制是对工作组织中各类岗位的数量、职务的分配，以及人员的数量及其结构所做的统一规定。人员编制按照社会实体单位的性质和特点可分为：行政编制、企业编制、军事编制等。

从历史上看，我国企业劳动定员工作要比劳动定额工作开展得晚一些，从国民经济第一个五年计划开始起步，经过10多年的努力才逐步得到健全和完善。长期以来，由于管理工作的需要，约定俗成，常将劳动定额与定员并称为劳动定员定额工作或劳动定额定员工作。如果认真思考，深入研究、探讨一下，就会发现劳动定员与劳动定额两个概念之间确实存在许多相似、相近之处，这就使许多人提出了一些新的见解，认为劳动定员是劳动定额的下位概念，即劳动定员是劳动定额的一种重要的发展形势。

为了进一步弄清劳动定员与劳动定额两个概念的区别和联系，可从以下几个方面进行分析。

① 从概念的内涵上看　劳动定员是对劳动力使用的一种数量和质量界限。这种界限，既包含了对劳动力消耗"质"的界定，也包含了对劳动力消耗"量"的限额。它与劳动定额的内涵，即对活劳动消耗量的规定是完全一致的。

② 从计量单位上看　劳动定员通常采用的劳动时间单位是"人·年、人·月、人·季"，与劳动定额所采用的劳动时间单位"工日、工时"没有"质"的差别，只是"量"的差别，即长度不同。例如：按制度工日（每周五天工作制）或工时折算，每"人·年"可等于251工日或2008工时。

③ 从实施和应用的范围来看　在企业中除某些人员因长期脱离生产岗位不在定员管理之外，凡是在常年性工作岗位上工作的人员，如工人、学徒、管理人员、工程技术人员和服务人员都纳入了定员管理的范围之内。在企业中实行劳动定额的人员占全体员工的40%～50%，企业可以工时定额等数据为依据，核定出这些有定额人员的定员人数。

通过上述分析，基本上可以弄清劳动定员与劳动定额的共同点，即两者都是对人力消耗所规定的限额，只是计量单位不同、应用范围不同而已。在这一意义上，可以认为，企业劳动定员是劳动定额的重要发展形势。

劳动定员和劳动定额均已纳入国家标准化体系。劳动定员标准化管理，是指定员标准的制定、贯彻实施及管理的全过程，均按标准化法的规范进行。定员标准化管理的核心是制定定员标准。定员标准化标志着我国劳动定员工作已开始走上标准化、科学化、规范化、法制化的轨道。

8.2.2　劳动定员的作用和原则

（1）劳动定员的作用

劳动定员作为生产经营管理的一项基础工作，对于企业人力资源开发与管理具有以下几点重要的作用。

① 合理的劳动定员是企业用人的科学标准　有了定员标准，便于企业在用人方面精打细算，促使企业在保证员工生理需要的前提下，合理地、节约地使用人力资源，用尽可能少的活劳动消耗生产出尽可能多的产品，从而提高劳动生产率。

② 合理的劳动定员是企业人力资源计划的基础　因为企业劳动定员标准是在对整个生产过程和经营过程全面分析的基础上，以先进合理的定员标准和劳动定额为依据核定的。所以，按定员标准编制企业各类员工的需要量计划，是企业制定人力资源规划时应遵循的原则。

③ 科学合理定员是企业内部各类员工调配的主要依据　企业内部员工调配工作的目的是开发人才，使人尽其才。要做到这一点，除了要了解员工，掌握他们的爱好、技能和健康等各方面的素质状况之外，还必须了解企业的定员，掌握各个生产、工作岗位需要多少人和需要什么条件的人。所以，定员是人员调配的主要根据，而调配工作又是定员标准得以贯彻的保证。

④ 先进合理的劳动定员有利于提高员工队伍的素质　合理的定员能使企业各工作岗位的任务量实现满负荷运转。这就要求在岗的所有人员必须兢兢业业，并且具备一定的技术业务水平，否则，便不能胜任其工作。因此，劳动定员可以激发员工钻研业务技术的积极性，从而提高员工的素质。

（2）劳动定员的原则

劳动定员工作的核心是保持先进合理的定员水平。所谓定员水平，就是各类人员定员数量的高低宽紧程度。只有先进合理的定员才能既保证生产的需要，又能节约劳动力。先进就是要体现高效率、满负荷和充分利用工时的原则，与同行和生产条件大体相当的企业或同本企业历史最好水平进行比较，生产任务完成得好，用人又相对较少。合理就是从实际出发，切实可行，即定员标准通过主观努力能够达到。为了实现劳动定员水平的先进合理，必须遵循以下原则。

1）定员必须以企业生产经营目标为依据

定员的科学标准应是保证整个生产过程连续、协调进行所必需的人员数量，因此，定员必须以企业的生产经营目标及保证这一目标实现所需的人员为依据。

2）定员必须以精简、高效、节约为目标

在保证企业生产经营目标的前提下，应强调精简、高效、节约的原则。为此，应做好以下工作。

① 产品方案设计要科学　只有产品方案具有实现的可能性，才能做到定员工作的精简、高效、节约。所以在制定产品方案时，应用科学的方法进行预测，不要为了多留人或多用人而有意加大生产任务或工作量。

② 提倡兼职　兼职就是让一个人去完成两种或两种以上的工作。兼职既可以充分利用工作时间，节约用人，又可以扩大员工的知识面，掌握多种技能，使劳动内容丰富多彩。这对挖掘企业劳动潜力，实现精简、高效、节约具有重要的现实意义。

③ 工作应有明确的分工和职责划分　新的岗位的设置必须和新的劳动分工、协作关系相适应，即在原有的岗位上无法完成的职责出现的时候才能产生新的定员。

3）各类人员的比例关系要协调

企业内人员的比例关系包括：直接生产人员和非直接生产人员的比例关系、基本生产工人和辅助生产工人的比例关系；非直接生产人员内部各类人员与基本生产工人及辅助生产工人内部各工种之间的比例关系等。在一定的产品结构和一定的生产技术条件下，上述各种关系存在着数量上的最佳比例，按这一比例配备各类人员，能使企业获得最佳效益。因此，在编制定员中，应处理好这些比例关系。

4）要做到人尽其才，人事相宜

定员问题不只是单纯的数量问题，而且涉及人力资源的质量，以及不同劳动者的合理使用。因此，还要考虑人尽其才，人事相宜。要做到这一点，一方面要认真分析、了解劳动者的基本状况，包括年龄、工龄、体质、性别、文化和技术水平。另一方面要进行工作岗位分析，即对每项工作的性质、内容、任务和环境条件等有一个清晰的认识。只有这样，才能将劳动者安排到适合发挥其才能的工作岗位上，定员工作才能科学合理。

5）要创造一个贯彻执行定员标准的良好环境

定员的贯彻执行需要有一个适宜的内部和外部环境。所谓内部环境包括企业领导和广大员工思想认识的统一，以及相应的规章制度。外部环境包括企业真正成为独立的商品生产者，使企业的经营成果真正与员工的经济利益相联系，同时还要建立劳务市场，使劳动者有选择职业的权力，企业有选择劳动者的权力。

6）定员标准应适时修订

在一定时期内，企业的生产技术和组织条件具有相对的稳定性，所以，企业的定员也应有相应的稳定性。但是，随着生产任务的变动，技术的发展，劳动组织的完善，劳动者技术水平的提高，定员标准应做相应的调整，以适应变化了的情况。

8.2.3　劳动定员的基本方法

劳动定员的范围包括国家规定范围的所有职工。企业职工按所在的岗位、工作性质、在生产过程中所起的作用，可以划分为工人、徒工、工程技术人员、管理人员、服务人员。

① 工人，是指在基本车间和辅助车间（或附属辅助生产单位）中直接从事工业性生产的工人及厂外运输与厂房建构筑物大修理的工人。工人分为基本工人和辅助工人。

② 学徒，是指学习生产技术，并享受学徒待遇的人员，属后备生产工人。

③ 工程技术人员，是指担任工程技术工作并具有一定的工程技术能力的人员。

④ 管理与经营人员，是指在企业各职能机构及在各基本车间与辅助车间（或附属辅助生产单位）从事行政、生产管理、产品销售的人员，以及长期（半年以上）脱离岗位从事管理工作的工人。

⑤ 服务人员，是指服务于职工生活或间接服务于生产的人员。

在可行性报告和工艺设计中，分别估算各类人员需用量，并说明其来源，编制劳动定员汇总表。

企业所需人员，有一部分必须参与建设过程、设备安装、调试，对这部分人员的来源及进厂时间要单独说明。

劳动定员的方法依各企业内部各部门、各车间、各岗位、各工种的具体情况不同而有区别。常用的定员方法有以下几种。

（1）按劳动效率定员

按劳动效率定员就是根据工作任务量、劳动定额和出勤率等因素计算定员人数。这种定员方法是以劳动定额为计算基础，凡是有劳动定额的人员，特别是以手工操作为主的工种，因为人员的需求量不受机器设备等其他条件的影响，更适合用这种方法来计算定员。其计算公式如下：

$$定员人数＝应完成的计划任务/（职工的劳动定额×出勤率）$$

式中，应完成的计划任务＝Σ[单位产品定额×计划期总产量×（1＋计划期废品率）]

（2）按设备定员

按设备定员就是根据机器设备需要开动的数量和开动班次、工人看管定额，以及出勤率等因素来计算定员人数。计算公式如下：

$$定员人数＝需要开动设备台数×每台设备开动班次/（工人看管定额×出勤率）$$

设备定员法主要适用于以机械操作为主的工种，也适用于实行多设备管理的工种。

（3）按岗位定员

按岗位定员就是根据岗位数目和岗位的工作量计算定员人数。这种方法适用于连续性生产装置（或设备）组织生产的企业，如冶金、化工、炼油、造纸、玻璃制瓶、烟草，以及机械制造、电子仪表等各类企业中操作大中型连动设备的人员。除此之外，还适用于一些既不操纵设备又不实行劳动定额的人员。按岗位定员具体又表现为以下两种方法。

1）设备岗位定员

这种方法适用于在设备和装置开动时间内，必须由单人看管（操纵）或多岗位多人共同看管（操纵）的场合。

具体定员时，应考虑以下几方面的内容。

① 看管（操纵）的岗位量。

② 岗位的负荷量　一般的岗位如果负荷量不足 4h 的要考虑兼岗、兼职、兼做。高温、高压、高空等作业环境差、负荷量大、强度高的岗位，工人连续工作时间不得超过 2h，这时总负荷量应视具体情况给予宽放。

③ 每一岗位危险和安全的程度，员工需走动的距离，是否可以交叉作业，设备仪器仪表复杂程度，需要听力、视力、触觉、感觉以及精神集中程度。

④ 生产班次、倒班及替班的方法。

根据各车间和设施的工艺特点和生产需要，可分别采用连续工作制或间断工作制。个别项目采用季节性生产，每年可分为生产期和停产期。

企业的工作轮班有单班制和多班制两种基本形式。

单班制，每天只组织一班生产。它有利于职工的身体健康，便于进行人员与生产管理。但是会造成设备、厂房闲置，不能充分利用。

常见的多班制形式有两班制、三班制、四六工作制、四班三运转制、四班交叉作业制、五班四运转制。其中：

两班制，是指每天组织早、中两班生产，每班 8h。

三班制，是指每天组织早、中、夜三班生产，每班 8h。

四六工作制，是指每天组织早、中、晚、夜四班生产，每班 6h。

四班三运转制，是指在三班制的基础上增加一个班，每天仍是早、中、夜三班生产，一个班轮休，每班 8h。

四班交叉作业制，是指每天组织四个班生产，每班 8h，但上、下班之间有两个小时交叉作业，在交叉时间内，有两个班同时生产。

五班四运转制，是指在四班6h工作制的基础上增加一个班，每天四班生产，一个班轮休。

实行多班制，重点是解决好工人轮班、倒班和轮休的问题。轮班主要是解决好轮班组织和交接班工作。正倒班方式和反倒班方式见表8-1、表8-2。

表8-1　正倒班方式：早一中一夜一早

班次	第一周	第二周	第三周	第四周	第五周
早	甲	丙	乙	甲	丙
中	乙	甲	丙	乙	甲
晚	丙	乙	甲	丙	乙

表8-2　反倒班方式：早一中一夜一早

班次	第一周	第二周	第三周	第四周	第五周
早	甲	乙	丙	甲	乙
中	乙	丙	甲	乙	丙
晚	丙	甲	乙	丙	甲

对于多班制的企业单位，需要根据开动的班次计算多班制生产的定员人数。

对于采用轮班连续生产的单位，还要根据轮班形式，计算倒休人员，如实行三班倒的班组，每5名员工，需要多配备1名员工。

对于生产流水线每班内需要安排替补的岗位，应考虑替补次数和间隙休息时间，每1h轮替一次，每岗定2人，采用2人轮换1人工作，一人做一些较轻的准备性或辅助工作。对于多人一机共同进行操作的岗位，其定员人数的计算公式如下：

班定员人数＝共同操作的各岗位生产工作时间/（工作班时间－休息宽放时间）

式中，"生产工作时间"指作业时间、布置工作地时间和准备、结束工作时间之和。

2）工作岗位定员

这种方法适用于有一定岗位，但没有设备，而又不能实行定额的人员，如检修工、检验工、值班电工，以及茶炉工、警卫员、清洁工、文件收发员、信访人员等。这种定员方法和单人操纵的设备岗位定员的方法基本相似，主要根据工作任务、岗位区域、工作量，并考虑实行兼职作业的可能性等因素来确定定员人数。这种方法适用于不宜制定定额的工种或岗位。

（4）按比例定员

就是根据各类人员之间的比例关系，或某类人员与服务对象人数之间的比例关系计算某类人员的定员人数。

在企业中，由于劳动分工与协作的要求，某一类人员与另一类人员之间总是存在着一定的数量依存关系，并且随着后者人员的增减而变化。如炊事员与就餐人数、保育员与入托儿童人数、医务人员与就诊人数之间等。企业对这些人员定员时，应根据国家或主管部门确定的比例，采用以下计算公式：

某类人员的定员人数＝职工总数或某一类人员总数×定员标准（百分比）

这种方法主要适用于企业食堂工作人员、托幼工作人员、卫生保健人员等服务人员的定员。对于企业中非直接生产人员、辅助生产工人、政治思想工作人员，及工会、妇联、共青团脱产人员，以及某些从事特殊工作的人员，也可参照此种方法确定定员人数。

（5）按组织机构和业务分工定员

这种方法主要适用于企业管理人员和工程技术人员的定员。采用这种方法时，一般是先确定组织机构，确定各职能科室，然后明确了各项业务及职责范围以后，根据各项业务工作量的大小、复杂程度，结合管理人员和工程技术人员的工作能力、技术水平确定定员。

上述五种定员核定的基本方法，在确定定员标准时，应视具体情况，灵活运用。例如，机器制造、纺织企业应以效率和设备定员为主。冶金、化工、轻工企业应以岗位定员为主。有的大中型企业，工种多、人员构成复杂，也可以同时采用上述方法。实际上在企业中，除有可以直接规定劳动定额的工种外，尚有数百种工作岗位需要区分不同的情况，针对不同的变动因素，采用不同的方法，来制定定员。有时还要采用制定定额的一些科学方法，以提高定员的精确程度。

举例说明：

某工厂今年的目标利润 100 万元，根据往年数据，人均每年创造利润 1 万元，今年要求保持这个创收能力，故：

① 劳动效率定员＝100 万元/1 万元＝100 人，工厂总人数只能是 100 左右。

② 其中一线工人一直以来占比都是 70％，其他人员占比 30％（行政的占 10％，财务占 5％，销售采购等商务人员占 15％）。

根据比例定员，行政人数＝100×10％＝10 人，以此类推财务为 5 人，销售采购为 15 人。

③ 按照组织机构职责范围和业务分工定员，商务人员 15 人额度中，采购因供应商固定，采购种类不变，原 3 个采购员保持不变；销售因增加了一个销售城市，从原来的 10 人增到 12 人。

④ 最后是（岗位定员＋设备定员），一线工人现在是 70 人的总额度。

岗位定员：设备维修保养工原来一个人负责 20 台机器的维护保养，现在设备有 100 台，按照岗位负荷需要定 5 人；质检员，原来一个人负责一条线的下线产品检测，现在增加了 1 条线，但是仅白班工作，故这个岗位只需要增 1 人。

设备定员：变电器监控中心，要求 24 小时有人值班，此时只要监控中心运作，必须配置 3 人。

思考题

1. 什么是企业组织形式和组织机构的形式？
2. 根据资产的所有制性质，企业可以分为哪些类型？
3. 什么是业主制企业、合伙制企业和公司制企业？
4. 企业组织机构有哪些形式？它们有什么优势？
5. 劳动定员有什么意义？如何进行劳动定员？
6. 什么叫劳动定员？劳动定员有哪些方法？
7. 什么是单班制和多班制？多班制有哪些具体形式？

第9章

概预算

建设项目在筹备阶段就要进行费用概预算,这种概预算称为设计前期费用估算,其目的是提供给项目主管部门作为决策的依据。概预算工作贯穿于工程决策立项、建设和生产经营的整个过程。

工艺人员在进行费用概预算时,必须考虑到一切可能存在的因素和固定成本。用于原材料、劳动力、设备维修、动力和其他公用工程等方面的直接生产成本都应包括在内,此外还包括车间的管理费、行政管理费、销售费用以及其他费用等。

概预算涉及的知识面比较广泛,内容非常丰富,本章只介绍建设投资项目在设计中所涉及的经济学方面的一些基本概念及评价方法。

9.1 建设项目投资概预算

9.1.1 投资组成

建设项目投资一般又称建设项目总投资,由固定资产投资和流动资金两大部分组成。

固定资产投资包括建设投资、固定资产投资方向调节税和建设期利息。其中建设投资的计算是固定资产投资计算和分析的最核心的内容。通常,在建设项目前期(即建设项目立项和可行性研究阶段)的固定资产投资计算称为投资匡算、估算,在设计阶段的固定资产投资计算称为投资概算、施工预算,在施工、竣工阶段的又分别称为预算、决算。

（1）建设投资组成

建设投资的内容由固定资产、无形资产、递延资产及预备费四个部分组成。

固定资产是指使用期限超过一年,单位价值在规定标准以上,并且在使用过程中保持原有物质形态的资产,包括房屋及建筑物、机器设备、运输设备、工具、器具等。

无形资产是指能长期使用但是没有实物形态的资产,包括专利权、商标权、勘察设计费、技术转让费、土地使用权、非专利技术、商誉等。

递延资产是指不能全部计入当年损益,应当在以后年度内分期摊销的各项费用,包括开办费等。

预备费包括两个部分,一部分是指项目在建设前期及建设过程中难以预料的工程费用,这部分费用称为基本预备费；另一部分是预测项目在建设期内由于价格上涨引起工程造价变化而预备费用，这部分费用称为涨价预备费。

（2）固定资产组成

固定资产是组成建设投资的重要部分，也往往是内容最广，计算最繁琐的部分。一个较为完整的工程项目，固定资产的费用包括工程费用和固定资产其他费用。工程费用分为设备购置费、安装工程费、建筑工程费。

1）设备购置费

设备购置费由工程全部设备、工器具、生产家具、备品备件等费用组成。它是固定资产中的主要部分。

设备购置费＝设备原价或进口设备到岸价＋设备（国内）运杂费

设备原价一般可采用设备制造厂报价或出厂价格（含增值税和附加费）及中国机电产品市场价格。设备（国内）运杂费是指设备从交货地点到达施工工地仓库或堆放场地所发生的一切运费及杂费，包括运输费、包装费、装卸费、搬运费、保险费、采购供销手续费、仓库保管费等。

2）安装工程费

安装工程费包括生产、动力、起重、运输、传动和实验等各种需要安装的机械设备的装配费用，与设备相连的工作台、梯子、栏杆等的装配工程，各种管道和阀门的安装，被安装的设备、管道等的绝缘、防腐、保温、油漆等工作的材料费和安装费等。

安装工程费由直接工程费、间接费、计划利润和税金四个部分组成。

国内的安装工程费在设计阶段，通常采用以工程设计图纸及有关说明及规范为依据，通过计算工程实物量，然后套用有关行业、地方的概预算定额方法及相应收费标准进行计算来确定。

3）建筑工程费

建筑工程费由建筑物工程（包括生产、辅助生产、公用工程等的厂房、库房、行政及生活福利设施等）、构筑物工程（包括设备基础、气柜、油罐、工业炉窑等基础、操作平台、管架、管廊、烟囱、地沟、码头、公路、道路、围墙、大门、水塔、水池、栈桥等）、大型土石方、场地平整、厂区绿化及属于民用工程的上下水、煤气管道、电气照明、采暖和空调等工程的费用组成。

建筑工程费由直接工程费、间接费、计划利润、税金四个部分组成。

国内的建筑工程费在设计阶段，通常以工程设计图纸及有关说明及规范为依据，通过计算工程实物量，然后套用建设工程所在地的概预算定额方法及相应收费标准进行计算来确定。

（3）流动资金组成

流动资金是指拟建项目建成投产后为维持正常生产，垫支给劳动对象、准备用于支付工资和其他生产费用等方面所必不可少的周转资金。

流动资金可理解为开始生产后为使工厂（或装置）能继续运转下去所需的资金，它在工程项目结束时可以收回，它包括下列几部分。

① 原料库存，视原料供应可靠程度而定，通常等于一个月的各种原料费用。

② 产品贮存和在生产过程中半成品的费用，大约等于一个月的生产成本。

③ 应收账款，给客户延期付款的时间一般为 30 天，因此自产品发出到收回货款需一个

月左右时间，应准备一个月销售金额的流动资金。

④ 应付账款，按一个月的原材料，辅助材料，公用工程费用和工资之和计算。

⑤ 税金，根据税金上缴的数额决定。

各种不同性质的工厂的流动资金与总投资的比例相差很大，一般占总投资的 10%～20%。如果有的装置是能生产多种产品的，其产品销售有季节性，需要大量的库存，这时流动资金所占比例可能高达 50%。

流动资金的估算在可行性研究及工程设计阶段一般采用分项详细估算法。流动资产和流动负债各项的计算公式如下。

① 流动资金＝流动资产－流动负债。

② 流动资产＝现金＋应收账款＋存货。

③ 流动负债＝应付账款＋预收账款。

④ 流动资金本年增加额＝本年流动资金－上年流动资金。

$$现金＝（年工资和福利费＋年其他费用）÷周转次数$$
$$周转次数＝360÷最低周转天数$$

最低周转天数按实际情况并考虑保险系数分项确定。

年其他费用＝年制造费用＋年管理费用＋年财务费用＋年销售费用－以上四项费用中的（年工资和福利费＋年折旧费＋年维检费＋年摊销费＋年修理费＋年利息支出）费用

$$应收账款＝年经营成本÷周转次数$$
$$存货＝外购原材料、燃料费＋在产品价值＋产成品价值$$
$$外购原材料、燃料费用＝年外购原材料、燃料费÷周转次数$$
$$在产品价值＝（年生产成本－年折旧费）÷周转次数$$
$$产成品价值＝年经营成本÷周转次数$$
$$应付账款＝（年外购原材料、燃料费＋年外购动力费用）÷周转次数$$

9.1.2 固定资产组成

固定资产也可分为直接费用与间接费用。

（1）直接费用

直接费用即为建设所需的设备材料和劳动力费用，具体如下。

① 设备及安装费。

② 控制仪表及安装费。

③ 管道工程费，包括管道、管件、管架、保温和阀门等所需费用。

④ 电气工程费，包括电动机、开关、电源线、配电盘、照明和接地等所需费用。

⑤ 土建工程费，包括办公楼、食堂、车库、仓库、消防、通讯和维修等费用。

⑥ 场地建设费，包括场地清理和平整、道路、铁路、码头、围墙、停车场和绿化等。

⑦ 公用工程设施费用，包括所有生产、分配和贮存公用工程以及原料和产品的贮存设施，其所需投资视装置和现场条件的不同而有很大差异。

⑧ 土地购置费。

（2）间接费用

① 工程设计和监督费，包括管理、设计、投资估算以及咨询费等。

② 施工费用，包括临时设施，购置施工机具和设备，施工监理，现场检验和医疗保健费等。

③ 承包管理费。

④ 未可预见费，这是一项考虑到在建设过程中可能有未估计到的事件产生，例如：自然灾害，超过预期的通货膨胀，设计修改，投资估算错误等因素而必须增加的费用。

（3）固定资产中各项投资百分比

表 9-1 为新建化工厂或老厂大规模扩建的固定资产投资中各项直接费用和间接费用的典型百分比，可供设计或研究投资估计时参考。

表 9-1　固定资产投资中各项直接费用和间接费用的典型百分比

直接费用组成	范围/%	间接费用组成	范围/%
设备购置	10～25	工程设计和监督	5～10
设备安装	6～14	施工费用	4～21
仪表及自控安装	2～8	承包费用	4～16
配管	2～15	未可预见	5～15
电气	2～10		
建筑物	3～18		
场地整理	2～5		
辅助设施	8～20		
土地购置	7～22		

9.1.3　投资估算方法

（1）投资估算的分类

1）数量级估算

数量级估算是在项目酝酿及初步筛选方案的阶段进行的，又称风险估算。这类估算是以类似装置的投资费用为依据的。

2）研究估算

这是一种可行性研究或方案研究估算。

3）初步设计概算

初步设计概算是根据初步设计的资料进行的估算，用于申请贷款。

4）预算

预算是在详细设计阶段，以接近完整的数据为依据进行的，一般用于控制投资。

（2）估算法

在可行性研究阶段，工艺装置设计工作已达一定的深度，已有工艺流程图及主要工艺设备表，引进设备也已经通过对外技术交流编制出引进设备一览表。根据这些设备表和各个设备的单价，可以算得主要工艺设备的总费用。由此可估算出工艺设备总费用。装置中其他专业的设备费、安装材料费、设备和材料安装费也可以采用工程中累积的比例数逐一推算出，最后得到该工艺装置的投资。在此过程中，每个设备的单价，通常是按"估算"方法得出的，如下。

① 非标设备按设备表上的设备重量（或按设备规格估测重量）及类型、规格，乘以统一计价标准的规定算得，或按设备制造厂咨询得来的牌价乘以设备重量测算。

② 定型设备按国家、地方主管部门当年规定的现行产品出厂价格，或直接询价。

③ 引进设备要求外国设备公司报价，或采用近期项目中同类设备的合同价乘以物价指

数测算。

（3）指数法

在工程项目早期，通常是项目建议书阶段，常用指数法匡算装置投资。

1）规模指数法

$$C_2 = C_1 (S_2/S_1)^n \tag{9-1}$$

式中　C_1——已建成工艺装置的建设投资；

　　　C_2——拟建工艺装置的建设投资；

　　　S_1——已建成工艺装置的建设规模；

　　　S_2——拟建工艺装置的建设规模；

　　　n——装置的规模指数。

装置的规模指数通常情况下取为 0.6。当采用增加装置设备大小达到扩大生产规模时，$n=0.6 \sim 0.7$；当采用增加装置设备数量达到扩大生产规模时，$n=0.8 \sim 1.0$；对于试验性生产装置和高温高压的工业性生产装置，$n=0.3 \sim 0.5$；对生产规模扩大 50 倍以上的装置，用指数法计算误差较大，一般不用。

规模指数法可用于估算某一特定的设备费用。如果一台新设备类似于生产能力不同的另一台设备，则后者的费用可利用"0.6 次方规律"方法得到，即式（9-1）中的 $n=0.6$。实际上各种设备的能力指数（类似于装置的规模指数）是不同的，表 9-2 列出的数据可供估算时参考，此外不同性质生产装置的规模指数如表 9-3 所示。

2）价格指数法

$$C_2 = C_1 (F_2/F_1) \tag{9-2}$$

式中　C_1——已建成工艺装置的建设投资；

　　　C_2——拟建工艺装置的建设投资；

　　　F_1——已建成工艺装置的建设时的价格指数；

　　　F_2——拟建工艺装置的建设时的价格指数。

价格指数是根据各种机器设备的价格以及所需的安装材料和人工费加上一部分间接费，按一定百分比根据物价变动情况编制的指数。

价格指数是应用较广的一种方法，例如美国的 Marshall&Swift 设备指数、工程新闻记录建设指数、Nelson 炼油厂建设指数和美国化学工程杂志编制的工厂价格指数等。以 Marshall&Swift 设备指数为例，1926 年设备指数为 100，1966 年为 253，1976 年为 472，1979 年为 561。

表 9-2　设备能力指数

设备名称	参考范围	能力指数	设备名称	参考范围	能力指数
离心式送风机	$28 \sim 280 m^3 \cdot min^{-1}$	$0.44 \sim 0.59$	空冷器	$100 \sim 5000 m^2$	0.8
离心式压缩机	$20 \sim 100 kW$	0.8	板式换热器	$0.25 \sim 200 m^2$	0.8
离心式压缩机	$100 \sim 5000 kW$	0.5	塔	$0.45 \sim 900 t$	0.62
往复式压缩机	$0.3 \sim 11.3 m^3 \cdot min^{-1}, 1MPa$	0.69	反应器	$2MPa, 0.4 \sim 4 m^3$	0.56
泵	$15 \sim 200 kW$	0.65	小型贮罐	$0.4 \sim 4 m^3$	0.57
离心机	$0.5 \sim 1.0 m$	1.0	锥顶贮槽	$100 \sim 500000 m^3$	0.7
板框式过滤机	$5 \sim 50 m^2$	0.6	压力容器（立式）	$10 \sim 100 m^3$	0.65
加热炉	$1 \sim 10 MW$	0.7	干燥器（真空）	$1 \sim 10 m^2$	0.76
管壳式换热器	$10 \sim 1000 m^2$	0.6			

表 9-3　一些装置的规模指数

装置产品	规模指数	装置产品	规模指数
醋酸	0.68	异戊二烯	0.55
丙酮	0.45	甲醇	0.60
丁二烯	0.68	磷酸	0.60
环氧乙烷	0.78	聚乙烯	0.65
甲醛	0.55	尿素	0.70
过氧化氢	0.75	氯乙烯	0.80
合成氨	0.53	乙烯	0.83

规模指数法和价格指数法适用于拟建设装置的基本工艺技术路线和已建成的装置基本相同，只是生产规模有所不同的工艺装置建设投资的估算。

9.2　单元设备的价格估算

对于标准设备的价格，国内目前最可靠的来源是直接从设备生产厂家获得报价，作为估算的依据。而非标设备的估价，主要是以预算定额为依据进行估算的。此外也可采用其他有关的估算方法。

9.2.1　以预算定额为依据的估算方法

本估算方法是在《非标设备制作工程预算定额》的基础上，进行简化计算求得的；在预算定额的基础上，按造价分析的方法，研究成本、利润、税金后求得的。它类似于目前制造厂的计价方法，价格直观，便于与制造厂的计价对比，也适用于目前市场竞争的经济体制。

（1）主材、主材系数、主材单价及主材费的计算方法

① 主材，是指构成设备实体的全部工程材料。但在估算中，并不需要——计算，主要计算三种对非标设备造价影响较大的材料——金属材料、焊条、油漆，零星材料则忽略不计，主要外购配套件按市场价加采购费及税金计入。

② 主材系数，是指制造每吨净设备所需的金属原材料。主材系数就是主材利用率的倒数，其计算公式为

主材系数＝金属原材料/吨设备＝材料毛重/材料净重＝1/主材利用率

该系数可在有关书籍中查到。

③ 主材单价一律按市场价格计算。

金属材料按 2001 年 8 月冶金颁发的价格表情况，板材单价：20♯ 为 3000 元·t^{-1}；Q235 为 3000 元·t^{-1}，16MnR 为 3300 元·t^{-1}；Cr18Ni9 为 15000 元·t^{-1}；Cr17Ni12Mo2 为 30000 元·t^{-1}。

管材单价，流体管 20♯ 按不同管径均价为 4200 元·t^{-1}；不锈钢管 1Cr18Ni9Ti 按不同管径均价为 28000 元·t^{-1}；不锈钢管 1Cr18Ni10Ti 按不同管径均价为 27000 元·t^{-1}。

④ 主材费由以下几种材料费之和构成：

主材费＝金属材料费＋焊条费＋油漆费

金属材料费/吨设备＝金属材料单价×主材系数

焊条费/吨设备＝焊条单价×（焊条用量/吨设备）

其中，在不了解市场价的情况下，焊条单价可按基本金属材料（母材）单价的两倍进行估算，焊条用量/吨设备在估算指标中列出，是根据预算定额综合求得的。

油漆费＝吨设备的油漆单价×（每平方米的油漆用量）×（吨设备刷油面积）。

其中，按规定非标设备出厂刷红丹防锈漆两遍，因此，估算时只计算红丹防锈漆费。

⑤ 主材费计算举例。

例：双椭圆封头容器主材系数为1.25，焊条用量为$30\mathrm{kg}\cdot\mathrm{t}^{-1}$，焊条单价以金属材料的两倍计，即$6$元$\cdot\mathrm{kg}^{-1}$。每平方米设备刷红丹漆的价格为$0.274\mathrm{kg}\cdot\mathrm{m}^{-2}$。

钢材费＝3000元×1.25＝3750元$\cdot$（t设备）$^{-1}$

焊条费＝6×30＝180元$\cdot$（t设备）$^{-1}$

油漆费＝8.5×0.274×25.5＝60元$\cdot$（t设备）$^{-1}$

设备合计主材费＝3750＋180＋60＝3990元$\cdot$（t设备）$^{-1}$

（2）辅助材料及费用计算方法

估算指标中的辅助材料是指制造非标设备过程中消耗的所有消耗性材料（如各种气体、砂轮片、焦炭等），所有辅助用料、胎夹具及一般包装材料。辅助材料在非标设备制造中所占的比重极少，没有必要逐一计算，估算时，以非标设备主材费乘以辅材系数确定。

（3）基本工日、工日系数、人机费单价及人机费计算方法

1）基本工日

本估算指标的基本工日就是预算定额的基本工日，不包括其他人工日，也就是按劳动定额计算的基本工日。

2）工日系数

以某一典型设备制造的基本工日数为基准，其他设备制造的基本工日数与典型设备制造的基本工日数之比则为工日系数。工日系数可分为结构变更工日系数、材料变更工日数及压力变更工日系数。

3）人机费单价

人机费单价是随市场价格浮动的，目前为150～240元$\cdot$工日$^{-1}$。人机费单价与设备制造过程中使用的机械有关，与材料机械加工难度有关，是一个难以确定的数值。

① 人机费单价与材料有关　铝材比重小、设备重量轻，不需使用重型吊装机械；铝材屈服强度低、抗拉强度低，机械加工比较容易；铝材由于焊接难度大，使用的人工较多，因而每工日机械含量偏少，因此，铝材人机费单价取低值，按150元$\cdot$工日$^{-1}$计。

碳钢材料机械加工性能为中等，人机费单价取中值，按170元$\cdot$工日$^{-1}$计。

不锈钢抗拉强度高，切削加工难度大，对焊接要求高，因而人机费单价取高值，不锈钢设备不分压力等级一律按200元$\cdot$工日$^{-1}$计。

② 人机费单价与设备压力等级有关　常压碳钢容器取低值，按150元$\cdot$工日$^{-1}$计；压力碳钢容器取中值，按170元$\cdot$工日$^{-1}$计。

4）人机费

扣除材料费以后，设备的加工费就是人工费与机械费之和，本估算指标将二者结合在一起，统称人机费。

$$人机费＝人机费单价×基本工日×结构系数×材料系数×压力系数$$

（4）非标设备制造成本、利润及税金

① 成本：设备成本＝主材费＋辅材费＋人机费。

② 利润：利润是以成本为基数乘以利润系数求得的。

③ 税金：税金是以成本为基数乘以税金系数求得的。

（5）非标设备总造价

非标设备总造价＝成本＋利润＋税金

9.2.2 单元设备及附件价格

（1）管道系统

管道费用是建设项目的主要投资之一，估算管道费用的方法有安装后占设备的百分比估算法和安装后材料人工分别估算法。

安装后占设备百分比是用于初步费用估算，即数量级费用估算的方法。管道费用约为设备购置费的 60％或固定投资的 10％。这种方法对重复建设类型的工程项目比较准确，但对中、大型项目不推荐。

最终估算时，建议采用材料人工分别估算法。使用这种方法估算需要有管路图，并知道精确的管道规格、材料费用、制作及安装的人工费以及对附件、支架和保温油漆的要求。对管道及其附件的材料工程量分别统计，计算管道系统的费用。

（2）贮罐及压力容器

容器费用计算的一个较为简单的方法是以操作温度低于 425℃、压力低于 0.35MPa 的碳钢设备为基准，其他材料容器的费用则以碳钢为基准，考虑材料因素即可，设备费用的材料因素如表 9-4 所示。

操作压力大于 0.35MPa 的碳钢设备费用估算，只考虑压力因素，如表 9-5 所示。

表 9-4　材料因素

材料	费用因素		材料	费用因素	
	美国	中国		美国	中国
碳钢（Q235）	1.0（基准）	1.0	316 不锈钢	2.3～4.3	
合成钢（16Mn）		1.1	蒙乃尔合金	4.5～9.8	
304 不锈钢	2.0～3.5	5.0	钛	4.9～10.6	

表 9-5　碳钢设备费用压力因素

压力/MPa	压力因素	压力/MPa	压力因素
<0.35	1.0（基准）	5.51	3.8
0.69	1.3	6.20	4.0
1.38	1.6	6.89	4.2
2.07	2.0	10.33	5.4
2.76	2.4	13.79	6.5
3.45	2.8	20.68	8.8
4.14	3.0	27.57	11.3
4.82	3.3	34.46	13.8

（3）热交换器

以一般固定管板式换热器为基准，浮头式换热器费用与之相比增加 10％～15％，双浮头换热器比单浮头换热器费用增加约 30％。以管束的制作材料为依据的管壳式换热器的相对费用见表 9-6。

表 9-6 换热器及其管束的相对费用

管束材质	管束相对费用	换热器相对费用	管束材质	管束相对费用	换热器相对费用
碳钢无缝管	1.0(基准)	1.0(基准)	钛焊制管	6.8	2.8
304L 不锈钢焊制管	2.2	1.6	钛-20BWG 焊制管	3.6	1.9
316L 不锈钢焊制管	3.2	1.8	蒙乃尔-400 焊制管	7.5	3.0
Cu/Ni-70/30 无缝管	2.9	1.8			

（4）传质设备

板式塔和填料塔的设备费用是由三部分构件费用构成的。外壳费用，包括筒体、封头、裙座、人孔及接管；内部构件费用，包括塔板、填料、附件、支撑件及分布板等；辅助构件费用，如平台、楼梯、栏杆和隔热层等。

1）设备质量

各种塔壳体的制造费用是根据其质量来估算的，质量按下式计算

$$W = \pi D(L + 0.8116D)\delta\rho \tag{9-3}$$

式中　W——设备质量，kg；

　　　D——设备内径，m；

　　　L——塔体长度（筒体长度＋2×封头直边长度），m；

　　　δ——壁厚，m；

　　　ρ——材质密度，kg·m^{-3}。

2）塔板的费用估算

应用各种金属材质制造板式塔时，塔板的相对费用见表 9-7。

表 9-7 塔板的相对费用

材质	相对费用/1m² 塔板	材质	相对费用/1m² 塔板
碳钢	1	347 不锈钢	4.8
铸铁	2.8	316 不锈钢	5.2
304 不锈钢	4	蒙乃尔合金	7.0
4%～6%Cr-0.5Mo 合金钢	2	11%～13%Cr 型 410 合金钢	2.5

9.3 生产成本估算

生产成本和费用是以货币形式表现的产品生产经营过程中所消耗的物化劳动和活劳动，是反映产品生产经营所需物质资料和劳动力消耗的主要指标。生产成本和费用是形成产品价格的主要组成部分，是项目财务评价的前提，是预测拟建项目未来生产经营情况和盈利能力的重要依据。总的生产成本包括直接生产成本、固定费用、管理费、销售费用。

（1）直接生产成本

直接生产成本包括直接与生产操作有关的各项开支，这些费用是产量的函数，几乎随产量呈线性变化，称为可变成本。某些费用对产量的变化并不敏感，甚至无关，如维修费和专利使用费，这些费用在直接生产成本中仅占小部分。因此仅把原料、辅助材料、公用工程三项费用作为可变成本，其他项作为固定成本处理。

1）原料费

原料是构成直接生产成本的主要单项，在我国的价格体系下，常占直接生产成本的

$60\%\sim85\%$。原料的消耗量可根据物料计算和热量计算结果确定。原料的价格按市场的实际价格加上运费计算。

2）公用工程费用

公用工程的价格随来源、消耗量和工厂地理位置的变化而有很大的差异，如果按照当时不稳定情况下的价格进行方案比较，当价格调整到合理的数值时会使原有的结论发生偏差。因此，在这种情况下应进行灵敏度分析，了解价格变化的后果，以便做出正确的选择。表9-8 列出了公用工程价格，可在方案评比时参考。

表 9-8 公用工程参考价格

种类	单位	价格/元	种类	单位	价格/元
冷却水	m^3	0.50	锅炉给水	t	5.5
电	$kW \cdot h$	0.8	氮气	m^3	1.2
工业水	t	0.9			

3）辅助材料

辅助材料指不构成产品实体，但有助于产品形成所耗用的物料，包括催化剂、溶剂、包装材料等。溶剂、助剂和包装材料都可按每天每小时的消耗量除以产量求得消耗定额，而催化剂则根据装填量、使用寿命和使用期的消耗量计算。

4）操作人工

按设计的定员乘以每月每人的工资、奖金及福利等，折算到每吨产品的操作人工费。

5）实验室费用

这一项是控制原料质量及成品质量的分析试验费，可按操作人工费的 $10\%\sim20\%$ 计算。

6）操作消耗品

为了保证工艺过程顺利地进行，要供应许多消耗品，例如生产报表、化学试剂和润滑油等各种不能作为辅助材料或检修材料看待的各种消耗，可按维护检修费的 $10\%\sim15\%$ 估算。

7）专利使用费

专利费有两种方法支付，一种是在装置建设时一次付清，另一种是按产品数量支付一定数额的专利费。即使是单位自己的专利，也应在生产成本中加入专利权费，以利于促进采用新工艺新技术。

8）维护检修费

若装置要长期稳定运转，不论设备是否已有故障，必须定期维护检修，其费用占固定资本的 $3\%\sim10\%$，复杂和有严重腐蚀的装置取上限，一般情况可取 $5\%\sim6\%$。

（2）固定费用

固定费用是不论是否开工都要支付和固定不变的费用，例如折旧、财产税、保险费和投资的利息等。

1）折旧费

设备、建筑物和其他物质性财产，由于磨损、破旧或者过时等原因，其价值是逐年递减的，应把这部分损失作为生产支出计入成本，称为折旧。折旧率的范围为 $9\%\sim13\%$，腐蚀或磨损较严重者可取上限，有代表性的值是 10%，厂房的折旧率可按 3% 计；或装置按 10 年折旧，厂房按 30 年折旧。

2）资金利息

如果建设过程中有贷款，贷款的利息必须计入成本。

3）保险费

按我国现行的保险费率乘以固定投资得到保险费。

（3）管理费

1）全厂性费用

企业要作为一个整体有效地运行，除了行政管理部门外，还必须建立一些设施，如医疗机构、食堂、浴室、娱乐设施、仓库和罐区、消防、通信、运输装卸、车库、警卫和机、电、仪表修理等，所有这些部门的固定费用和日常费用统称为全厂性费用，都应按一定比例分摊至各装置，计入生产成本。

2）研究和开发费用

要提高企业的经济效益，必须重视采用新工艺、新技术、新材料和新设备，因此应投入必要的研究和开发费用。研究和开发费用包括有关人员的工资，研究设备和仪表的固定费用和操作费用，原材料费用，直接管理费和各杂项费用。对于重视新技术开发的国家或企业，这项费用高达销售收入的 $2\% \sim 5\%$，而不够重视的国家或企业其费用甚至不到 1%。

（4）销售费用

销售费用包括销售人员的工资、差旅费、广告费、运输费等。这项费用占总生产成本的 $1\% \sim 5\%$，较高值适用于新产品或者市场需求很少的产品，较低值适用于大宗产品。

9.4 经济评价

建设项目经济评价是项目建议书和可行性研究报告的重要组成部分，其任务是在完成市场预测、厂址选择、工艺技术方案选择等研究的基础上，对拟建项目投入产出的各种经济因素进行调查研究、计算及分析论证、比较，推荐最佳方案。由于市场经济的发展，社会各种因素变化的节奏加快，建设项目在设计阶段原先所做出经济评价的依据往往会发生变化，因此，在项目设计阶段，经济评价工作应逐步增加，以满足对项目设计必要和适时的调整。

建设项目经济评价包括财务评价和国民经济评价。财务评价是在国家现行财税制度和价格体系的条件下，计算项目范围内的效益和费用，分析项目的盈利能力、清偿能力，以考察项目在财务上的可行性；国民经济评价是在合理配置国家资源的前提下，从国家整体的角度分析计算项目对国民经济的净贡献，以考察项目的经济合理性。一般来讲，财务评价和国民经济评价结论都可行的项目才可以通过。通常情况下，绝大多数项目（特别是中小型项目）由于其建设对国民经济影响很小，又不是利用国际金融组织贷款和某些政府贷款等资金来源进行建设，国民经济评价往往都不需进行。

建设项目经济评价以动态分析为主，静态分析为辅。下面就建设项目财务评价的一些主要指标及主要报表做如下介绍。

（1）财务盈利能力分析

财务盈利能力分析主要是考察投资的盈利水平，用以下指标表示。

1）财务内部收益率（FIRR）

财务内部收益率是指项目在整个计算期（即包括建设期和生产经营期）内各年净现金流量现值累计等于零时的折现率，它反映项目所占用资金的盈利率，是考察项目盈利能力的主要动态指标。其表达式为

$$\sum_{t=1}^{n}(C_{I}-C_{O})_{t}(1+FIRR)^{-t}=0 \tag{9-4}$$

式中 C_{I}——现金流入量；

         C_{O}——现金流出量；

$(C_{I}-C_{O})_{t}$——第 t 年的净现金流量；

         n——计算期。

财务内部收益率可根据财务现金流量表中净现金流量，用试差法计算求得。在财务评价中，将求出的全部投资或自有资金（投资者的实际出资）的财务内部收益率（FIRR）与行业的基准收益率或设定的折现率（i_c）比较，当 FIRR$\geqslant i_c$ 时，即认为其盈利能力已满足最低要求，在财务上是可以考虑接受的。

2）投资回收期（P_t）

投资回收期是指以项目的净收益抵偿全部投资（固定资产投资和流动资金）所需要的时间。它是考察项目在财务上的投资回收能力的主要静态评价指标。投资回收期（以年表示）一般从建设开始年算起，如果从投产年算起时，应予注明。其表达式为

$$\sum_{t=1}^{P_t}(C_{I}-C_{O})=0 \tag{9-5}$$

投资回收期可根据财务现金流量表（全部投资）中累计净现金流量计算求得。详细计算公式为

$$投资回收期(P_t)=\left(\begin{array}{c}累计净现金流量\\开始出现正值年数\end{array}\right)-1+\frac{上年累计净现金流量的绝对值}{当年净现金流量} \tag{9-6}$$

在财务评价中，求出的投资回收期（P_t）与行业的基准投资回收期（P_c）比较，当 $P_t\leqslant P_c$ 时，表明项目投资能在规定的时间内收回。

3）财务净现值（FNPV）

财务净现值是指按行业的基准收益率或设定的折现率，将项目计算期内各年净现金流量折现到建设期初的现值之和。它是考察项目在计算期内盈利能力的动态评价指标。其表达式为

$$FNPV=\sum_{t=1}^{n}(C_{I}-C_{O})_{t}(1+i_c)^{-t} \tag{9-7}$$

财务净现值可根据财务现金流量表计算求得。财务净现值大于或等于零的项目是可以考虑接受的。

4）投资利润率

投资利润率是指项目达到设计生产能力后的一个正常生产年份的年利润总额与项目总投资的比率，它是考察项目单位投资盈利能力的静态指标。对生产期内各年的利润总额变化幅度较大的项目，应计算生产期年平均利润总额与项目总投资的比率。其计算公式为

$$投资利润率=\frac{年利润总额或年平均利润总额}{项目总投资}\times100\% \tag{9-8}$$

$$年利润总额=年产品销售（营业）收入-年产品销售税金及附加-年总成本费用 \tag{9-9}$$

$$年销售税金及附加=年产品税+年增值税+年资源税$$
$$+年城市维护建设税+年教育费附加 \tag{9-10}$$

$$总投资=固定资产投资+投资方向调节税+建设期利息+流动资金 \tag{9-11}$$

投资利润率可根据损益表中的有关数据计算求得。在财务评价中，将投资利润率与行业平均投资利润率对比，以判别项目单位投资盈利能力是否达到本行业的平均水平。

5）投资利税率

投资利税率是指项目达到设计生产能力后的一个正常生产年份的年利税总额或项目生产期内的年平均利税总额与项目总投资的比率。其计算公式为

$$投资利税率 = \frac{年利税总额或年平均利税总额}{项目总投资} \times 100\% \qquad (9\text{-}12)$$

年利税总额＝年销售收入－年总成本费用

或：年利税总额＝年利润总额＋年销售税金及附加

投资利税率可根据损益表中的有关数据计算求得。在财务评价中，将投资利税率与行业平均投资利税率对比，以判别单位投资对国家积累的贡献水平是否达到本行业的平均水平。

6）资本金利润率

资本金利润率是指项目达到设计生产能力后的一个正常生产年份的年利润总额或项目生产期内的年平均利润总额与资本金的比率，它反映投入项目的资本金的盈利能力。其计算公式为

$$资本金利润率 = \frac{年利润总额或年平均利润总额}{资本金} \times 100\% \qquad (9\text{-}13)$$

（2）项目清偿能力分析

项目清偿能力分析主要是考察计算期内各年的财务状况及偿债能力，用以下指标表示。

1）资产负债率

资产负债率是反映项目各年所面临的财务风险程度及偿债能力的指标。

$$资产负债率 = \frac{负债合计}{资产合计} \times 100\% \qquad (9\text{-}14)$$

2）借款偿还期

固定资产投资国内借款偿还期是指在国家财政规定及项目具体财务条件下，以项目投产后可用于还款的资金偿还固定资产投资国内借款本金和建设期利息（不包括已用自有资金支付的建设期利息）所需要的时间。其表达式为

$$I_\mathrm{d} = \sum_{t=1}^{P_\mathrm{d}} R_t \qquad (9\text{-}15)$$

式中　I_d——固定资产投资国内借款本金和建设期利息之和；

P_d——固定资产投资国内借款偿还期（从借款开始年计算，当从投产年算起时应予注明）；

R_t——第 t 年可用于还款的资金，包括：利润、折旧、摊销及其他还款资金。

借款偿还期可由资金来源与运用表及国内借款还本付息计算表直接推算，以年表示。详细计算公式为

$$借款偿还期 = \left(\begin{array}{c}借款偿还后开始\\出现盈余年份数\end{array}\right) - 开始借款年份 + \frac{当年偿还借款额}{当年可用于还款的资金额} \qquad (9\text{-}16)$$

涉及外资的项目，其国外借款部分的还本付息，应按已经明确的或预计可能的借款偿还条件（包括偿还方式及偿还期限）计算。

当借款偿还期满足贷款机构的要求期限时，即认为项目是有清偿能力的。

3）流动比率

流动比率是反映项目各年偿付流动负债能力的指标。

$$流动比率 = \frac{流动资产总额}{流动负债总额} \times 100\% \tag{9-17}$$

4）速动比率

速动比率是反映项目快速偿付流动负债能力的指标。

$$速动比率 = \frac{流动资产总额 - 存货}{流动负债总额} \times 100\% \tag{9-18}$$

（3）财务评价的基本报表

财务评价的基本报表有现金流量表、损益表、资金来源与运用表、资产负债表及外汇平衡表。

9.5　综合技术经济指标

评价一个建设项目的技术是否先进、经济是否合理是通过对该工程的综合技术经济指标值的分析来进行的。这些数据既直观又有可比性，如表 9-9 所示。

表 9-9　综合技术经济指标表

序号	指标名称	单位	数量	单价	消耗量	单位成本	备注
1	设计规模	$t \cdot a^{-1}$					
2	原材料消耗						
3	动力消耗 水 电 气						
4	三废排放量						
5	工资及福利						
6	总投资						
7	折旧费						
8	维修费						
9	管理费等						
10	副产品回收费						
11	年操作日						
12	产品成本						
13	投资利税率						
14	投资利润率						
15	贷款偿还期						

9.6　设计概算书的编制

设计概算书编制是概算设计项目在全部建设过程所需的费用。通过概算的编制，工厂或车间各项工程的基本建设投资即可用价值表示出来，从而很清晰地看出工厂或车间设计在经济上是否合理。概算书是在初步设计或扩大初步设计阶段编制的，一般都是套用定额编制。

它是作为国家对基本建设单位拨款的依据，同时作为基本建设单位与施工单位订立合同付款的依据，并作为基本建设单位编制年度基本建设计划的依据。由于编制初步设计或扩大初步设计概算书时，没有详细的施工图纸，因此，对于每个车间的费用，不可能很详细地编制得很完整，尤其是一些零星的费用，不可能全部编制进去。所以，概算主要提供车间建筑、设备及安装工程的大概费用。

9.6.1　编制依据

① 设计说明书和图纸　要求按说明书和图纸逐页计算、编制、不能漏项。

② 设备价格资料　定型设备按国家或地方主管部门规定的现行产品最新出厂价格计算。

③ 概算指标（概算定额）　安装工程按化工部规定的化工概算指标或石化集团公司的石油化工安装工程概算指标为依据，土建工程按建厂所在省、市、自治区的概算指标。

9.6.2　概算文件的内容

（1）概算文件的组成

概算文件由以下几部分组成。

① 工程项目总概算，包括封面与签署页、总概算表、编制说明；

② 单项工程综合概算，包括封面与签署页、编制说明、综合概算表、土建工程钢材木材与水泥用量汇总表；

③ 单位工程概算，包括各设计专业的单位工程概算表和各专业用于土建方面的钢材木材及水泥用量表；

④ 工程建设其他费用概算。

（2）总概算说明的编制

设计概算的编制包括以下组成部分。

1）总概算编制依据

列出工程立项批文和可行性研究报告的批文；列出建设单位、监理、承包商三方与设计有关的合同书；列出主要设备、材料的价格依据；列出概算定额（或指标）的依据；列出工程建设其他费用的编制依据及建造安装企业的施工费依据；列出其他专项费用的计取依据。

2）工程概况

简要介绍建设项目的性质及特点，包括属于新建、扩建或技术改造等，介绍工程的生产产品、规模、品种及生产方法等，说明建设地点及场地等有关情况。

3）资金来源

根据工程立项批文及可行性研究阶段工作，说明工程投资资金是来自银行贷款，还是企业自筹、发行债券、外商投资或者其他融资渠道。

4）投资分析

设计中要着重分析各项目投资所占比例、各专业投资的比重、单位产品分摊投资额等经济指标，要与国内外同类工程进行比较，并同时分析投资偏高（或低）的原因。

5）其他说明

对有关上述未尽事宜及需特殊注明的问题加以说明。

（3）设计项目总概算编制办法

编制了总概算说明以后，按总概算编制办法，计算概算项目中各项工程概算费用，并列出项目总概算表，见表 9-10。

表 9-10 项目总概算表

序号	主项号	工程和费用名称	概算价值/万元				价值合计		占总值百分比
			设备购置费	安装工程费	建筑工程费	其他费	人民币/万元	含外汇/万美元	
		第一部分 工程费用							
	一	主要生产项目							
1		××装置（车间）							
2		……							
		小计							
	二	辅助生产项目							
3		……							
		小计							
	三	公用工程项目							
4		给排水							
5		供电及电讯							
6		供气							
7		总图运输							
8		厂区外观							
		小计							
	四	服务性工程项目							
9		……							
		小计							
	五	生活福利工程项目							
10		……							
		小计							
	六	厂外工程项目							
11		……							
		小计							
	七	第二部分 其他费用							
12		……							
		合计							
	八	第三部分 总预备费							
13		基本预备费							
14		涨价预备费							
15		……							
		合计							
	九	第四部分 专项费用							
16		投资方向调节税							
17		建设期贷款利息							
18		……							
		合计							
	十	总概算价值							
	十一	铺底流动资金（不构成概算价值）							

（4）单项工程综合概算编制办法

单项工程是指建成后可以独立发挥生产能力（或工程效益），并具有独立存在意义的工程。

综合概算编制是指计算一个单项工程投资额的文件。编制过程可按一个独立生产装置（车间）、一个独立建筑物（或特殊构筑物）进行。它是编制总概算第一部分工程费用的主要依据。

（5）工程建设其他费用概算编制办法

该项编制包括以下组成部分。

1）建设单位管理费

以项目"工程费用"为计算基础，按照建设项目不同规模，分别按相应的建设单位管理费率计算。其计算公式为

$$建设单位管理费＝工程费用×建设单位管理费率$$

2）临时设施费

以项目"工程费用"为计算基础，按照临时设施费率计算。即

$$临时设施费＝工程费用×临时设施费率$$

对新建项目，费率取 0.5%；对依托老厂的新建项目取 0.4%；对改、扩建项目取 0.3%。

3）研究试验费

按设计提出的研究试验内容要求进行编制。

4）生产准备费

① 核算人员培训费。

② 生产单位提前进厂费。

5）土地使用费

按使用土地面积，按政府制定各项补偿费、补贴费、安置补助费、税金、土地使用权出让金标准计算。

6）勘察设计费

按国家计委颁发的收费标准和规定进行编制。

7）生产用办公及生活家具购置费

8）装置设备联合试运转费

若装置为新工艺配置的或是用来生产新产品，联合试运转确实可能发生亏损的，可根据情况列入此项费用；一般情况，当联合试运转收入和支出大致可相互抵消时，原则上不列此项费用。不发生试运转费用的工程，不列此项费用。

9）供电贴费

此项费按国家计委批准的收费标准计。

10）工程保险费

此项费按国家及保险机构规定计算。

11）工程建设监理费

此项费用按国家物价局、建设部门所规定费率计算。此项费用不单独计列，发生时，从建设单位管理费及预备费中支付。

12）施工机构迁移费

该项费用在设计概算中可按建筑安装工程费的 1% 计算；施工单位确定后，由施工单位按规定的基础数据、计算方式及费用拨付规定，编制施工机构迁移费预算。

13）总承包管理费

此项费用是以总承包项目的工程费用为计算基础，以工程建设总承包费的 2.5% 计算

的。与工程建设监理费一样，总承包管理费不在工程概算中单独计列，而是从建设单位管理费及预备费中支付。

14）引进技术和进口设备其他费

按"化工引进项目工程建设概算编制规定"计算。

15）固定资产投资方向调节税

该项税务的税目税率按《中华人民共和国固定资产投资方向调节税暂行条例》中"固定资产投资方向调节税税目税率表"执行。

16）财务费用

按国家有关规定及金融机构服务收费标准计算。

17）预备费

① 基本预备费按如下公式计算

$$基本预备费＝计算基础×基本预备费率 \tag{9-19}$$

式中　计算基础＝工程费用＋建设单位管理费＋临时设施费＋研究试验费＋

生产准备费＋土地使用费＋勘探设计费＋

生产用办公及生活家具费＋装置联合试运转费＋　　　　　　　（9-20）

供电贴费＋工程保险费＋施工机构迁移费＋

引进技术和进口设备费用

基本预备费率按 8％计算。

② 工程造价调整预备费需根据工程的具体情况、国家物价涨跌情况，科学地预测影响工程造价的诸因素的变化（如人工、设备、材料、利率、汇率等），综合确定此项预备费。

18）经营项目铺底流动资金

将流动资金的 30％作为铺底流动资金。

 思考题 ————————————————————————————

1. 设计中进行概预算的目的是什么？
2. 概预算的依据是什么？
3. 建设项目投资包括哪些内容？
4. 固定资产包括哪些内容？
5. 生产成本包括哪些内容？
6. 概预算的文件包括哪些内容？
7. 设备价格估算时要考虑哪些问题？
8. 试估算例 4-5、例 4-6 中所设计容器的价格。
9. 如何进行投资的盈利水平分析？
10. 项目清偿能力分析主要考察哪些内容？
11. 设计概算书包括哪些文件？

◆ 主要参考文献 ◆

[1] 中华人民共和国工业和信息化部.HG/T 20519—2009 化工工艺设计施工图内容和深度统一规定.北京：中国计划出版社，2010.

[2] 国家石油和化学工业局.HG/T 20688—2000 化工工厂初步设计文件内容深度规定.北京：中国计划出版社，2001.

[3] 中华人民共和国国家发展和改革委员会.SH/T 3015—2019 石油化工给水排水系统设计规范.北京：中国计划出版社，2007.

[4] 化工工业部化工工艺配管设计技术中心站.化工管路手册（上下册）.北京：化学工业出版社，1988.

[5] 左继成，谷亚新.高分子材料成型加工基本原理及工艺.北京：北京理工大学出版社，2017.

[6] 赵德仁，张蔚盛.高聚物合成工艺学.3 版.北京：化学工业出版社，2015.

[7] 徐德增，郭静，冯钠.高分子材料加工厂设计.北京：化学工业出版社，2007.

[8] 娄爱娟，吴志泉，吴叙美.化工设计.上海：华东理工大学出版社，2002.

[9] 林大钧.简明化工制图.北京：化学工业出版社，2005.

[10] 杨东武，秦玉星.塑料材料选用技术.北京：中国轻工业出版社，2008.

[11] 周凤华.塑料回收利用.北京：化学工业出版社，2008.

[12] 魏崇光，郑晓梅.化工工程制图.北京：化学工业出版社，1994.

[13] 江寿建.化工厂公用工程设施设计手册.北京：化学工业出版社，2000.

[14] 姚玉英.化工原理（上下册）.2 版.天津：天津大学出版社，2002.

[15] 玛克斯·皮特斯，克洛斯·地默豪.化工厂的设计和经济学.2 版.北京：化学工业出版社，1988.

[16] 于文杰.塑料助剂与配方设计技术.3 版.北京：化学工业出版社，2010.

[17] 肖卫东，何本桥，何培新，等.聚合物材料用化学助剂.北京：化学工业出版社，2003.

[18] 朱财.化工设备设计与制造.北京：化学工业出版社，2013.